全国交通运输行业职业技能鉴定培训教材

Pingdiji Caozuogong

平地机操作工

（初级·中级·高级·技师）

交通专业人员资格评价中心
（交通运输部职业技能鉴定指导中心） 组织编写

人民交通出版社

内 容 提 要

本书为交通专业人员资格评价中心(交通运输部职业技能鉴定指导中心)组织编写的全国交通运输行业职业技能鉴定培训教材之一。内容包括:基本要求、基础知识、平地机操作工(初级)工作要求、平地机操作工(中级)工作要求、平地机操作工(高级)工作要求、平地机操作工(技师)工作要求,共六部分。

本书主要用作平地机操作工技能鉴定的辅导用书,也可作为交通类职业院校相关专业的参考用书,还可供相关人员继续教育和自学使用。

图书在版编目(CIP)数据

平地机操作工:初级·中级·高级·技师/交通专业人员资格评价中心(交通运输部职业技能鉴定指导中心)组织编写. -- 北京:人民交通出版社,2010.5

ISBN 978-7-114-08391-4

Ⅰ.①平… Ⅱ.①交… Ⅲ.①平地机-操作 Ⅳ.①TU623.6

中国版本图书馆 CIP 数据核字(2010)第 075433 号

全国交通运输行业职业技能鉴定培训教材

书　　名:平地机操作工(初级·中级·高级·技师)

著 作 者:交通专业人员资格评价中心(交通运输部职业技能鉴定指导中心)

责任编辑:韩亚楠　王文华

出版发行:人民交通出版社

地　　址:(100011)北京市朝阳区安定门外外馆斜街3号

网　　址:http://www.ccpress.com.cn

销售电话:(010)59757969,59757973

总 经 销:人民交通出版社发行部

经　　销:各地新华书店

印　　刷:北京市密东印刷有限公司

开　　本:787×1092　1/16

印　　张:13.25

字　　数:318千

版　　次:2010年5月　第1版

印　　次:2010年5月　第1次印刷

书　　号:ISBN 978-7-114-08391-4

定　　价:34.00元

序

XU

当前和今后一个时期，是我国改革发展的关键时期，也是推进交通科学发展，加快发展现代交通业的重要战略机遇期。加快建立一支与交通行业发展相适应的高技能人才队伍，提高交通行业广大从业人员服务交通、服务社会的能力和水平，迫切需要我们加快建立和实施职业资格制度，不断加强交通行业高技能人才评价工作。

交通专业人员资格评价中心自成立以来，特别是以2007年全国交通行业职业资格工作会议召开为标志，全面开展了交通行业职业资格工作，初步建立了交通行业关键专业技术岗位职业资格制度，交通行业职业技能鉴定工作也取得了实质性进展：形成了以国家职业标准、培训教材、试题库为主体的交通行业国家职业技能鉴定技术要素体系，为交通行业高技能人才建设打下了良好的基础，为开展交通行业职业技能鉴定工作提供了重要保障。

加强交通行业职业技能鉴定基础工作是做好技能人才评价工作的关键，交通行业职业技能鉴定教材的开发是这项基础工作的重要组成部分。交通专业人员资格评价中心在充分调研的基础上，根据国家职业标准，紧紧围绕交通行业发展实际需要，在交通运输部有关业务主管部门的指导下，充分发挥职业院校和有关企事业单位的专家作用，以职业活动为导向，以职业能力为核心，按照教材开发的科学性、先进性、适用性和实践性原则，组织编写了《全国交通行业职业技能鉴定培训教材》。衷心希望大家继续努力，加强协作，确保质量，在培训教材建设方面多出成果，多出精品，为做好交通行业职业技能培训和鉴定工作创造条件。我相信本套培训教材的出版将对交通行业广大从业人员和职业院校相关专业学生职业能力与技能水平的提高有所帮助，为推进交通运输事业又好又快发展发挥积极的作用。

交通运输部副部长：

《全国交通运输行业职业技能鉴定培训教材》

编审委员会

《平地机操作工（初级·中级·高级·技师）》

编 审 人 员

主　审：周以德　刘文华

主　编：王立军

副主编：安文洁

参　编：李英奇

前言

QIANYAN

为做好交通运输行业特有职业技能培训及鉴定工作,在平地机操作工从业人员中推行国家职业资格证书制度,我们组织交通运输行业的有关专家编写了《全国交通运输行业职业技能鉴定培训教材——平地机操作工》。

本教材根据《国家职业标准——平地机操作工》(以下简称《标准》),以职业活动为导向,以职业能力为核心,突出职业特色。针对平地机操作工职业活动的领域,按照模块化的方式,分初级、中级、高级、技师4个级别进行编写,各等级内容分别对应于《标准》中4个等级的"工作要求"。

本教材分平地机操作工(初级)、平地机操作工(中级)、平地机操作工(高级)和平地机操作工(技师)四大部分,共十四个单元。

本教材主要用作平地机操作工(初级)、平地机操作工(中级)、平地机操作工(高级)和平地机操作工(技师)技能鉴定的辅导用书,也可作为交通类职业院校相关专业的教学参考书,还可供相关从业人员继续教育和自学使用。

本教材在编写过程中,得到了交通运输部公路局、科技司等部门的指导,以及中国交通教育研究会、北京市路政局技工学校、山东省公路高级技工学校和江苏省交通技师学院的大力支持,在此一并致以衷心感谢。

由于编写时间紧,内容多,加之编者水平有限,书中不足之处在所难免,恳请各位读者不吝指正。

交通专业人员资格评价中心

(交通运输部职业技能鉴定指导中心)

二〇一〇年五月四日

目录

MULU

第一部分 基本要求

第二部分 基础知识

第三部分 平地机操作工(初级)工作要求

第四部分　平地机操作工(中级)工作要求

第五部分　平地机操作工(高级)工作要求

第六部分　平地机操作工(技师)工作要求

第一部分　基 本 要 求

单元一　职业道德

课题一　职业道德基本知识

学习目标

本课题的学习内容是职业道德的基本知识。

知识要求

了解职业道德的含义；掌握职业道德的特点及作用。

模块一　职业道德

职业道德，是人们在职业活动中应遵循的特定职业规范和行为准则，即正确处理职业内部、职业之间、职业与社会之间、人与人之间关系应当遵循的思想和行为规范。它是一般社会道德在不同职业中的特殊表现形式。职业道德是在相应的职业环境和职业实践中形成和发展起来的。职业道德的含义包括以下 8 个方面：

(1)职业道德是一种职业规范，受社会普遍认可。

(2)职业道德是长期以来自然形成的。

(3)职业道德没有确定形式，通常体现为观念、习惯、信念等。

(4)职业道德依靠文化、内心信念和习惯，通过员工自律实现。

(5)职业道德大多没有实质的约束力和强制力。

(6)职业道德的主要内容是对员工义务的要求。

(7)职业道德标准多元化，代表了不同企业可能具有不同的价值观。

(8)职业道德承载着企业文化和凝聚力，影响深远。

每个从业人员，不论从事哪种职业，在职业活动中都要遵守职业道德。要理解职业道德需要掌握以下四点：

首先，在内容方面，职业道德总是要鲜明地表达职业义务、职业责任以及职业行为上的道德准则。它不是一般性地反映社会道德和阶级道德的要求，而是主要反映职业、行业以至产业特殊利益的要求；它不是在一般意义上的社会实践基础上形成的，而是在特定的职业实践的基础上形成的，因而它往往表现为某一职业特有的道德传统和道德习惯，表现为从事某一职业的人们所特有的道德心理和道德品质。职业道德甚至可能造成从事不同职业的人们在道德品貌上的差异。如人们常说，某人有“军人作风”、“工人性格”、“农民意识”、“干部派头”、“学生味”、“学究气”、“商人习气”等。

其次，在表现形式方面，职业道德往往比较具体、灵活、多样。它总是从本职业的交流活动的实际出发，采用制度、守则、公约、承诺、誓言、条例，以至标语口号之类的形式，这些灵活的形式既易于为从业人员所接受和实行，而且易于形成一种职业的道德习惯。

再次，从调节的范围来看，职业道德一方面是用来调节从业人员内部关系，加强职业、行业内部人员的凝聚力；另一方面，它也是用来调节从业人员与其服务对象之间的关系，用来塑造本职业从业人员的形象。

最后，从产生的效果来看，职业道德既能使一定的社会或阶级的道德原则和规范的“职业化”，又使个人道德品质“成熟化”。职业道德虽然是在特定的职业生活中形成的，但它决不是离开阶级道德或社会道德而独立存在的道德类型。在阶级社会里，职业道德始终是在阶级道德和社会道德的制约和影响下存在和发展的；职业道德和阶级道德或社会道德之间的关系，就是一般与特殊、共性与个性之间的关系。任何一种形式的职业道德，都在不同程度上体现着阶级道德或社会道德的要求。同样，阶级道德或社会道德，在很大范围上都是通过具体的职业道德形式表现出来的。同时，职业道德主要表现在实际从事一定职业的成人的意识和行为中，是道德意识和道德行为成熟的阶段。职业道德与各种职业要求和职业生活结合，具有较强的稳定性和连续性，形成比较稳定的职业心理和职业习惯，以致在很大程度上改变了人们在学校生活阶段和少年生活阶段所形成的品行，影响道德主体的道德风貌。

模块二　职业道德的特点

职业道德具有以下特点。

1. 职业道德具有适用范围的有限性

每种职业都担负着一种特定的职业责任和职业义务。由于各种职业的职业责任和义务不同，从而形成各自特定的职业道德的具体规范。

2. 职业道德具有发展的历史继承性

由于职业具有不断发展和世代延续的特征，不仅其技术世代延续，其管理员工的方法、与服务对象打交道的方法，也有一定历史继承性。如“有教无类”、“学而不厌，诲人不倦”，从古至今始终是教师的职业道德。

3. 职业道德表达形式多种多样

由于各种职业道德的要求都较为具体、细致，因此其表达形式也多种多样。

4. 职业道德兼有强烈的纪律性

纪律也是一种行为规范，但它是介于法律和道德之间的一种特殊的规范。它既要求人们能自觉遵守，又带有一定的强制性。就前者而言，它具有道德色彩；就后者而言，又带有一定的法律色彩。就是说，一方面遵守纪律是一种美德，另一方面，遵守纪律又带有强制性，具有法令的要求。例如，工人必须执行操作规程和安全规定；军人要有严明的纪律等等。因此，职业道德有时又以制度、章程、条例的形式表达，让从业人员认识到职业道德又具有纪律的规范性。

模块三　职业道德的社会作用

职业道德是社会道德体系的重要组成部分，它一方面具有社会道德的一般作用，另一方面它又具有自身的特殊作用，具体表现在：

1. 调节职业交往中从业人员内部以及从业人员与服务对象间的关系

职业道德的基本职能是调节职能。它一方面可以调节从业人员内部的关系，即运用职业道德规范约束职业内部人员的行为，促进职业内部人员的团结与合作。如职业道德规范要求各行各业的从业人员，都要团结、互助、爱岗、敬业、齐心协力地为发展本行业、本职业服务。另一方面，职业道德又可以调节从业人员和服务对象之间的关系。如职业道德规定了制造产品的工人要怎样对用户负责；营销人员怎样对顾客负责；医生怎样对病人负责；教师怎样对学生负责等等。

2. 有助于维护和提高本行业的信誉

一个行业、一个企业的信誉，也就是它们的形象、信用和声誉，是指企业及其产品与服务在社会公众中的信任程度，提高企业的信誉主要靠产品的质量和服务质量，而从业人员职业道德水平高是产品质量和服务质量的有效保证。若从业人员职业道德水平不高，很难生产出优质的产品和提供优质的服务。

3. 促进本行业的发展

行业、企业的发展有赖于高的经济效益，而高的经济效益源于员工的高素质。员工素质主要包含知识、能力、责任心三个方面，其中责任心是最重要的。而职业道德水平高的从业人员其责任心是极强的，因此，职业道德能促进本行业的发展。

4. 有助于提高全社会的道德水平

职业道德是整个社会道德的主要内容。职业道德一方面涉及每个从业者如何对待职业，如何对待工作，同时也是一个从业人员的生活态度、价值观念的表现；是一个人的道德意识、道德行为发展的成熟阶段，具有较强的稳定性和连续性。另一方面，职业道德也是一个职业集体，甚至一个行业全体人员的行为表现，如果每个行业、每个职业集体都具备优良的道德，对整个社会道德水平的提高肯定会发挥重要作用。

模块四 社会主义道德的基本要求

社会主义道德的基本要求为：集体主义、爱祖国、爱人民、爱劳动、爱科学、爱社会主义。

课题二 职 业 守 则

学习目标

本课题的学习内容是职业守则的基本知识。

知识要求

了解职业守则的含义；掌握职业守则的特点及作用。

职业守则是根据党和国家的各项方针政策、法律、法规的精神，结合本单位、本部门、本系统的实际情况而制订的用以规范、约束人们道德行为的条文，因此具有约束性和规范性的特点，但不具备直接的法律制约作用。

职业守则一般由首部和正文两部分组成。首部一般由适用对象和文种构成。正文由总则、分则、附则组成。总则是关于制订守则的指导思想、目的、意义等项内容。分则是规范项目，要求条目清晰，逻辑严密，表述准确、精练。附则是关于执行要求的说明。有的守则内容比较单一，全文由分则内容组成，没有总则和附则部分。

模块一 全国职工守则

(1)热爱祖国，热爱共产党，热爱社会主义。

(2)热爱集体,勤俭节约,爱护公物,积极参加管理。

(3)热爱本职,学赶先进,提高质量,讲究效率。

(4)努力学习,提高政治、文化、科技、业务水平。

(5)遵守纪律,廉洁奉公,严格执行规章制度。

(6)关心同志,尊师爱徒,和睦家庭,团结邻里。

(7)文明礼貌,整洁卫生,讲究社会公德。

(8)扶植正气,抵制歪风,拒腐蚀,永不沾。

模块二　筑路机械操作人员工作守则

(1)遵守法律、法规和有关规定;

(2)爱岗敬业,忠于职守,自觉履行各项职责;

(3)工作认真负责,严于律己;

(4)刻苦学习,钻研业务,努力提高思想和科学文化素质;

(5)谦虚谨慎,团结协作,主动配合;

(6)严格执行工艺流程,保证质量;

(7)重视安全、环保,坚持文明生产。

案例1　某公司员工守则(试行)

为了实现对公司员工的科学管理,以维护生产经营、工作、生活的正常秩序,切实保障员工优化、高效、务实的工作,员工必须遵守国家和地方的法律、法规,爱护公共财物,学习和掌握本职工作所需要的专业技能,团结协作,完成工作任务。提高自身修养,做到诚实守信,增强主人翁意识,维护公司荣誉,保证企业奋斗目标的实现,本着公开、公平、公正的原则制定本守则。

(1)公司员工要团结友爱、相互尊重、相互关怀,同事间要通力合作、和睦相处,言行要诚实、廉洁、勤勉。

(2)公司员工对直接上级领导交办的工作要及时保质保量完成,不准推诿、拖拉,做到令行禁止。

(3)按时上下班,严格遵照执行公司的考勤管理制度,员工上下班要按时打卡,不准代替他人打卡。

(4)坚决服从上级领导,立足本职,明确本职职责,恪尽职守。如对领导指令和工作有不同见解,应婉转相告或进行书面陈述,书面材料交厂办,一经厂办明确,应立即遵照执行,不得有抵触情绪。

(5)品牌及其款式设计所有权仅限于本公司,公司成员不得以任何形式进行侵害、抄袭、模仿(包括进行非法再生产和销售),否则公司将提起诉讼及追究法律责任。

(6)工作时间不准擅离职守,如确需离开,必须提交书面申请和凭证,公司批示许可后方可离开工作岗位。

(7)公司办公区域及仓库等地,非本部门工作人员未经许可,不得随意进出。

(8)员工下班时,最后离开工作区域的员工应关闭车间电灯、电扇、机器等,否则,一经发现将给予罚款处理。

(9)员工在生产过程中,因自身操作不当损坏产品的一律照价赔偿,并罚款。车工损坏衣服根据损坏程度扣罚,烫工损坏衣服根据衣服批发价格进行赔偿,裁床损坏裁片,根据损坏数量扣罚。

(10)员工要求辞职或公司解聘员工,除违规违纪、违法原因可即时辞退外,其余,均应提前一个月以书面形式通知对方,并不折不扣地办好档案、财物、技术资料等的清理交接工作,离开岗位当天不得结算领取工资,必须在公司统一发放工资日领取。

(11)爱护公司财物,杜绝浪费,不得假公济私,未经公司许可不得在生产车间或利用公司物资干私人事务,非因职务需要不得私自动用公司公物或支用公款。

(12)要维护正常的工作秩序,不得在生产场所大声喧哗或做妨碍他人工作的事情,严禁在车间吵架。

(13)注意保持办公区、生产区内的环境卫生清洁,在工作开始时间不得怠慢拖延。工作时间应全神贯注,不得做与本职无关的事情,如:吃零食、看报纸和杂志、打私人电话等。

(14)严禁泄漏公司机密,损害公司利益,情节严重的将追究刑事责任。

(15)未经许可,厂里文件、资料、图片、画册等都不能带离公司,员工出入车间不得带包裹,包裹必须存放在公司规定的属于自己的物品存放箱里。

(16)要树立起高度的责任感和正义感,工作上互相监督共同进步,对不良现象,在事实清楚、证据确凿的基础上及时向上级汇报,对举报有功者,予以奖励并保密。

(17)全体员工必须了解,只有不断进取、勤奋工作,才能获得个人待遇的改善,实现自身价值,为公司、为社会创造更大的财富。

以上守则若有违反者,按相关制度处理。

这是一个进取的团体,这是一个拼搏的团体,你的梦想在这里飞翔,你的事业在这里成就,在你创造价值的同时,我们将给予你一份理解和关怀,愿共同的努力换取成功的喜悦。

以质量求生存　以管理求效益　以信誉求发展

1. 什么是职业道德?
2. 职业道德的作用是什么?
3. 什么是职业守则?
4. 职业守则的作用是什么?

第二部分　基 础 知 识

单元一　专业基础知识

课题一　机械识图知识

学习目标

本课题的学习内容是机械识图的基本知识。

知识要求

了解三视图形成原理和投影规律；能识读简单零件图；掌握公差与配合的基本知识。

模块一　基本几何体三视图识读方法

1. 三视图的形成

机械制图中立体零件常用三视图进行表述。将物体适当地放置在 V、W、H 三个投影面体系中，分别用正投影法向 3 个投影面投影，得到物体的正面投影、侧面投影和水平投影之后，使 W 面绕着 OZ 轴向右后方旋转 90°，使 H 面绕着 OX 轴向下后方旋转 90°。经旋转后，H、W 面与 V 面合为同一个平面。这样的 3 面投影称为三视图。V 面上的投影称为主视图，W 面上的投影称为左视图，H 面上投影称为俯视图。零件三视投影见图 2-1-1。

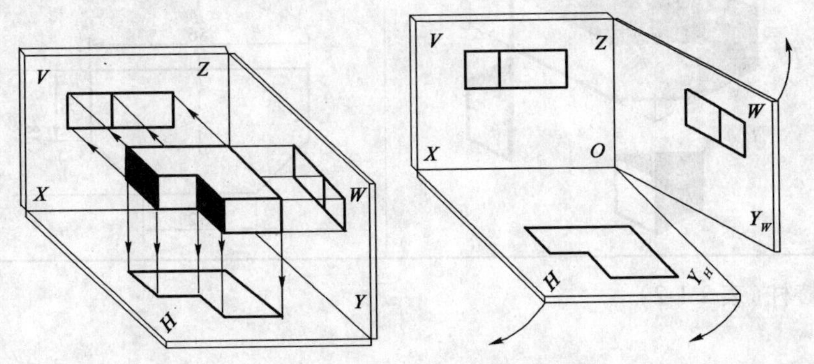

图 2-1-1　零件三视图投影

主视图主要表达物体正面的形状，左视图主要表达物体左侧面的形状，俯视图主要表达物体顶面的形状。

2. 三视图的投影规律

"长对正、高平齐和宽相等"称为投影规律，如图 2-1-2 所示。画图和读图都必须遵守投影规律。

长对正——主视图与俯视图上左右水平方向相对应的各线段对正，对正后，各对应线段的长度相等，如图 2-1-2 所示，主视图上的线段长$_1$、长$_2$ 分别与俯视图上的长$_1$、长$_2$ 相对正且

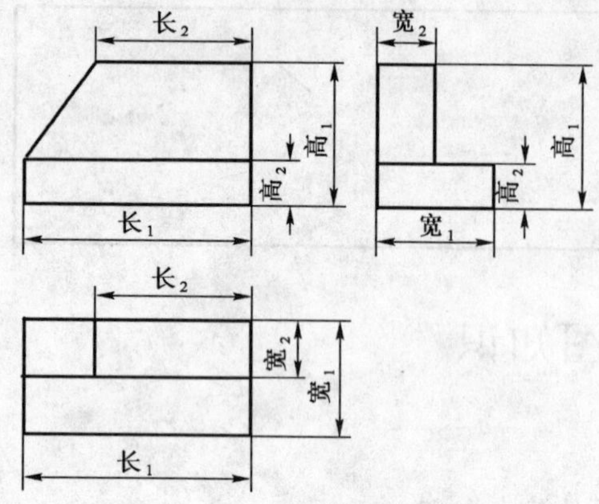

图 2-1-2　零件三视图投影规律

相等。

高平齐——主视图与左视图上下方向相对应的各线段平齐，平齐后，各对应线段的高度相等，如图 2-1-2 中，主视图上的线段高$_1$、高$_2$，分别与左视图上的高$_1$、高$_2$ 相平齐且相等。

宽相等——俯视图上前后铅垂方向各线段与左视图上前后水平方向各线段对应相等，如图 2-1-2 中，俯视图中宽$_1$、宽$_2$ 分别与左视图中的宽$_1$、宽$_2$ 相等。

3. 基本几何体的三视图

(1)长方体(表 2-1-1)

表 2-1-1

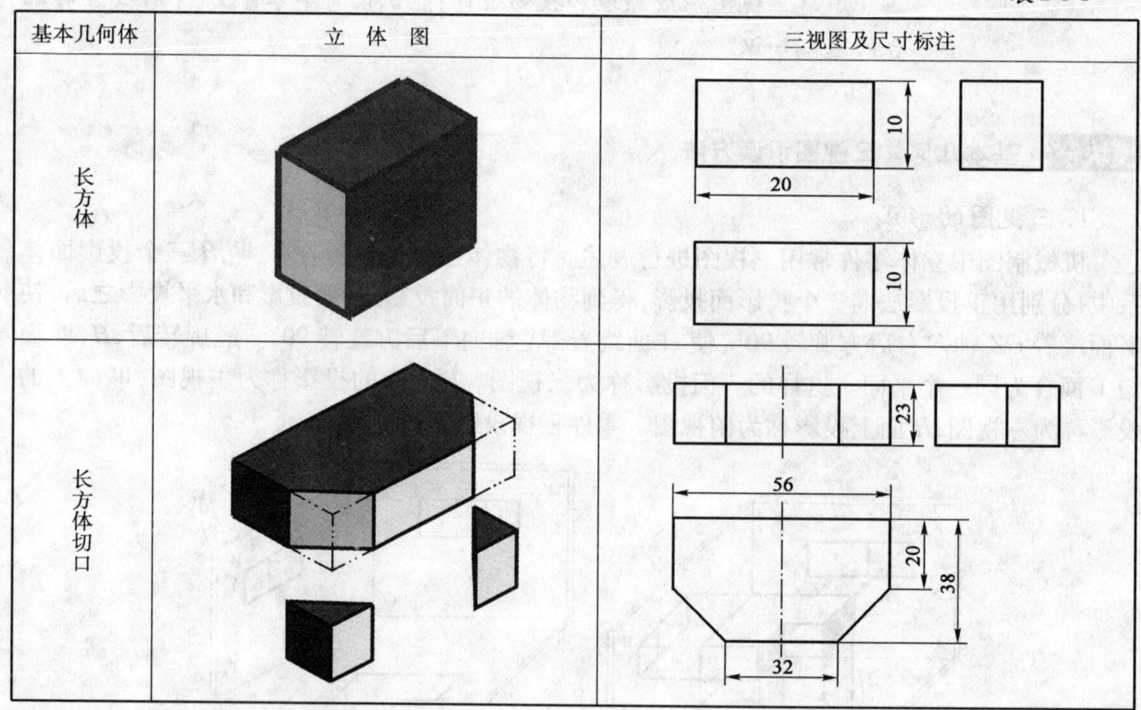

基本几何体	立　体　图	三视图及尺寸标注
长方体		10 20 10
长方体切口		23 56 20 38 32

(2)正六棱柱(表 2-1-2)

表 2-1-2

基本几何体	立　体　图	三视图及尺寸标注
正六棱柱		9 19 (22)

续上表

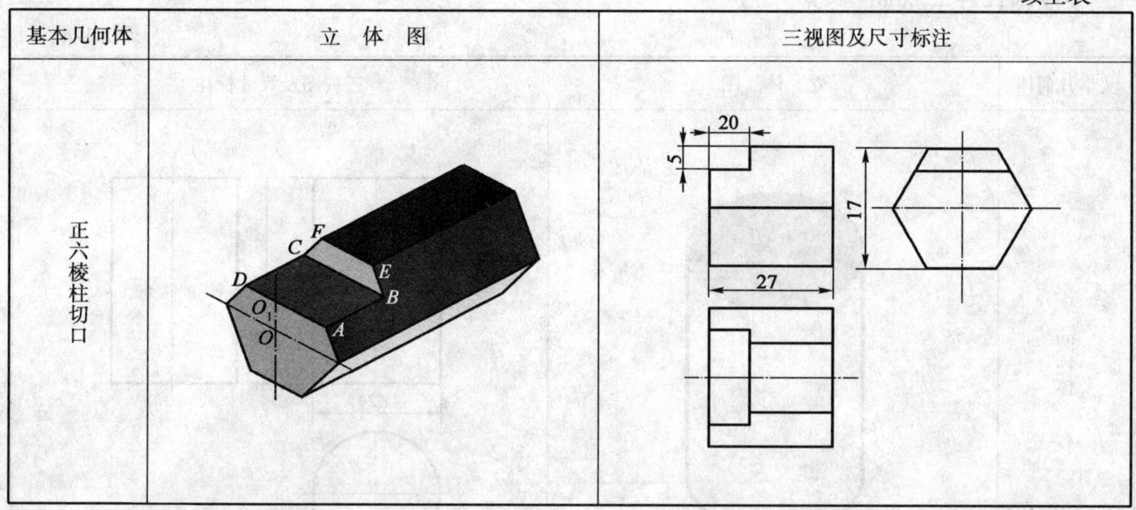

基本几何体	立体图	三视图及尺寸标注
正六棱柱切口	D C F E B O_1 O A	20 5 17 27

(3)棱锥与棱台三视图(表 2-1-3)

表 2-1-3

基本几何体	立体图	三视图及尺寸标注
四棱锥	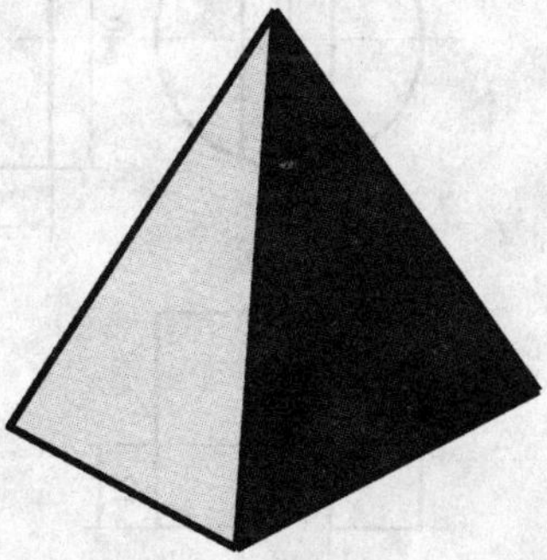	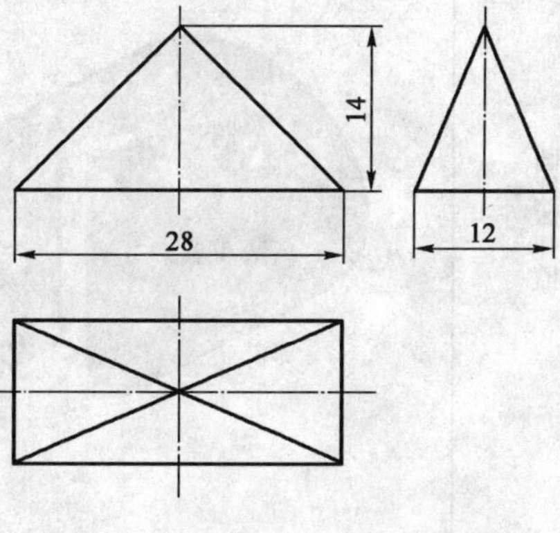 14 28 12
四棱台	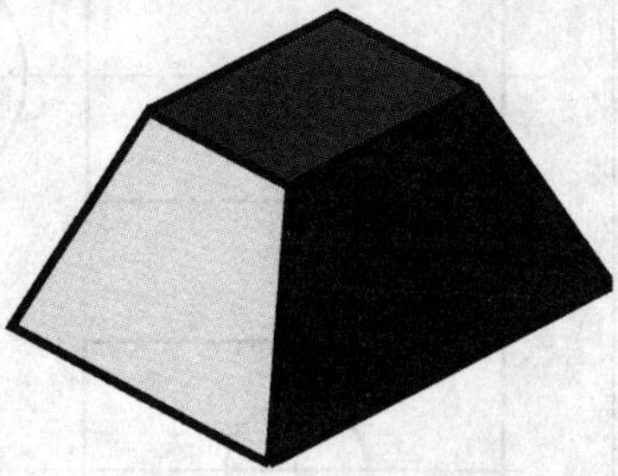	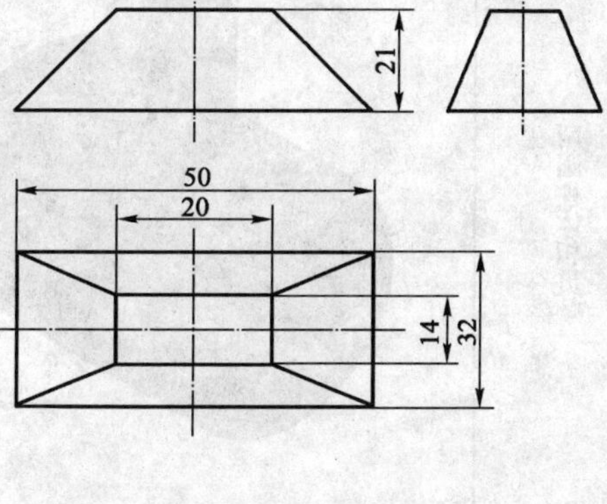 21 50 20 14 32

（4）圆柱体三视图（表 2-1-4）

表 2-1-4

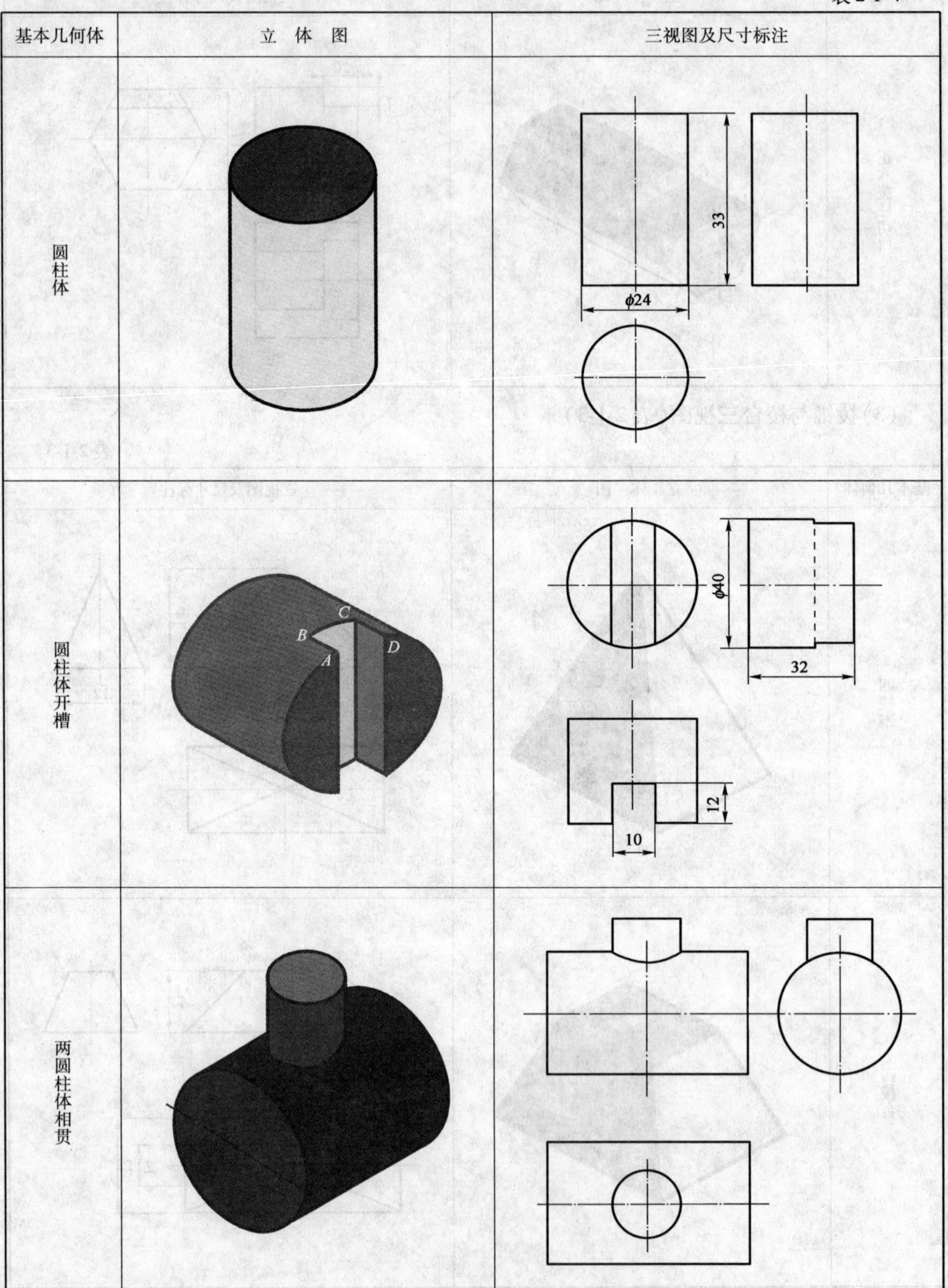

基本几何体	立　体　图	三视图及尺寸标注
圆柱体		
圆柱体开槽		
两圆柱体相贯		

(5)圆锥与圆台三视图(表2-1-5)

表2-1-5

基本几何体	立　体　图	三视图及尺寸标注
圆锥	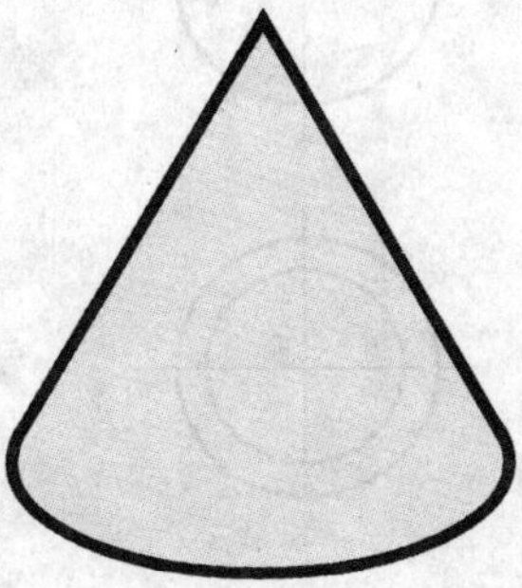	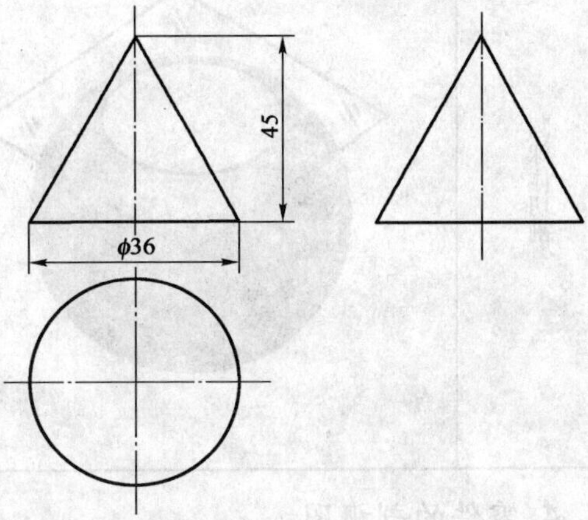 45 $\phi36$
圆台	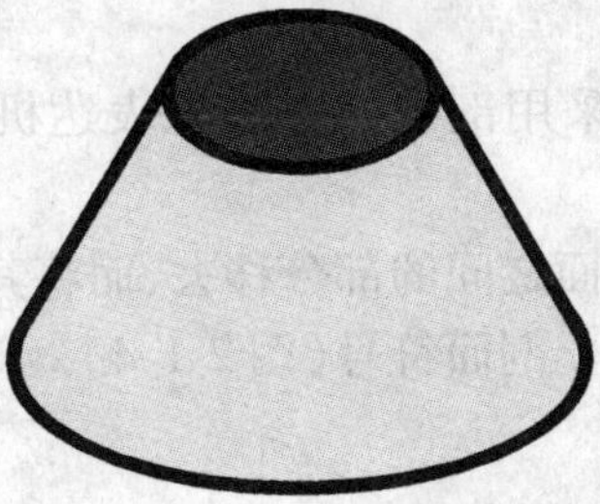	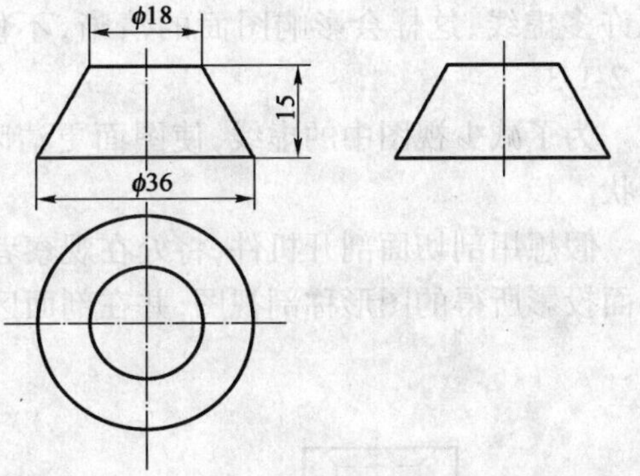 $\phi18$ 15 $\phi36$

(6)圆球体三视图(表2-1-6)

表2-1-6

基本几何体	立　体　图	三视图及尺寸标注
圆球体		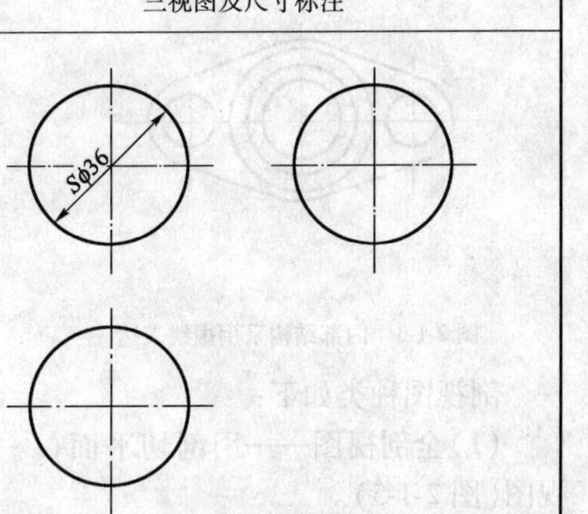 $S\phi36$

续上表

基本几何体	立 体 图	三视图及尺寸标注
圆球体切割	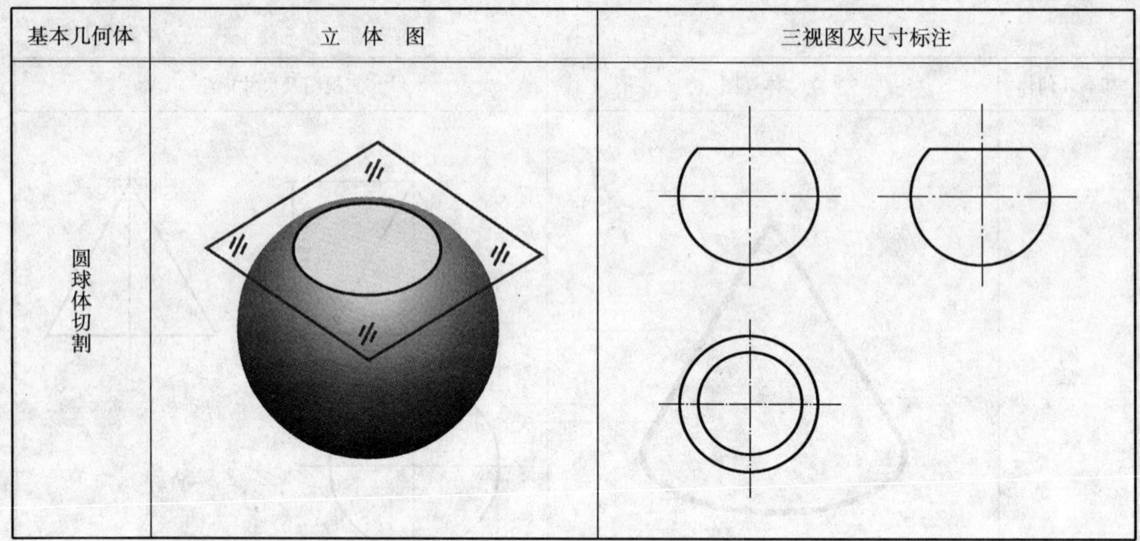	

4. 零件的剖视图

在用视图表达机件时，其内部结构都用虚线表示，内部结构形状越复杂，视图中就会出现许多虚线，这样会影响图面的清晰，不便于看图和标注尺寸。内部结构采用虚线表达见图 2-1-3。

为了减少视图中的虚线，使图面更清晰，可以采用剖视的方法来表达机件的内部结构和形状。

假想用剖切面剖开机件，将处在观察者和剖切面之间的部分移去，而将其余部分全部向投影面投影所得的图形称剖视图，并在剖面区域内画上剖面符号（图 2-1-4）。

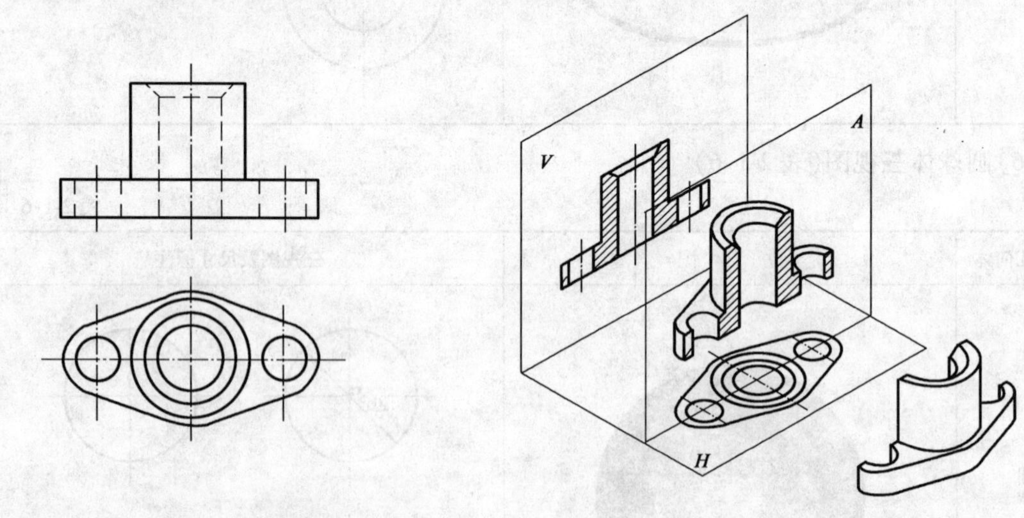

图 2-1-3　内部结构采用虚线表达　　图 2-1-4　零件剖视图原理

剖视图种类如下：

(1)全剖视图——用剖切平面（一个或几个）完全地剖开机件所得的剖视图称为全剖视图（图 2-1-5）。

(2)半剖视图——当机件具有对称平面时，向垂直于对称平面的投影面上投射所得的图形，以对称中心线为界，一半画成剖视图，另一半画成视图，这种剖视图称为半剖视图（图2-1-6）。

（3）局部剖视图——用剖切平面局部地剖开机件所得的剖视图，称为局部剖视图（图2-1-7）。

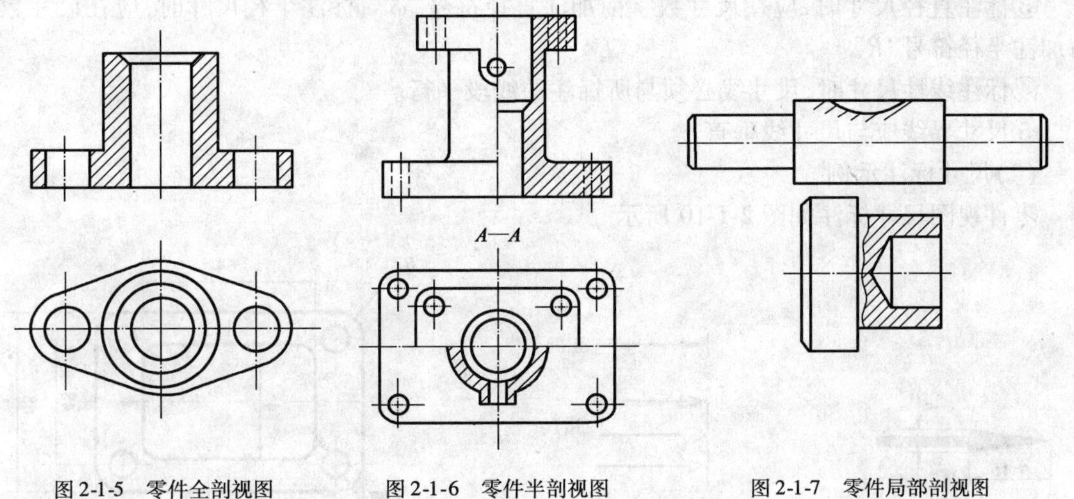

图 2-1-5　零件全剖视图　　图 2-1-6　零件半剖视图　　图 2-1-7　零件局部剖视图

5. 零件图的尺寸标注

（1）基本规则

①机件的真实大小应以图样上所注的尺寸数值为依据，与图形的大小、绘图的准确度无关。

②图样中的尺寸以毫米为单位时，不需标注计量单位的代号或名称。如采用其他单位，则必须注明相应的计量单位。

③机件的每一尺寸一般只标注一次，并应标注在反映该结构最清晰的图形上。

④标注尺寸时，应尽可能使用符号和缩写词。常用的符号和缩写词见表 2-1-7。

表 2-1-7

名　称	符号和缩写词	名　称	符号和缩写词	名　称	符号和缩写词
直径	Φ	厚度	t	沉孔或锪平	⌴
半径	R	正方形	□	埋头孔	∨
球直径	SΦ	45°倒角	C	均布	EQS
球半径	SR	深度	↧		

（2）尺寸要素

一组完整的尺寸一般由尺寸数字、尺寸线和尺寸界线三部分组成，称之为尺寸的三要素。零件视图尺寸标注三要素见图 2-1-8。

绘图时，图样中的尺寸线终端可以有箭头、斜线两种形式。箭头的形式如图 2-1-9 所示，适用于各种类型的图样；斜线用细实线绘制。在同一张图样上，尺寸线终端只能采用一种形式，不可交替使用。

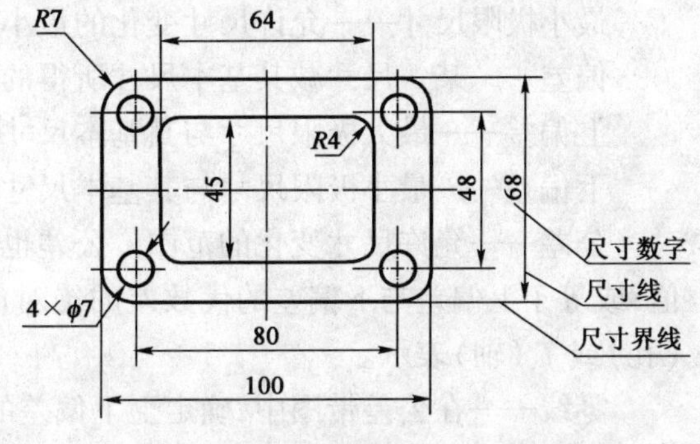

图 2-1-8　零件视图尺寸标注三要素

(3)尺寸注法

①线性尺寸的数字一般注在尺寸线的上方(首选),也允许填写在尺寸线的中断处。

②线性尺寸数字的方向应以图纸右下角的标题栏为基准,使水平尺寸字头朝上,竖直尺寸字头朝左。

③标注直径尺寸时,应在尺寸数字前加注直径符号“ϕ”,标注半径尺寸时,应在尺寸数字前加注半径符号“R”。

④标注线性尺寸时,尺寸线必须与所标注的线段平行。

⑤尺寸界线应与尺寸线垂直。

(4)尺寸标注示例

零件视图尺寸标注如图 2-1-10 所示。

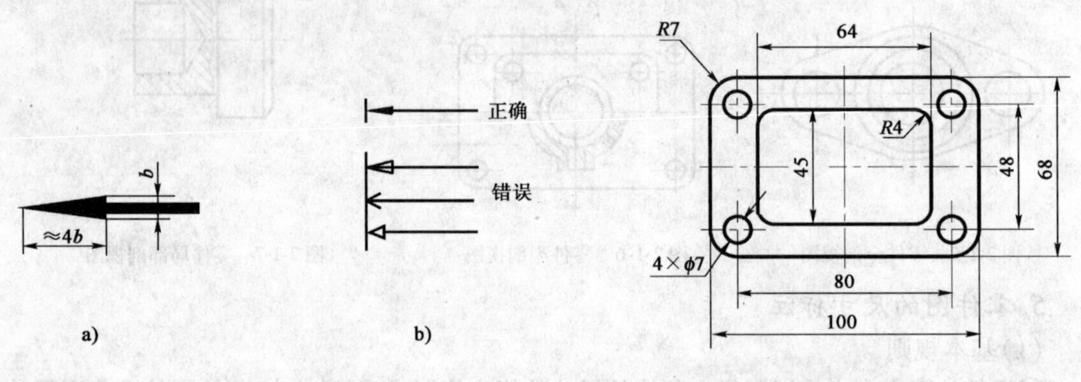

图 2-1-9　箭头的画法　　图 2-1-10　零件视图尺寸标注示例

模块二　公差配合及标注方法

1. 公差与配合

在批量生产的合格零件中,任选一个,不需作任何修正,就可装配起来,并能满足使用要求,零件的这种性质称为互换性。为保证零件具有互换性,必须将零件的实际尺寸控制在允许的变动范围内。允许尺寸的变动量,称为尺寸公差。

尺寸公差有关术语如下:

基本尺寸——设计给定的尺寸,用字母 L(孔)或 l(轴)表示。

实际尺寸——通过实际测量所得尺寸,用 L_a(孔)或 l_a(轴)表示。

最大极限尺寸——允许尺寸变化的最大极限值,用 L_{max}(孔)或 l_{max}(轴)表示。

最小极限尺寸——允许尺寸变化的最小极限值,用 L_{min}(孔)或 l_{min}(轴)表示。

偏差——某一尺寸减其基本尺寸所得的代数差。

上偏差——最大极限尺寸与其基本尺寸的代数差,用 E_s(孔)或 e_s(轴)表示。

下偏差——最小极限尺寸与其基本尺寸的代数差,用 E_i(孔)或 e_i(轴)表示。

公差——允许尺寸变化的范围。公差也等于最大极限尺寸与最小极限尺寸代数差的绝对值;或等于上偏差与下偏差的代数差的绝对值。即没有正、负符号的数值,更不能为零,用 T_n(孔)或 T_s(轴)表示。

零线——在公差带图中,确定上下偏差的一条基准直线,零线表示基本尺寸。

公差带——在公差带图中,由代表上下偏差的两条直线所限定的区域。

尺寸公差相关术语见图 2-1-11。

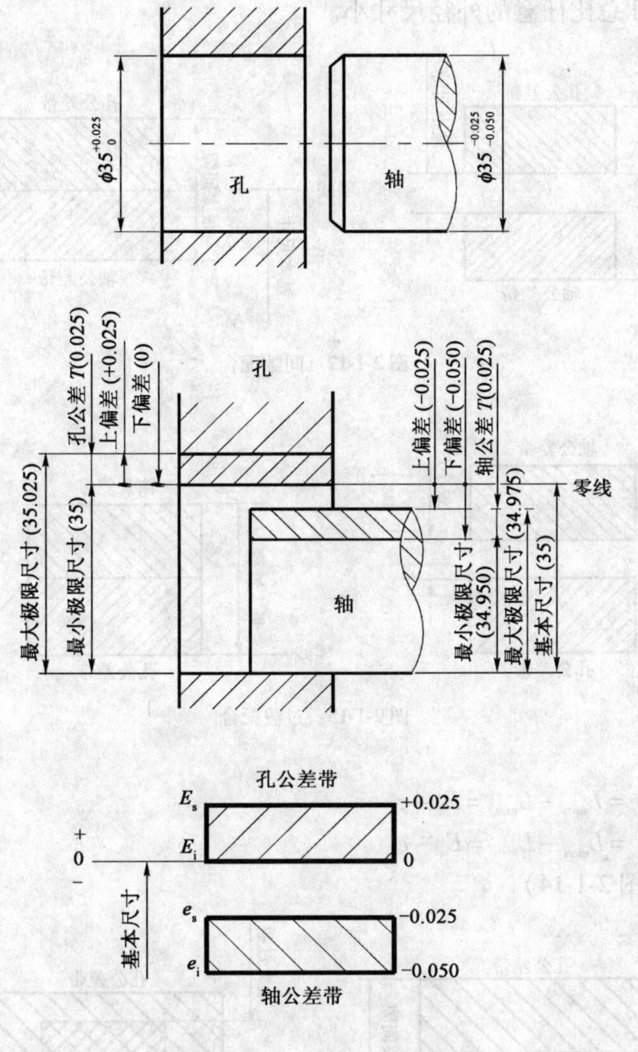

图 2-1-11　尺寸公差相关术语

简单地说,如果零件的尺寸在公差范围内,则称其为合格,如果超出公差范围,则是废品。

2. 零件配合种类

配合是指两个基本尺寸相同的,相互结合的孔和轴公差带之间的关系。由于孔、轴实际尺寸不同,装配后松紧程度不同,可分为间隙配合、过盈配合和过渡配合 3 种。

(1)间隙配合(图 2-1-12)

具有间隙(包括最小间隙等于零)的配合。有间隙配合时,孔的公差带在轴的公差带上方。

任意的内径尺寸总比任意的外径尺寸大。

在间隙配合中:

最大间隙(X_{max}) $= L_{max} - L_{min} = E_s - e_i$

最小间隙(X_{min}) $= L_{min} - L_{max} = E_i - e_s$

(2)过盈配合(图 2-1-13)

具有过盈(包括最小过盈等于零)的配合。过盈配合时孔的公差带在轴的公差带下方。任意的内径尺寸总比任意的外径尺寸小。

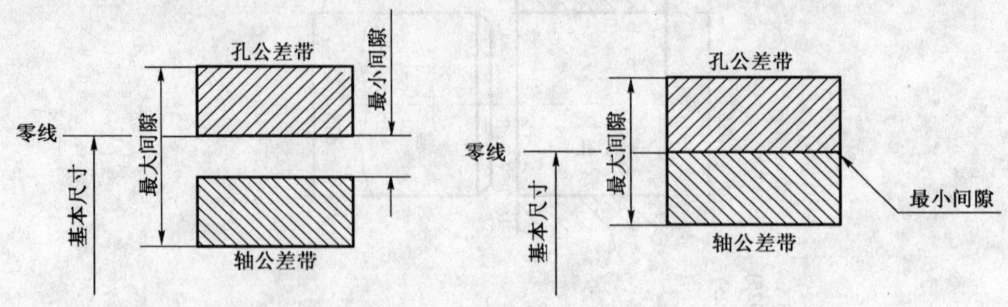

图 2-1-12　间隙配合

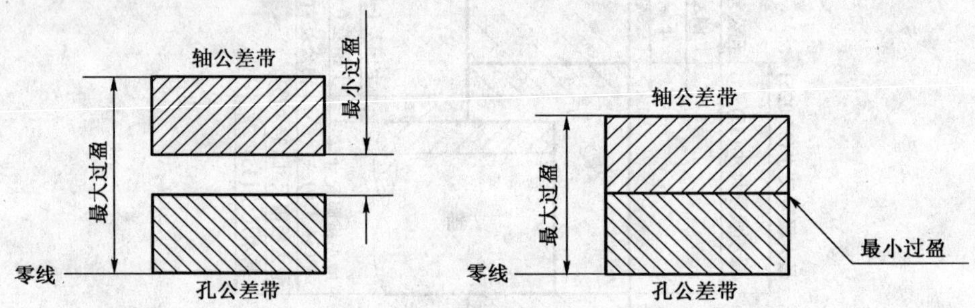

图 2-1-13　过盈配合

在过盈配合中：

最大过盈$(Y_{\max}) = L_{\min} - L_{\max} = E_{\mathrm{i}} - e_{\mathrm{s}}$

最小过盈$(Y_{\min}) = L_{\max} - L_{\min} = E_{\mathrm{s}} - e_{\mathrm{i}}$

(3)过渡配合(图 2-1-14)

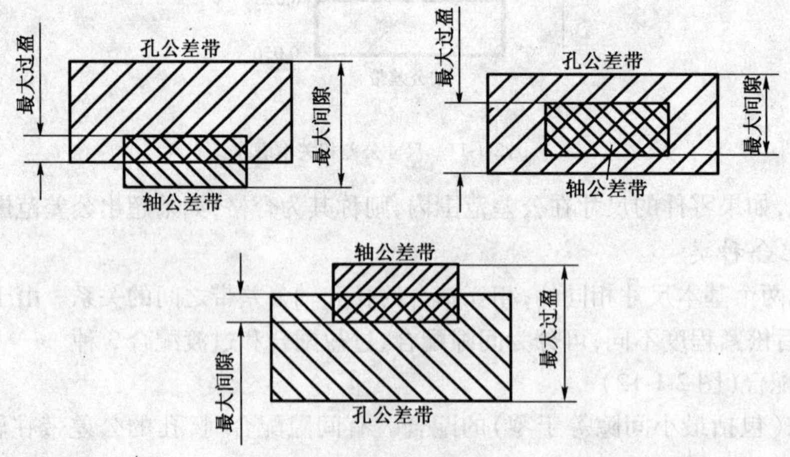

图 2-1-14　过渡配合

具有间隙或过盈的配合。过渡配合时孔与轴公差带相互重叠。

在成批合格产品中任取一副零件装配起来，有的可能产生间隙，有的则可能产生过盈。

在过渡配合中：

最大过盈$(Y_{\max}) = L_{\min} - L_{\max} = E_{\mathrm{i}} - e_{\mathrm{s}}$

最大间隙$(X_{\max}) = L_{\max} - L_{\min} = E_{\mathrm{s}} - e_{\mathrm{i}}$

3. 尺寸公差的标注

(1)零件图标注(图 2-1-15)

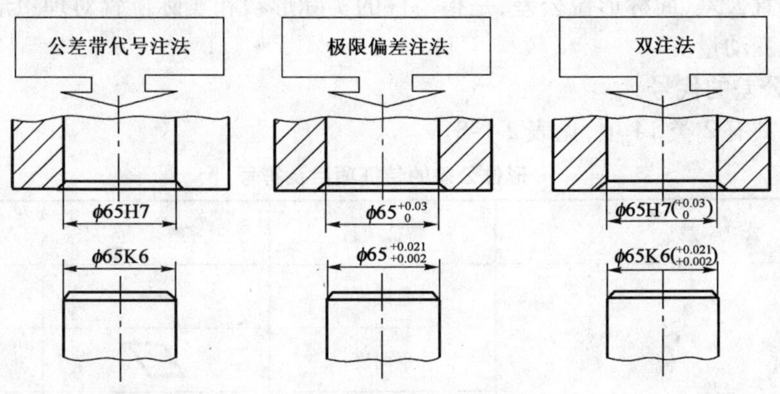

图 2-1-15　零件图尺寸公差标注

(2)装配图标注(图 2-1-16)

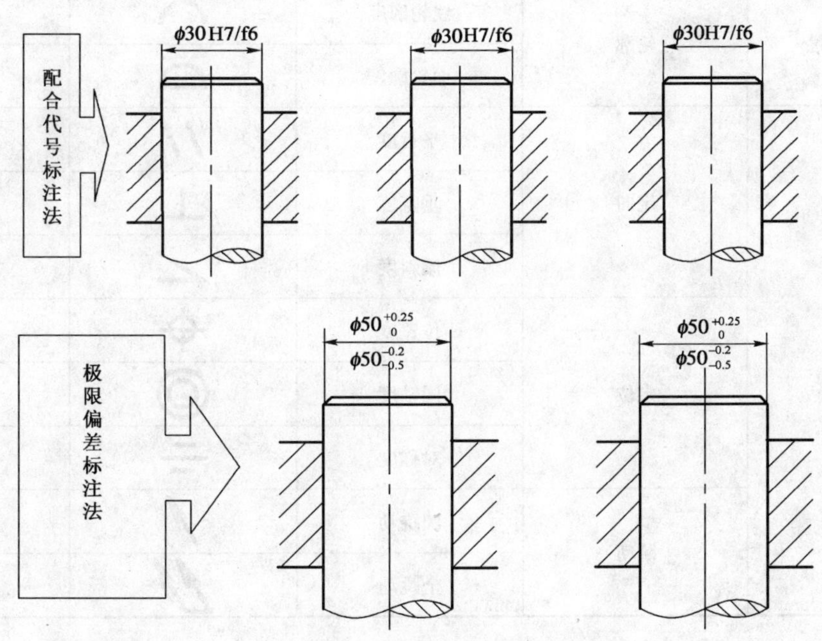

图 2-1-16　装配图尺寸公差标注

4. 形位公差

(1)基本概念

零件在加工过程中,除了产生尺寸误差,还会出现形状和相对位置的误差。如:在加工时表面不平,属于形状误差,表面与轴线不垂直,属于位置误差。又如:加工轴时出现轴线微量弯曲,轴两端粗细不一的现象,就是属于零件的形状误差。又如:阶梯轴在加工后,它的轴线有微量偏移,不在同一直线上,带来了位置上的不准确,就属于位置误差。

形状和位置误差过大会影响机器的使用,但对精度要求高的零件,不仅要保证尺寸精度,还必须控制形状和位置的误差。对形状和位置误差的控制是通过设定形状和位置公差来实现的，只要零件的实际形状和实际位置在公差范围内，就被认为是合格的。

形状和位置公差，简称形位公差，是指零件的实际形状和实际位置对理想形状和理想位置所允许的最大变动量。

(2)形位公差的代号

形位公差共有 2 类 14 项，见表 2-1-8。

形位公差的特征项目及符号 表 2-1-8

公差		特征项目	符号	基准要求
形状		直线度	—	无
		平面度	▱	无
		圆度	○	无
		圆柱度	⌭	无
形状或位置	轮廓	线轮廓度	⌒	有或无
		面轮廓度	⌓	有或无
位置	定向	平行度	//	有
		垂直度	⊥	有
		倾斜度	∠	有
	定位	位置度	⌖	有或无
		同轴度	◎	有
		对称度	⌯	有
	跳动	圆跳动	↗	有
		全跳动	⌰	有

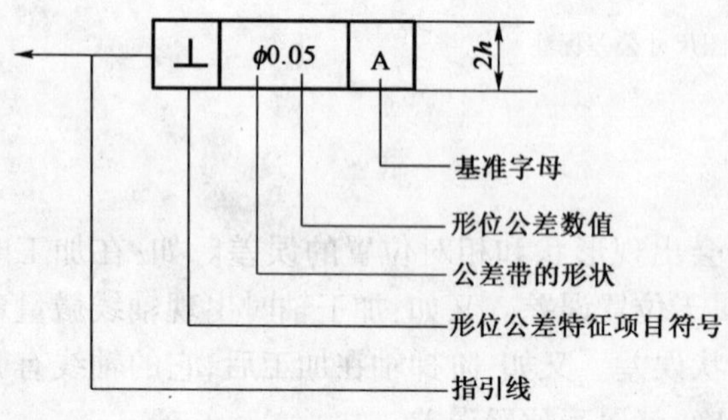

图 2-1-17 形位公差框格

(3)形位公差标注(图 2-1-17)

形位公差采用框格标注，这是国家标准中所规定的基本形式。框格用细实线绘出，水平或垂直放置，框格可分成两格或多格，框格内从左到右填写形位公差符号、公差数值和有关符号、基准代号的字母和有关符号。框格高为图纸中数字高的 2 倍($2h$)，框格中的字母和数字高应为 h，框格一端用带指引线的箭头指向公差带的宽度方向或直径方向。

基准代号由基准符号、圆圈、连线和字母组成。基准符号用加粗的短划表示；基准代号的圆圈用细实线绘制，其直径与框格的高度相同；圆圈内填写大写的拉丁字母，字母高度应与图样中尺寸数字的高度相同。无论基准代号在图样中的方向如何，圆圈内的字母都应水平书写。形位公差基准代号见图 2-1-18。

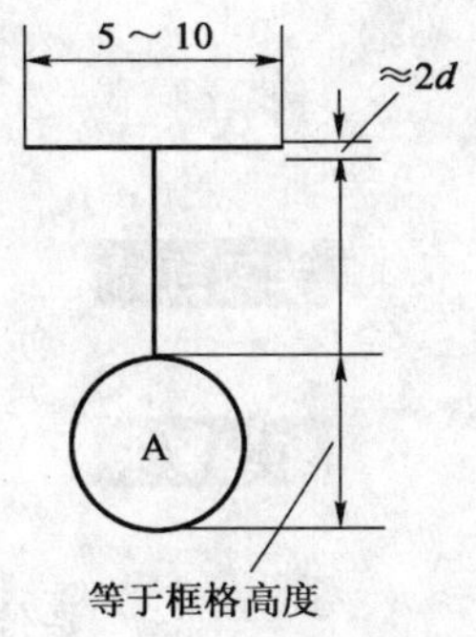

图 2-1-18　形位公差基准代号

当被测要素是表面或素线时，从框格引出的指引线箭头，应指在该要素的轮廓线或其延长线上；当被测要素或基准要素是轴线时，应将箭头或基准符号与该要素的尺寸线对齐。

具体标注见表 2-1-9：

形位公差的标注　　表 2-1-9

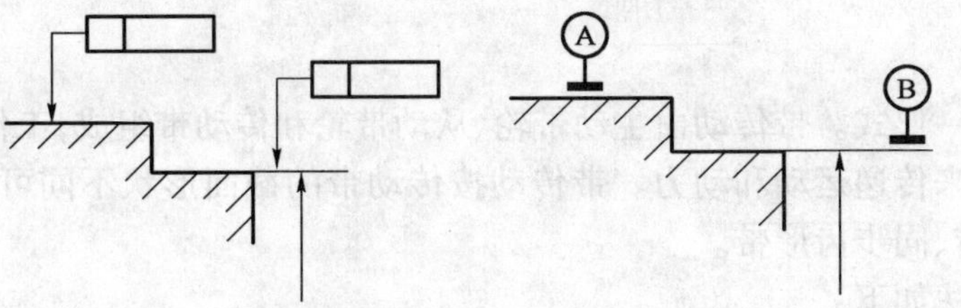 A　B	基准、被测要素为平面时的标注
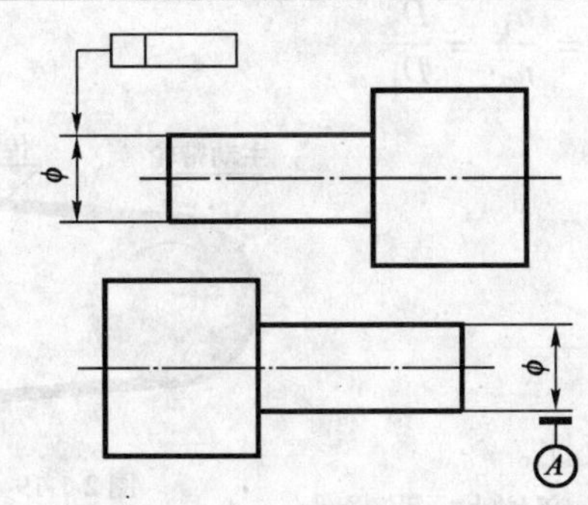 φ　φ　A	基准、被测要素为轴线时的标注
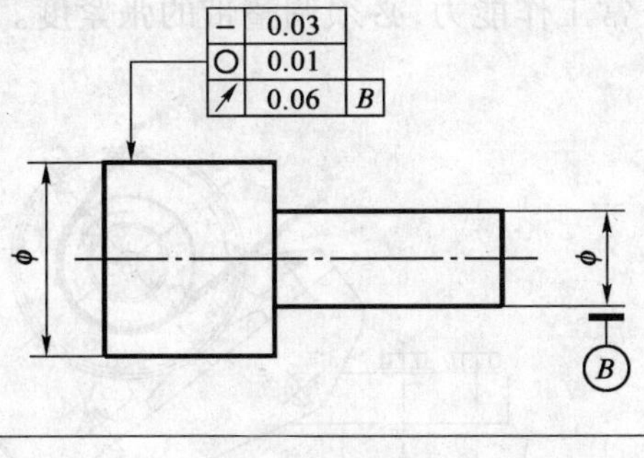 — 0.03 ○ 0.01 ↗ 0.06 B φ　φ　B	同一要素有多项形位公差要求时的标注
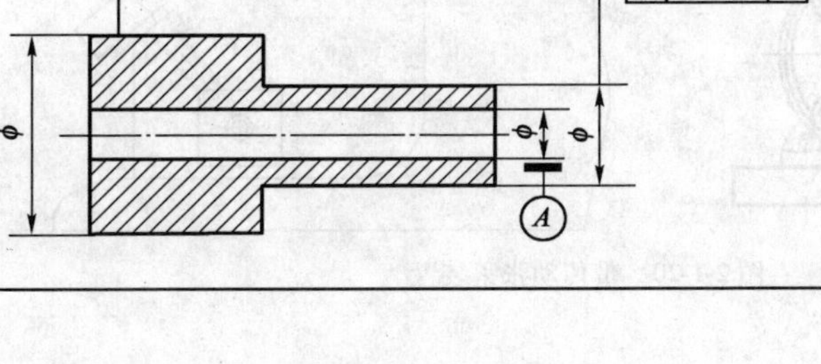 ○ φ0.05 A φ　φ　φ　A	多个被测要素有相同形位公差要求时的标注

课题二　机械基础知识

学习目标

本课题的学习内容是机械基础基本知识。

知识要求

了解机械传动基本原理和传动形式,掌握传动比的计算方法,掌握主要传动零件名称及用途。

模块一　机械传动基础知识

1. 带传动(图 2-1-19)

带传动是摩擦传动的另一形式。带传动由主动带轮、从动带轮和传动带组成,工作时依靠带与带轮之间的摩擦或啮合来传递运动和动力。带传动按传动带的截面形状不同可分为:平型带、三角带、圆形带、多楔带、同步齿形带。

带传动的传动比计算方法如下:

$$i_{12} = \frac{n_1}{n_2} = \frac{D_2}{D_1}$$

式中:i_{12}——传动比;

n_1——主动带轮转速;

n_2——从动带轮转速;

D_1——主动带轮直径;

D_2——从动带轮直径。

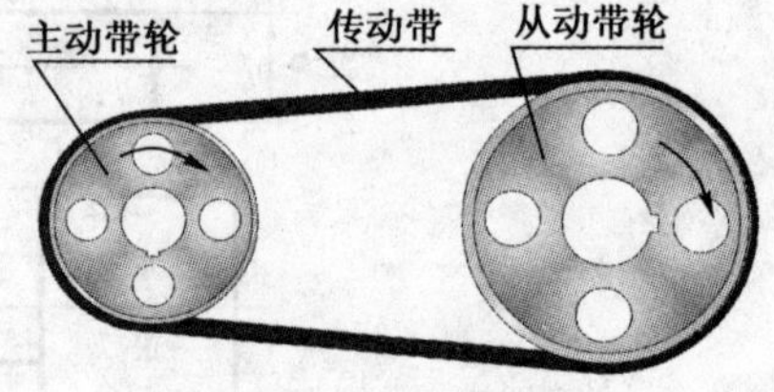

图 2-1-19　带传动组成

由上式可知:带轮的转速与其直径成反比。

由于带传动长期在拉力作用下,带的长度增加,张紧力减小,降低传动能力,为了保证带传动正常工作能力,必须调整带的张紧度。带传动张紧装置见图 2-1-20。

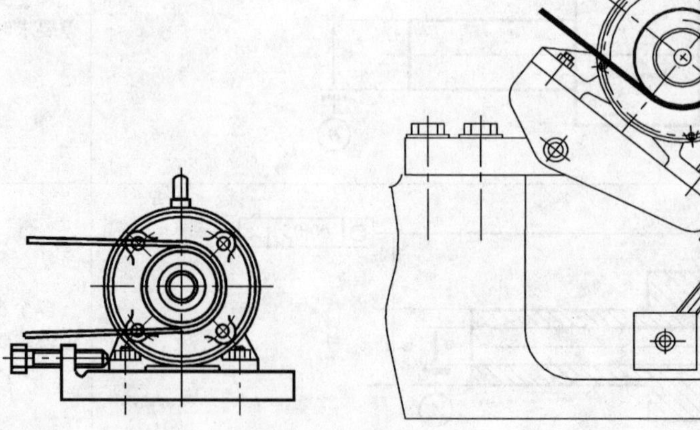

图 2-1-20　带传动张紧装置

2. 齿轮传动

齿轮传动可用于传递任意两轴间的运动和动力，是机械中应用最广的一种机械传动。齿轮传动的传动比是主动齿轮与从动齿轮转速 n_1、n_2 的比值，也等于两齿轮齿数 z_1、z_2 的反比值，用 i 表示。即：

$$i = \frac{n_1}{n_2} = \frac{z_2}{z_1}$$

各种齿轮传动见表 2-1-10。

各种齿轮传动表　　表 2-1-10

1. 外啮合直齿圆柱齿轮传动	2. 内啮合直齿圆柱齿轮传动	3. 直齿圆柱齿轮齿条传动	4. 外啮合斜齿圆柱齿轮传动
	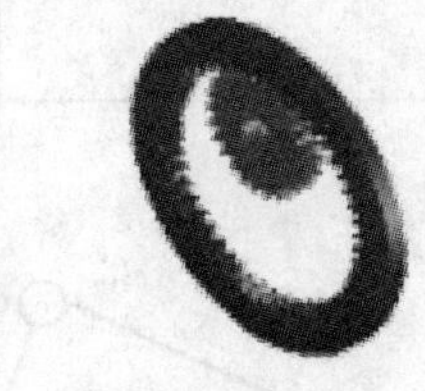		
5. 斜齿圆柱齿轮齿条传动	6. 人字齿轮传动	7. 直齿圆锥齿轮传动	8. 曲齿圆锥齿轮传动
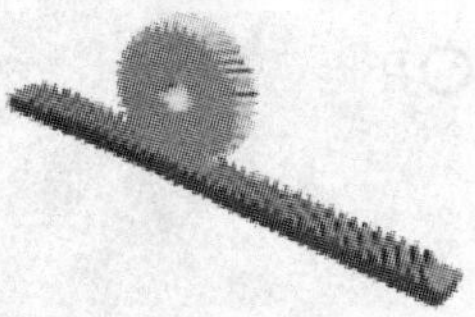			
9. 准双曲面齿轮传动	10. 交错轴斜齿轮传动	11. 蜗杆传动	

3. 链传动

链传动是一种具有中间挠性件（链条）的啮合传动，由主动链轮、从动链轮和中间挠性件（链条）组成，通过链条的链节与链轮上的轮齿相啮合传递运动和动力。链传动的传动比计算与齿轮传动相同，即：

$$i = \frac{n_1}{n_2} = \frac{z_2}{z_1}$$

链传动见图 2-1-21。

4. 平面四杆机构

连杆传动是利用常用的低副传动机构进行的传动，连杆传动能方便的实现转动、摆动、移动等运动形式的转换。其中以由四个构件组成的四杆机构应用最广泛，而且是组成多杆机构的基础。

四杆机构的基本形式如图 2-1-22 所示，其中构件 AD 固定不动称为静件或机架；与机架相连的 AB 杆和 CD 杆称为连架杆；与机架相对的 BC 杆称为连杆。其中能作整周回转运动的连架杆称为曲柄，只能在小于 360°的范围内摆动的连架杆称为摇杆。

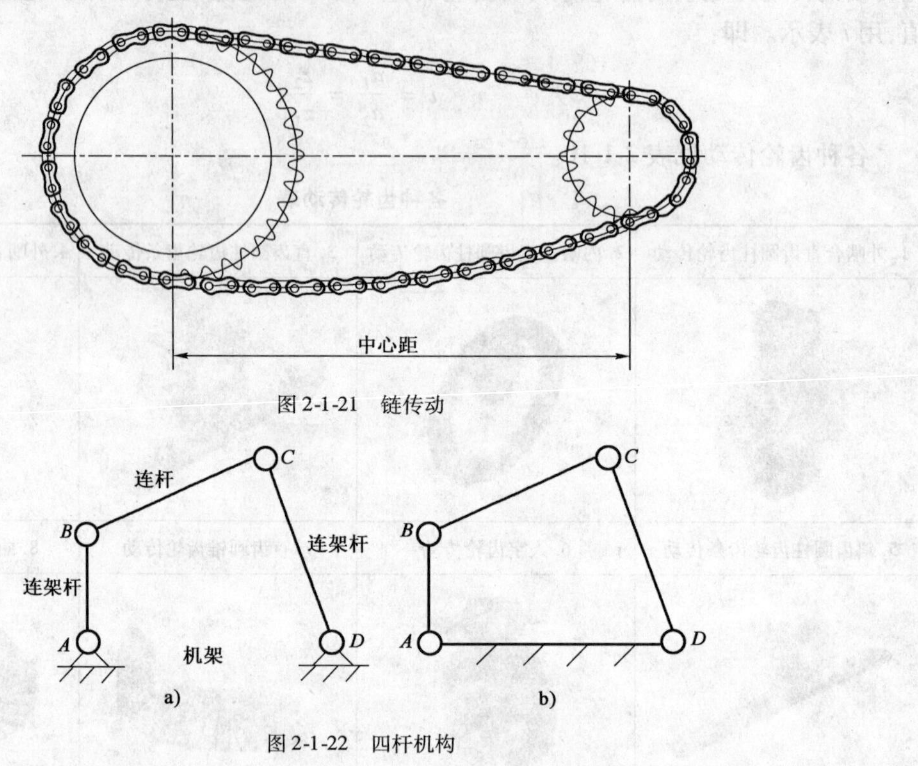

图 2-1-21　链传动

图 2-1-22　四杆机构

曲柄滑块机构是由四杆机构中的曲柄摇杆机构演变而成。内燃机中的曲柄连杆机构也是曲柄滑块机构的应用。曲柄连杆机构见图 2-1-23。

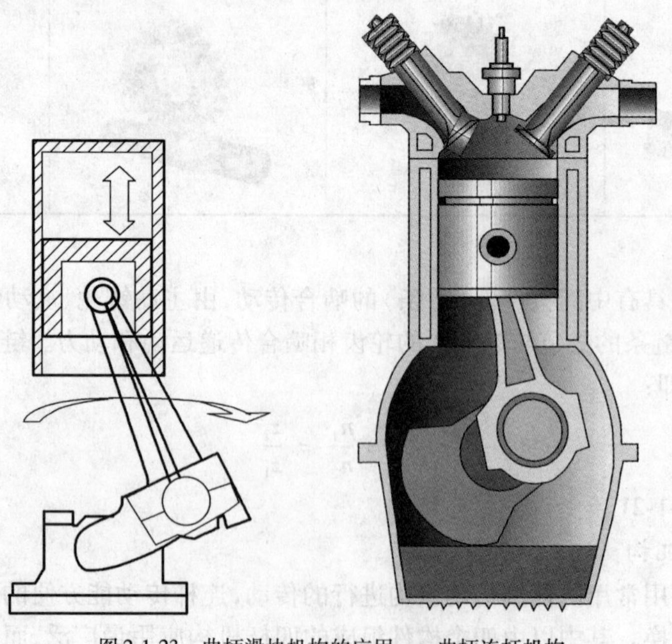

图 2-1-23　曲柄滑块机构的应用——曲柄连杆机构

1. 轴

轴的用途主要是支承旋转运动的零件和传递动力,所以轴是机器中的重要零件之一。按轴的结构形状又分为:光轴和阶梯轴,阶梯轴在一般机械中应用较广,如减速器中的轴,它各截面直径不同,强度相近,便于安装固定。阶梯轴见图 2-1-24,曲轴见图 2-1-25。

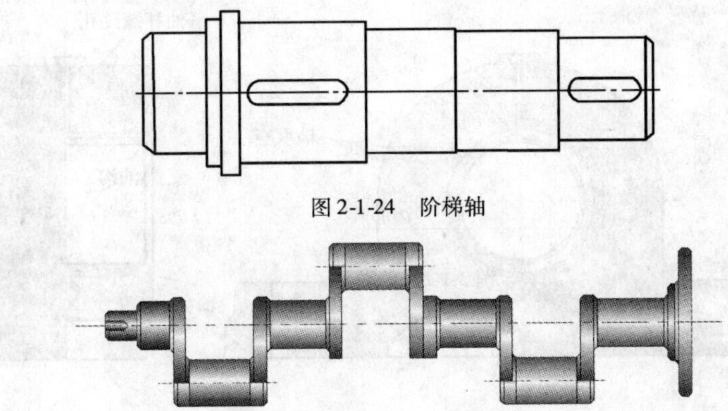

图 2-1-24　阶梯轴

图 2-1-25　曲轴

安装在轴上的零件,要牢固可靠并相对固定。轴上零件的固定主要体现为:轴向固定和周向固定。

轴上零件的轴向固定——为了使零件在轴上有确定的轴向位置,防止零件轴向移动,并能承受轴向力,轴向固定的方式有:用轴肩(轴环)固定、轴端挡圈固定、用圆螺母固定零件、用圆锥销、紧定螺钉和弹性挡圈固定等。

轴上零件的周向固定——为了保证零件传递转矩和防止零件与轴产生相对转动,大多数采用键或过盈配合的固定形式。车辆中常用键和花键联结。

轴向固定方法见图 2-1-26。

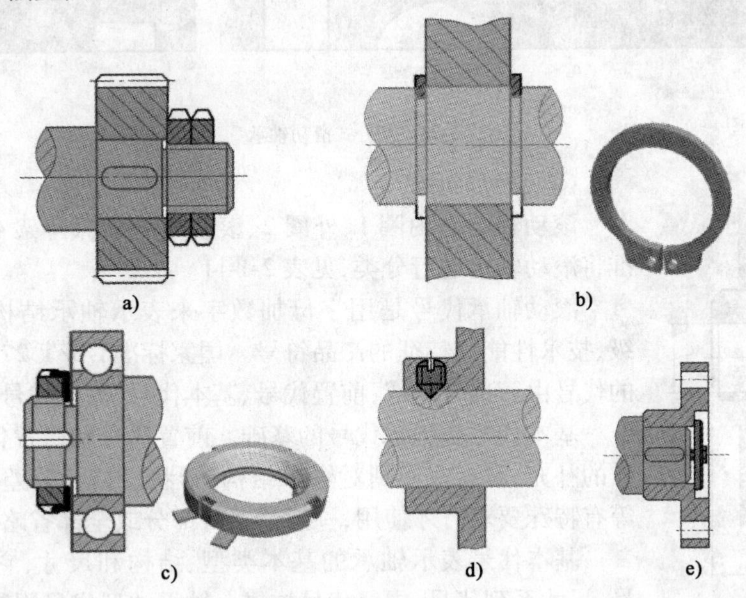

图 2-1-26　轴向固定方法

a)圆螺母固定;b)弹性挡圈固定;c)止动垫圈固定;d)紧定螺钉固定;e)轴端挡圈固定

2. 轴承

轴承的用途是支承轴和轴上的零件，并要保持轴线的旋转精度，同时减少相对转动引起的摩擦与磨损。按轴承工作时的摩擦种类分，有滑动轴承和滚动轴承两大类。

(1)滑动轴承

滑动轴承分为整体式滑动轴承(图 2-1-27)、剖分式滑动轴承(图 2-1-28)、调心式滑动轴承(图 2-1-29)。

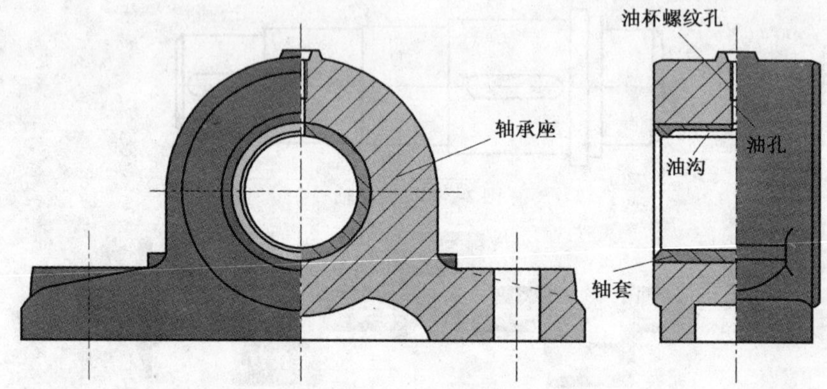

图 2-1-27　整体式滑动轴承

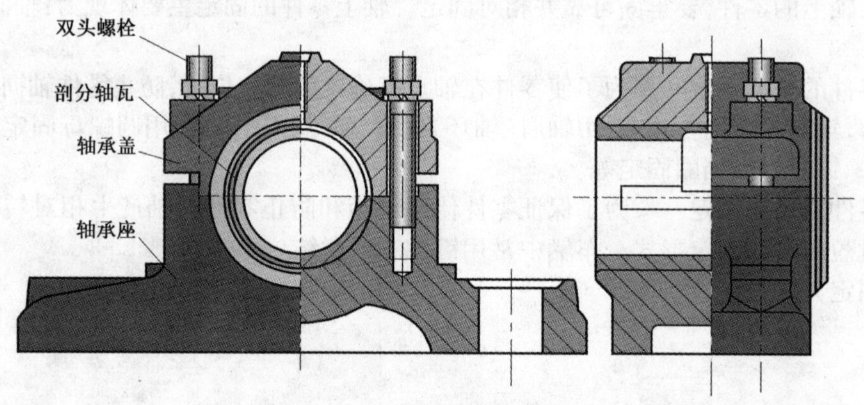

图 2-1-28　剖分式滑动轴承

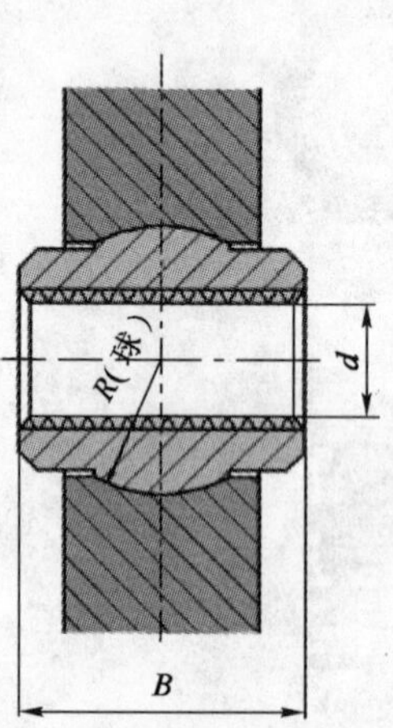

(2)滚动轴承

滚动轴承由内圈 1、外圈 2、滚动体 3 和保持架 4 组成。国家标准将滚动轴承进行分类，见表 2-1-11。

滚动轴承代号是用字母加数字来表示轴承结构、尺寸、公差等级、技术性能等特征的产品符号。国家标准 GB/T 272—93 规定轴承的代号由三部分组成：前置代号、基本代号、后置代号。

基本代号是轴承代号的基础。前置代号和后置代号都是轴承代号的补充，只有在遇到对轴承结构、形状、材料、公差等级、技术要求等有特殊要求时才使用，一般情况可部分或全部省略。

基本代号表示轴承的基本类型、结构和尺寸，它由轴承类型代号、尺寸系列代号、内径代号构成。轴承类型代号用数字或字母表示不同类型的轴承；尺寸系列代号由两位数字组成。前一位数字代表

图 2-1-29　调心式滑动轴承

宽度系列(向心轴承)或高度系列(推力轴承),后一位数字代表直径系列。尺寸系列表示内径相同的轴承可具有不同的外径,而同样的外径又有不同的宽度(或高度),用以满足各种不同要求的承载能力。内径代号表示轴承公称内径的大小,用数字表示。

滚动轴承分类表　　表 2-1-11

轴承类型		轴承类型简图	类型代号	标准号	特　性
调心球轴承			1	GB/T 281	主要承受径向载荷,也可同时承受少量的双向轴向载荷。外圈滚道为球面,具有自动调心性能,适用于弯曲刚度小的轴
调心滚子轴承			2	GB/T 288	用于承受径向载荷,其承载能力比调心球轴承大,也能承受少量的双向轴向载荷。具有调心性能,适用于弯曲刚度小的轴
圆锥滚子轴承			3	GB/T 297	能承受较大的径向载荷和轴向载荷。内外圈可分离,故轴承游隙可在安装时调整,通常成对使用,对称安装
双列深沟球轴承			4	—	主要承受径向载荷,也能承受一定的双向轴向载荷。它比深沟球轴承具有更大的承载能力
推力球轴承	单向		5(5100)	GB/T 301	只能承受单向轴向载荷,适用于轴向力大而转速较低的场合
	双向		5(5200)	GB/T 301	可承受双向轴向载荷,常用于轴向载荷大、转速不高处
深沟球轴承			6	GB/T 276	主要承受径向载荷,也可同时承受少量双向轴向载荷。摩擦阻力小,极限转速高,结构简单,价格便宜,应用最广泛

续上表

轴承类型	轴承类型简图	类型代号	标准号	特　性
角接触球轴承	α	7	GB/T 292	能同时承受径向载荷与轴向载荷，接触角 α 有 15°、25°、40° 三种。适用于转速较高、同时承受径向和轴向载荷的场合
推力圆柱滚子轴承		8	GB/T 4663	只能承受单向轴向载荷，承载能力比推力球轴承大得多，不允许轴线偏移。适用于轴向载荷大而不需调心的场合
圆柱滚子轴承	外圈无挡边圆柱滚子轴承	9	GB/T 283	只能承受径向载荷，不能承受轴向载荷。承受载荷能力比同尺寸的球轴承大，尤其是承受冲击载荷能力大

举例说明用基本代号表示轴承的方法见表 2-1-12。

用基本代号表示轴承　　表 2-1-12

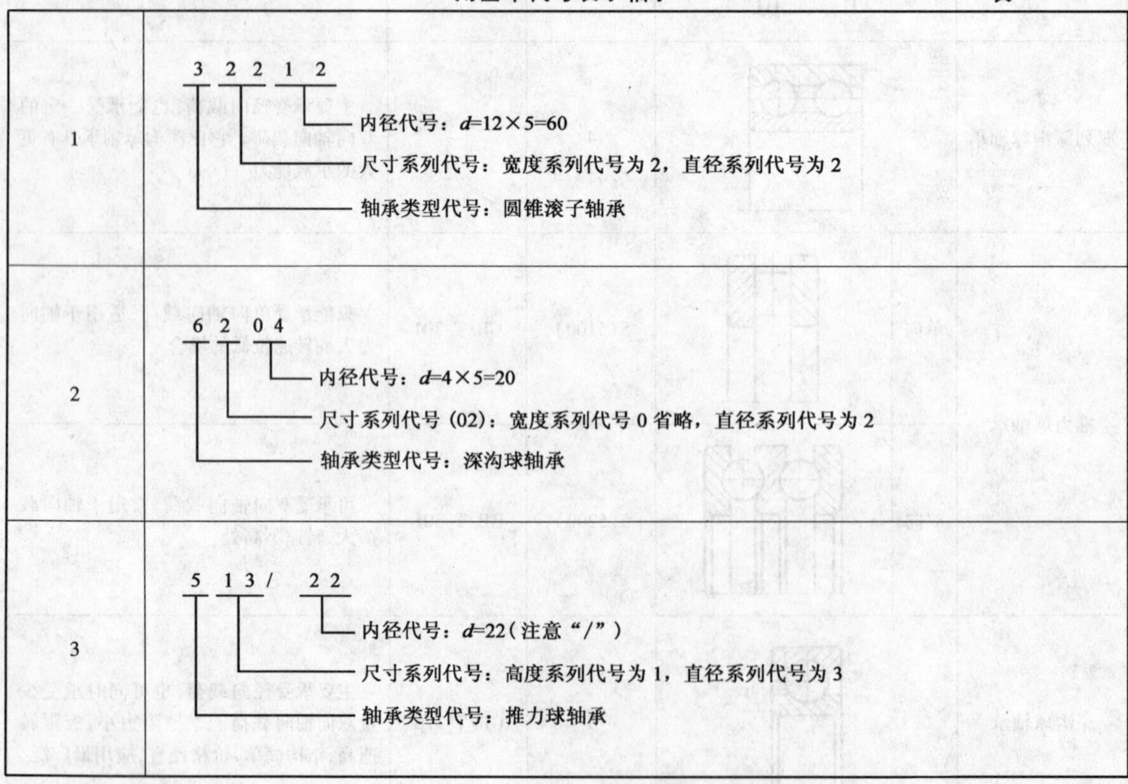

1	3 2 2 1 2 内径代号：d=12×5=60 尺寸系列代号：宽度系列代号为 2，直径系列代号为 2 轴承类型代号：圆锥滚子轴承
2	6 2 0 4 内径代号：d=4×5=20 尺寸系列代号 (02)：宽度系列代号 0 省略，直径系列代号为 2 轴承类型代号：深沟球轴承
3	5 1 3 / 2 2 内径代号：d=22（注意“/”） 尺寸系列代号：高度系列代号为 1，直径系列代号为 3 轴承类型代号：推力球轴承

3. 键(图 2-1-30)

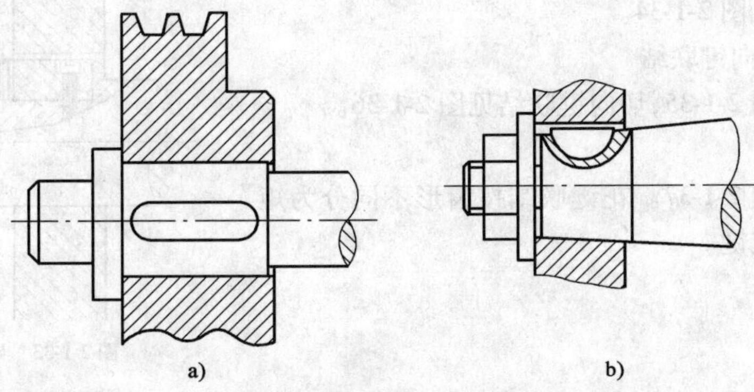

图 2-1-30　平键联结与半圆键联结

a)皮带轮与轴的平键联结;b)内燃机中锥轴与轮毂的半圆键联结

键联结是属可拆联结,主要用来联结轴与轴上零件,用以周向固定和传递转矩。键联结的结构简单、工作可靠、拆装方便。根据形状不同,键联结可分为:

(1)平键联结

根据工作情况不同,分为普通平键和导向平键,如图 2-1-31、图 2-1-32、图 2-1-33 所示。

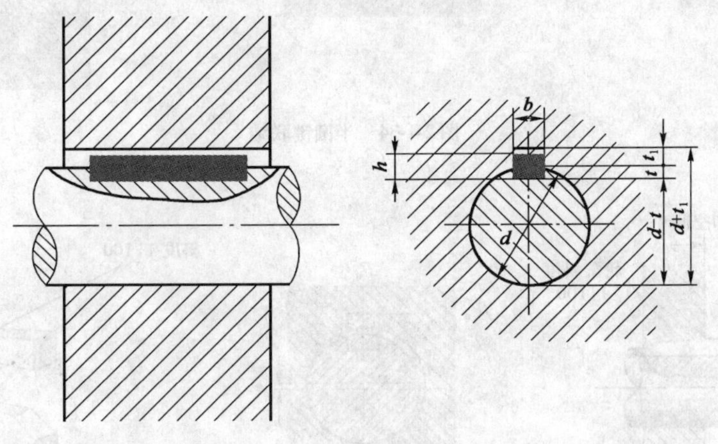

图 2-1-31　键和键槽的剖面尺寸

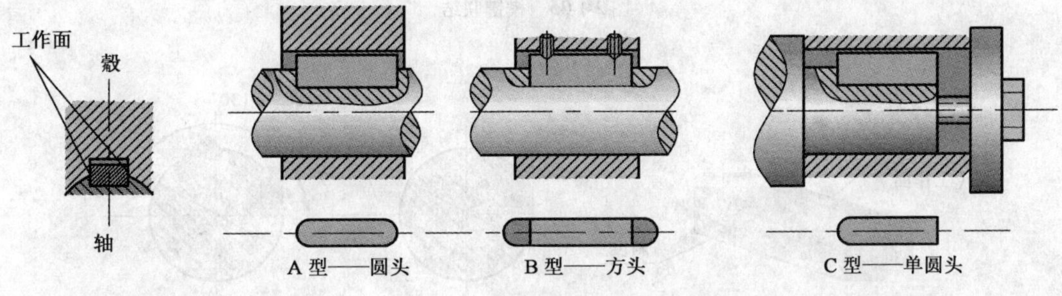

图 2-1-32　平键联结类型

(2)半圆键联结

半圆键联结见图 2-1-34。

(3)楔键和切向键联结

楔键联结见图 2-1-35,切向键联结见图 2-1-36。

(4)花键联结

花键联结见图 2-1-37。花键联结按齿形不同分为矩形花键和渐形线花键。

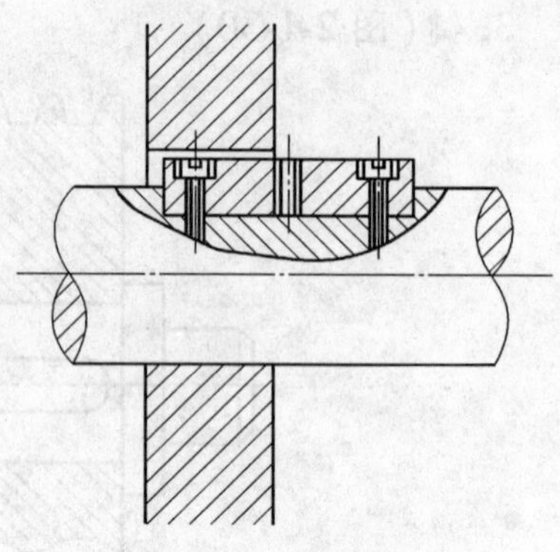
图 2-1-33　导向键联结

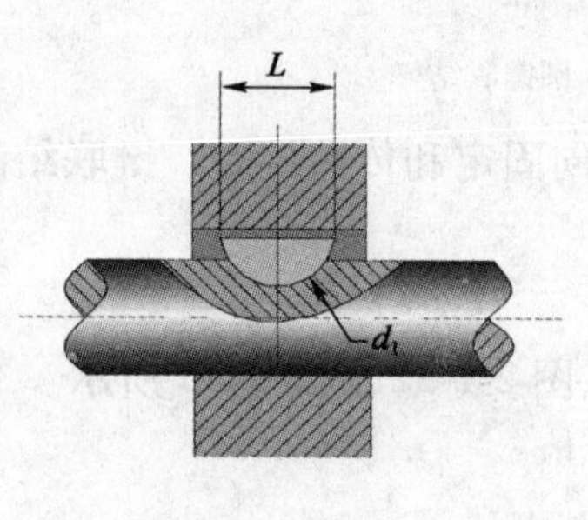

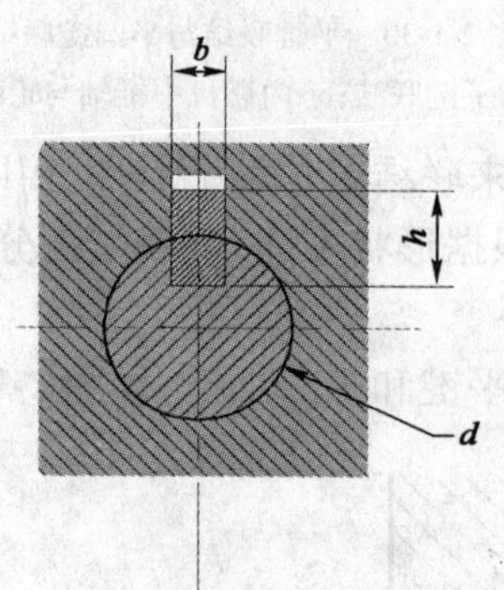

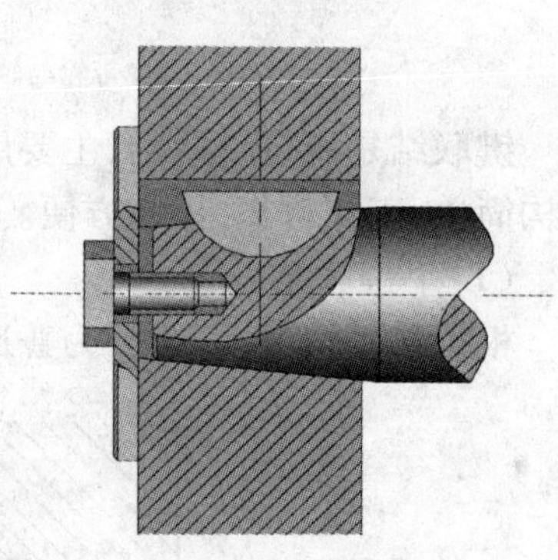

图 2-1-34　半圆键联结

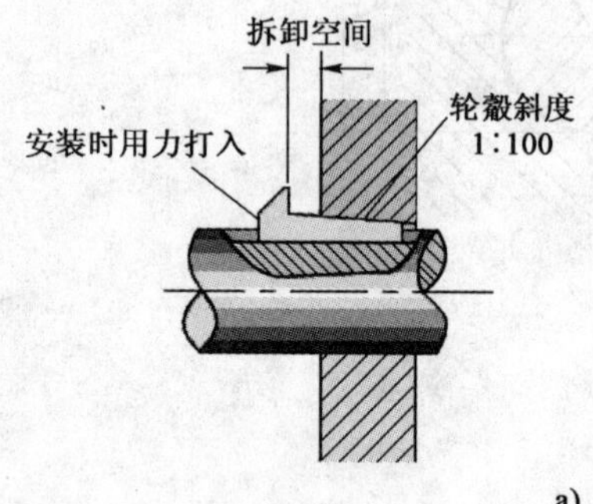

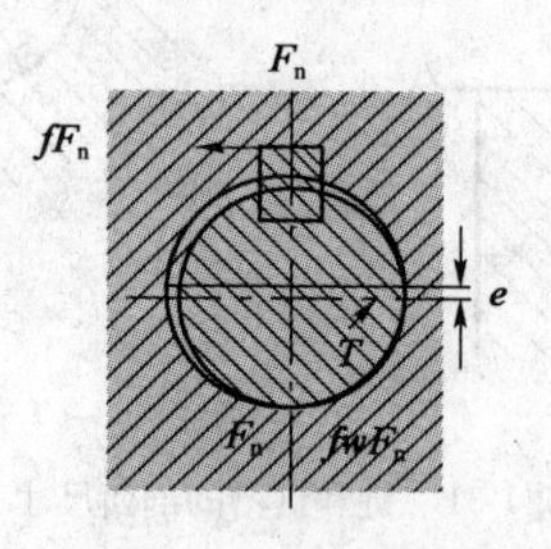

a)

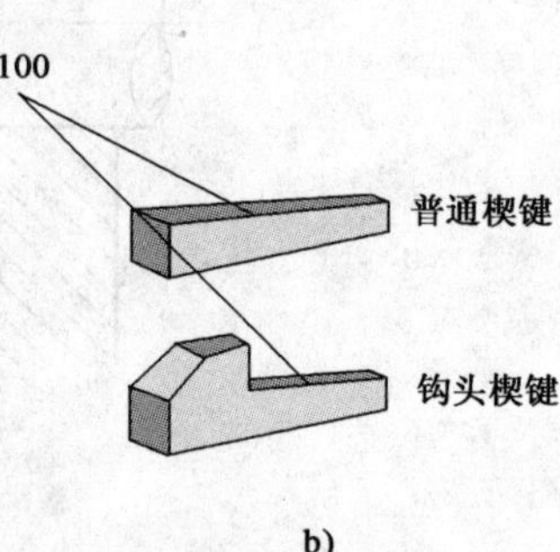

b)

图 2-1-35　楔键联结

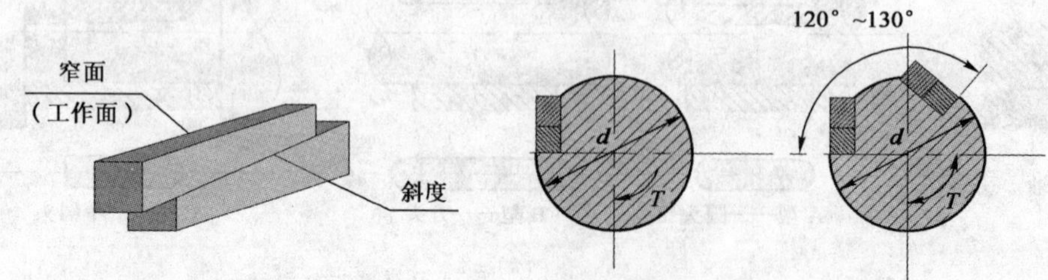

图 2-1-36　切向键联结

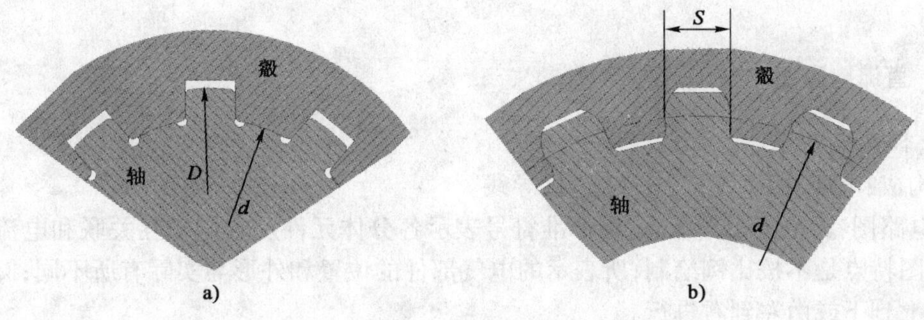

图 2-1-37　花键联结

思考题

1. 用三视图表示四棱台(图 1)。

2. 画出下列零件的用全剖视图(图 2)。

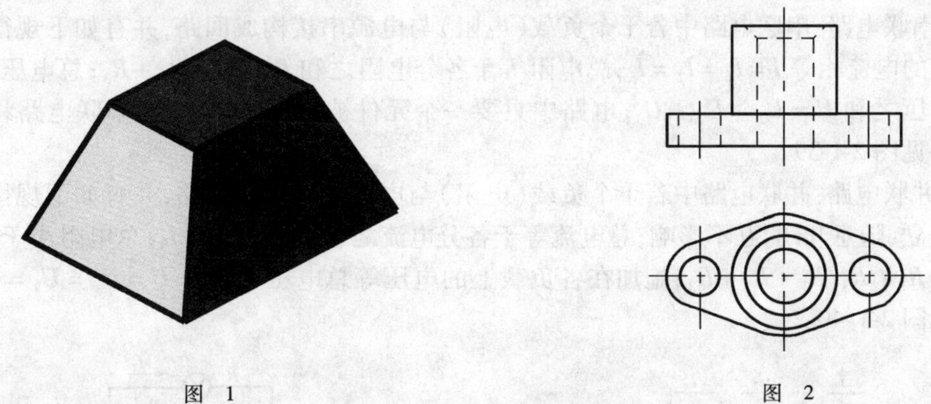

图　1　　　　图　2

3. 变速器输入轴转速为 4 500rad/min,前进一挡的主动齿轮的齿数为 20,从动齿轮的齿数为 41,试计算变速器输出轴转速。

4. 皮带传动,小皮带轮直径为 100mm,大皮带轮直径为 180mm,当小皮带轮的转速为 1 800rad/min,试计算大皮带轮的转速。

5. 简述零件与零件之间联结的常用方式。

6. 简述轴承的种类和作用。

课题三　电工与电子基本知识

学习目标

本课题的学习内容是电工与电子的基本知识。

知识要求

了解电路基本组成和串联、并联电路基本规律;能应用欧姆定律计算电路电量;能识读直流电路中的电工电子元器件;掌握控制电路控制调节基本原理。

模块一　直流电路基本知识

1. 基本直流电路

(1)构成:电源、用电设备、开关、连接导线。

(2)电路图:无电流工作状态,用标准符号表示各分体元件及它们相互关联和电流流经路线。电路图特点是不按比例绘制;所表示的电气部件的位置和外形与实际有所不同;阅读电路图时应由上到下或由左到右进行。

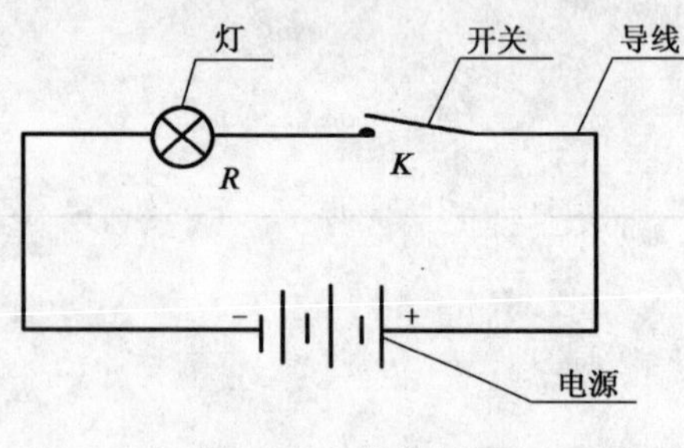

图 2-1-38　简单电路图

(3)基本电量及单位:电压 U(伏特,V)、电流 I(安培,A)、电阻 $R=\dfrac{U}{I}$(欧姆,Ω)、电功率 $P=UI$(瓦特,W)、电功 $W=Pt$(焦耳,J)。简单电路见图 2-1-38。

2. 直流电路定律

(1)欧姆定律 $I=U/R$ 表示电流、电压和电阻之间的关系。电路中的电流取决于电压和电阻,电阻不变时,电压越高则电流越大;电压不变时电阻越高则电流越小。

(2)串联电路:串联电路中若干个负载(电阻)与电源串接构成回路,并有如下规律:通过所有电阻的电流相等 $I=I_1=I_2=I_3$;总电阻等于各分电阻之和 $R=R_1+R_2+R_3$;总电压等于负载上各电压之和 $U=U_1+U_2+U_3$;电路中只要一个元件被损坏时,则整个串联电路将断电。串联电路见图 2-1-39。

(3)并联电路:并联电路中若干个负载(电阻)与电源并联构成回路,并有如下规律:各负载相互独立,随意开闭,互不影响;总电流等于各分电流之和 $I=I_1+I_2+I_3$;总电阻小于每个分电阻,$R=R_1R_2R_3/R_1+R_2+R_3$;施加在各负载上的电压等总电压且相等 $U=U_1=U_2=U_3$。并联电路见图 2-1-40。

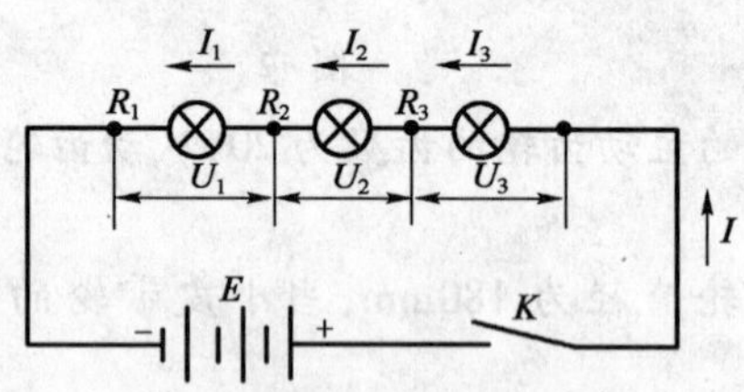

图 2-1-39　串联电路

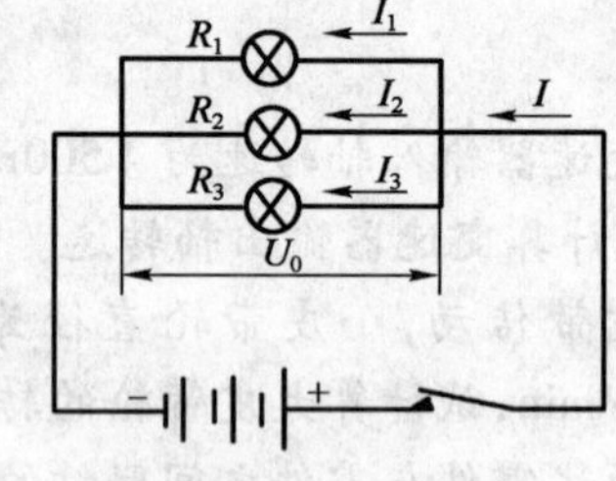

图 2-1-40　并联电路

(4)电压降:电流经过每个电阻器时的两端都存在电压降。

(5)断路:电路中有断开处。

(6)短路:电流绕过负载的现象。

模块二　车辆电气系统基本知识

1. 车辆上的直流电路特点(图 2-1-41)

(1)单线制与搭铁:车上的钢结构件充当使电流返回蓄电池的导线。

(2)线路符号与电路图:用标准符号表示电路原理和接线关系,被认为是一张用来找寻流经电路的电流路线图。

(3)双电源:蓄电池与发电机共同向用电设备供电。

2. 车辆上基本电气设备组成及作用

(1)电源系:由蓄电池、发电机主电压调节器组成。其主要作用是向全车用电设备提供低压直流电能。当发动机以较高的转速运时,通过皮带传动使发电机高速转动将机械能转换为电能,向用电设备供电以及向蓄电池充电,发动机停机或启动时就得靠蓄电池来供电。

蓄电池是储能器,充电时将电能转变为化学能来储存,放电时则将化学能转变为电能。车用蓄电池是由正极板(活性物质二氧化铅)、负极板(活性物质纯铅)隔板、电解液(37.5%浓度硫酸和62.5%蒸馏水配制)及壳体等组成,放电时生成水和硫酸铅,电解液密度下降;充电时还原成活性物质二氧化铅、活性物质铅和硫酸,电解液密度升高(充足时电解液密度达1.28kg/L)。蓄电池结构如图2-1-42所示,硅整流发电机工作原理如图2-1-43所示。

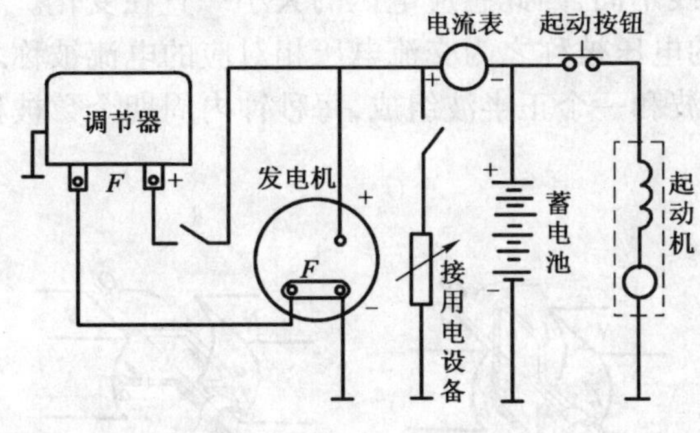

图2-1-41 车辆直流电路示意图

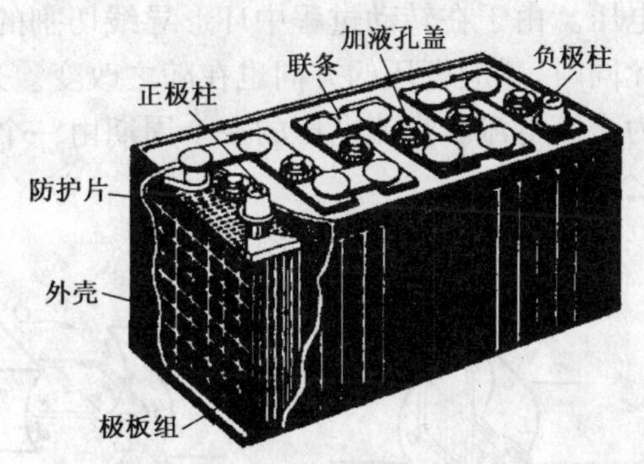

图2-1-42 蓄电池结构简图

(2)起动系统(图2-1-44):由直流电动机(起动机)及起动控制装置组成。其作用是启动发动机。起动机是由电动机(将电能转变为机械能)、传动机构和电磁开关三部分组成。当接通启动开关,电磁开关接通电动机与蓄电池之间的电路,传动机构使起动机驱动齿轮与发动机飞轮齿环啮合,从而带动发动机曲轴达到起动所必需的转速。

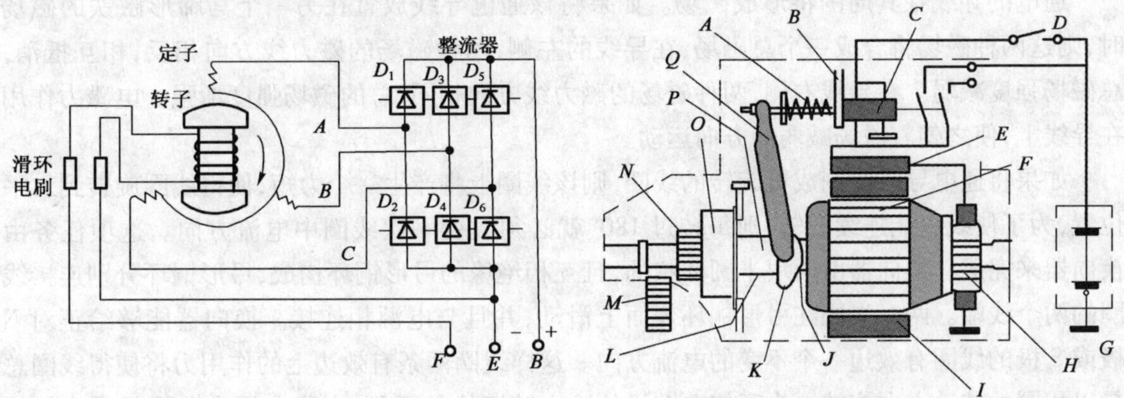

图2-1-43 硅整流发电机工作原理图

图2-1-44 起动系统工作原理图

(3)仪表与信号系统:监测和指示发动机及液压传动系统工作状态并报警。仪表通电并与传感器元件相接即可,报警一般采用指示灯或电蜂鸣器,当监测对象达到报警限时即接通相应线路进行报警。系统主要包括充电电流监测、机油压力监测、温度监测、油量监测、制动指示、转向指示、运转时间指示等。

(4)照明系统:保证机械夜间施工用照明。由于施工机械工作装置和作业特点不同,其照明灯的数量、要求和安装位置也不相同,但基本上是由电源、控制开关和照明灯的所组成。

模块三 电磁的基本知识

1. 发电机工作原理

导体在磁场内运动,切割磁力线,则导体内将产生电压,这个过程被称之为导体的运动感应过程。感应电压的方向取决于导体的运动方向与磁场方向,其电流方向可通过右手定则来确定。感应电压的大小正比于下列各参数:导体在磁场内的运动速度,导体的有效长度,磁场强度。

交流电压的产生:环形导线两端分别与滑环相连,当该导线在磁场内转动时,便会感应出电压。由于在转动过程中环形导线切割的磁力线不同,因此感应电压的大小一直在变化。与此同时,感应电压的方向也在随之改变。这样的电压被称之为交流电压相对应的电流被称之为交流电流。交流电压的一个周期由一个负半波和一个正半波组成,每秒钟内周期个数被称之为频率。

发电机工作原理见图 2-1-45。

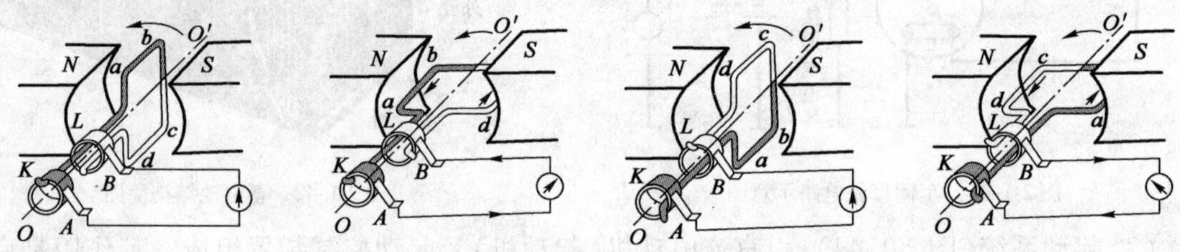

图 2-1-45 发电机工作原理图

2. 起动机工作原理

通电的导线在其周围将形成磁场。如果将该通电导线放置在另一个马蹄形磁铁的磁场时,则这两种磁场将合成一个总磁场,在导线的左侧,两种磁场的磁力线方向相反,相互抵消,总磁场强度减弱。在导线右侧,两种磁场的磁力线方向相同,总的磁场强度增强。电磁力作用在导线上,使之朝着磁场减弱的方向运动。

如果将通电导线绕制成可旋转的线圈,则该线圈上将产生一个力矩,使得线圈旋转到水平位置,为了使线圈能连续旋转,则每转过 180°就必须改变一次线圈中电流方向。这项任务由换向器来完成。换向器由两块半圆环状的,且互相绝缘的弓形铜环构成,弓形铜环分别连接线圈的两个线端。两个炭刷在弓形铜环表面上滑动,并且与电源相连接。换向器能够给正对 N 极或 S 极的线圈有效边一个不变的电流方向。这样线圈两条有效边上的作用力将使得线圈总是以相同的转动方向旋转。为了使电动机的输出转矩均匀平稳,直流电机内布置了许多组线圈。各线圈分别与换向器的弓形铜环相连接,线圈都被绕制在电枢上,为了产生励磁磁场,在电动机的定子内布置了励磁线圈。

起动机工作原理见图 2-1-46。

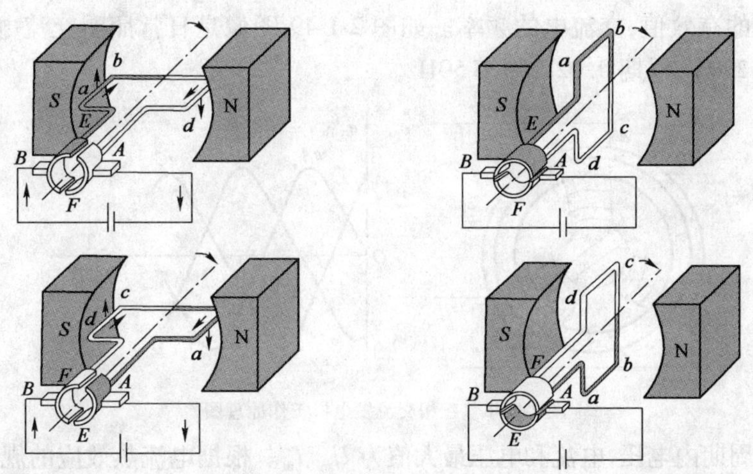

图 2-1-46　起动机工作原理图

3. 继电器工作原理

继电器是一种用小电流控制另一个大电流的电气装置。由一个铁心和绕在铁心外面的线圈、触点开关、回位弹簧三部分组成。当电流通过线圈时，线圈产生磁场引起线圈中的铁心的移动或移动机械杆，从而带动开关闭合。例如：启动继电器的磁场线圈电流由启动开关控制，启动机的电磁开关电流由继电器触点开关控制。当启动时闭合启动开关，线圈通电并产生磁场，从而移动触点开关闭合。继电器工作原理见图 2-1-47。

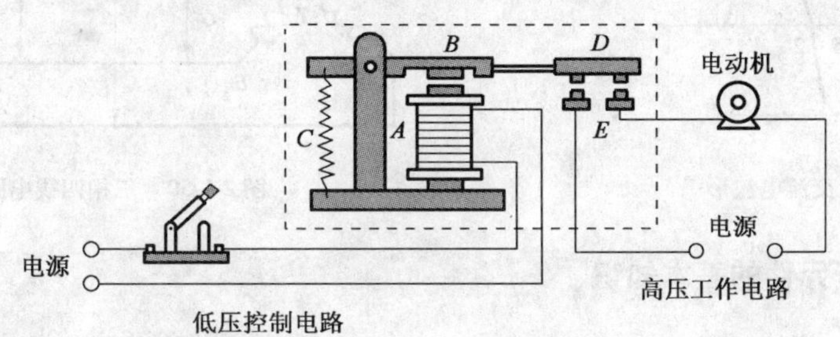

图 2-1-47　继电器工作原理图

模块四　交流电路的基本知识

1. 交流电的产生

当三组线圈分别以 120°的间隔布置时，转动线圈则会在各绕组中感应出正弦型的电压，而且各线圈中的电压相位差为 120°，连接各相电压便构成了所谓的三相交流电压，相应的电流被之为三相交流电流。

一个三相交流发电机内必须引出 6 个接线柱。如果将各绕组的端头相互连接，形成星形电路接法，则可以减少接线柱的数目，从发电机内只需引出 3 个接线柱。发电机的线电压 U 与相电压 U_P 相差 1.73 倍，线电流 I 与相电流相等。三相交流发电机工作原理见图 2-1-48。

2. 正弦交流电的表示公式

交流电电压、电流瞬时值表达式：$I = I_m \sin\omega t$，$U = U_m \sin\omega t$。图 2-1-49 是根据电压瞬时值表达式，画出的图像。从图像上能很直观看出交流电的最大值、周期和某一时刻电压的大小。据此可计算出电压的有效值，交流电的频率。如图 2-1-49 图像是日常照明交流电图像。最大值为 311V，有效值 220V，周期 0.02s，频率 50Hz。

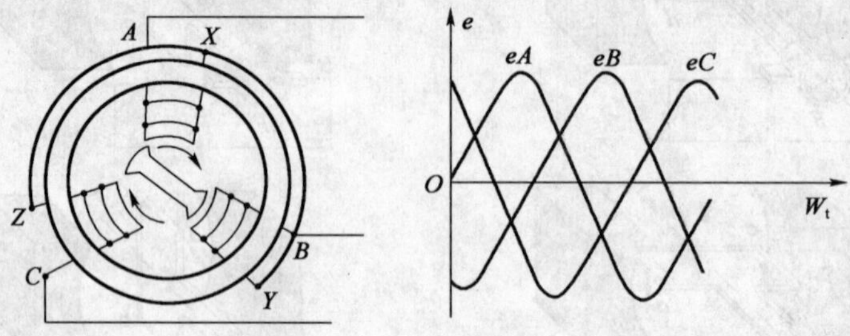

图 2-1-48　三相交流发电机工作原理图

交流电在一周期内电压，电流和电压最大值为 U_m、I_m。根据电流热效应的规定，让交流电和恒定电流通过相同阻值的电阻，如果在相同时间内产生热量相等，就把这一恒定电流的数值叫做这一交流电的有效值。交流电的最大值和有效值的关系是：$I_{有}=\frac{I_m}{\sqrt{2}}=0.707I_m$，$U_{有}=\frac{U_m}{\sqrt{2}}=0.707U_m$。在三相四线电路中（图 2-1-50），相线与中线的电压为相电压；任意两相线间的电压为线电压，线电压是相电压的 $\sqrt{3}$ 倍。流过各相负载的电流为相电流，流过相线中的电流为线电流。

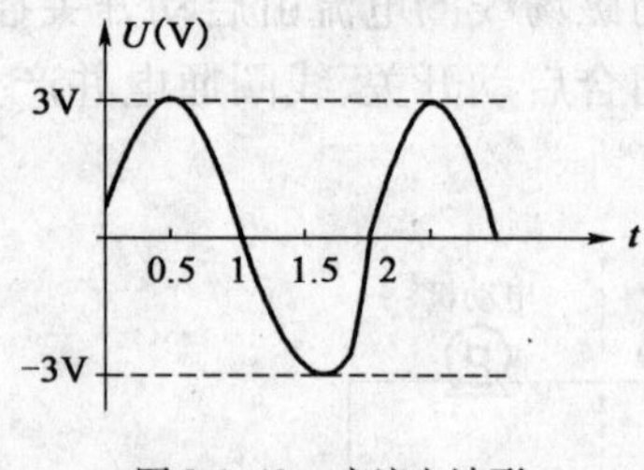

图 2-1-49　交流电波形

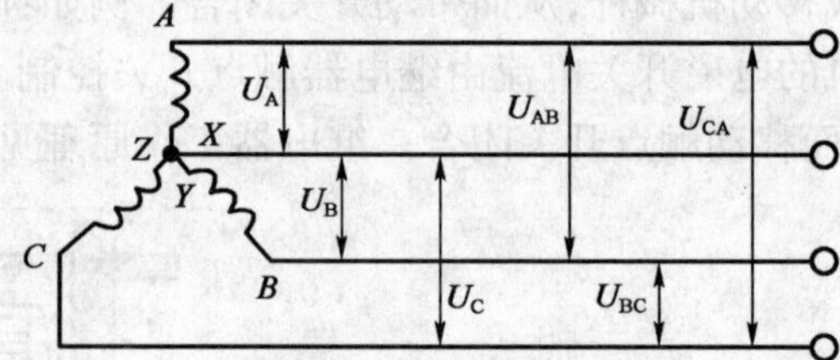

图 2-1-50　三相四线电路

模块五　常用电子元件的基本知识

1. 半导体二极管的表示符号、类型及其应用（整流电路、消弧电路、稳压电路、发光电路）

二极管由一个 P 型半导体层与一个 N 型半导体层组成。二极管的特性是电流只能在一个方向通过，在阻挠方向，二极管相当一个开启的触点，在导通方向二极管相当于一个闭合的触点。根据二极管理特性，可用于整流电路（图 2-1-51）、消弧电路（图 2-1-52）、稳压电路、发光电路。

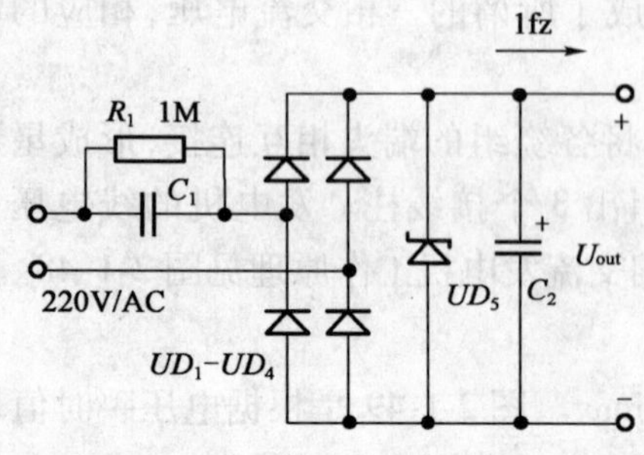

图 2-1-51　二极管整流、稳压电路原理图

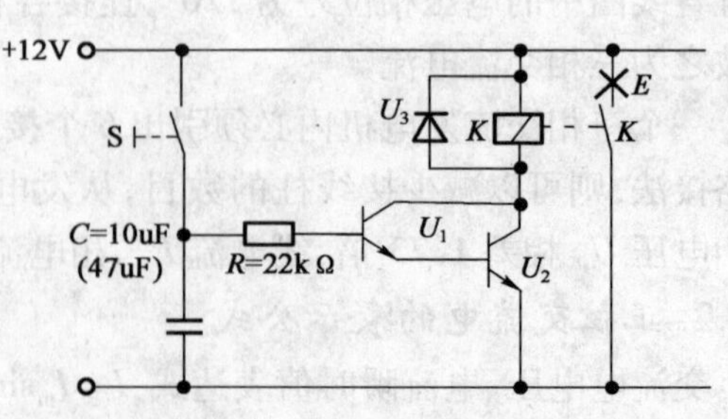

图 2-1-52　二极管消弧电路原理图

2. 半导体三极管的表示符号、类型及应用(开关电路、放大电路)

三极管由三个半导体层组成,根据PN结的结合顺序不同可分PNP三极管、NPN三极管。三极管上有三个接线柱,分别是发射极E、基极B、集电极C,当发射极与基极之间作用U_{eb}时,第一个截止层导通,通过基极电流I_b及集电极与发射极之间的电压U_{ec}共同作用,第二个截止层的截止功能被解除。

三极管可作为开关工作,三极管的开和关可通过基极来控制。当基极与发射极之间的电压$U_{eb}>0.7V$时,三极管导通,如果中断基极电流,则三极管被截止。

三极管可作为放大器工作。通过很小的基极电流I_b(控制电流)就能够控制很大的集电极电流I_C(工作电流),集电极电流与基极电流之比被称之为电流放大倍数,如果单级三极管放大电路的放大倍数不够,则可将二极或三极管放大电路进行串联。

三极管理开关与放大电路原理见图2-1-53。

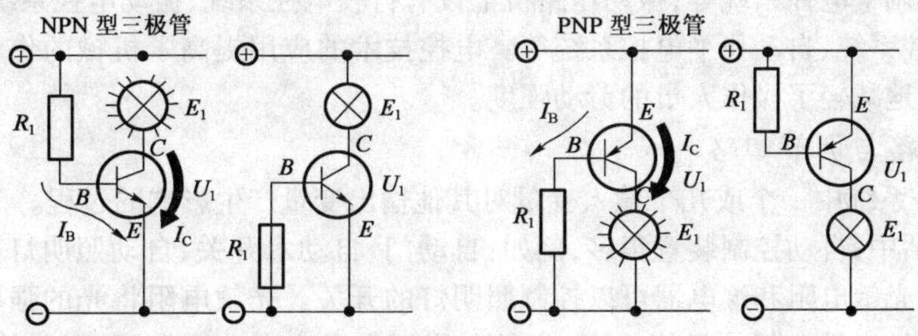

图2-1-53　三极管理开关与放大电路原理图

3. 电阻的表示符号、类型及应用(限压电阻、分压电器)

电阻分为固定值电阻、可变值电阻、热敏电阻(电阻值随温度变化)、光敏电阻(电阻值随光照强度变化)。车辆电路中有些电子器件只需较小的工作电压,如果直接与蓄电池电压相连,势必烧坏元件,为了减小电流,通常在电路中串联一个附加电阻(限压电阻)。将两个电阻串接,则总电压U在两个电阻上的分电压分别为U_1和U_2,分压比等于其电阻值之比。应用分压电路可保证负载在特定额定电压下进行工作。

电阻限压与分压电路原理见图2-1-54。

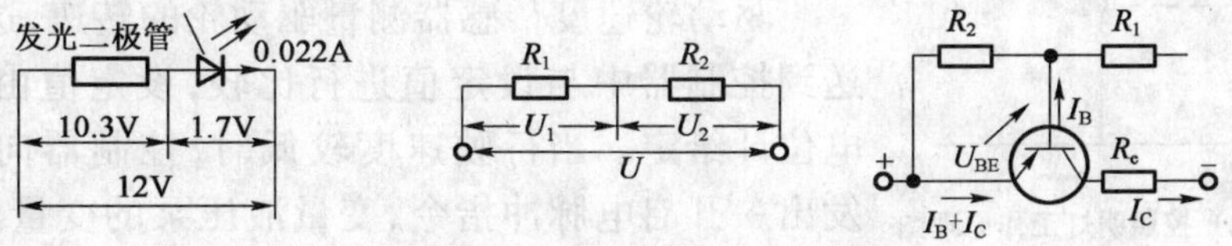

图2-1-54　电阻限压和分压电路原理图

4. 电容器的表示符号及应用(RC串联电路、RC并联电路)

电容器由两块金属板或金属片所构成。两片之间通过绝缘层(介质)相隔离。电容器用于储存电荷,其储存能力被称之为电容量,电容的单位为法拉(F)。当电容器的两端加上直流电压时,则短时间内有一个充电电流流过,一旦电容器被充满,则会隔断直流。放电时的放电电流与充电电流方向相反,电阻与电容串联,组成RC串联电路,这是一个限时器,其充电与放电时间长短正比于电阻与电容的大小。电阻与电容并联,组成RC并联电路,可用于给脉动直流电压滤波,避免峰值电压损坏敏感器件。

电阻与电容串联、并联电路原理见图 2-1-55。

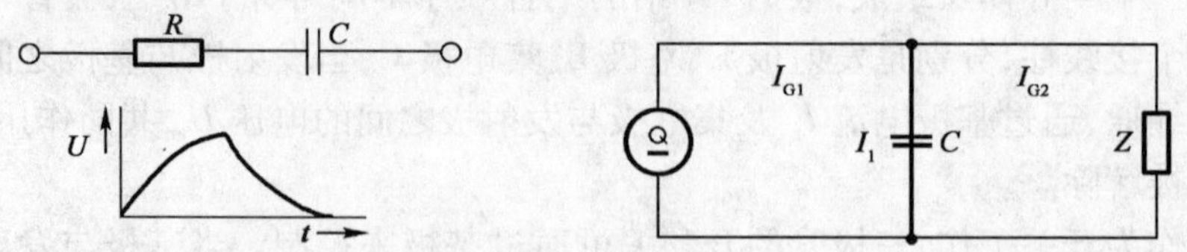

图 2-1-55　电阻与电容串联、并联电路原理图

模块六　控制电路基本知识

现代筑路机械广泛采用机电液一体化控制技术。例如摊铺机上设有行驶电控系统、供料电控系统、自动调平电控系统等;振动压路机上设有行驶电控系统、振动电控系统等;平地机上的动力换挡电控系统、自动找平电控系统等。电控技术的应用提高了机械的作业效率和施工质量,并且极大地减轻了操作人员的劳动强度。

1. 控制通路与调节回路

(1)控制是系统中一个或几个输入变量对其他输出变量产生影响的过程。

在现实生活中,自动控制装置很多,例如:自动门、自动水开关、自动照明灯等。在照明电路中,日光通过光敏电阻和继电器可以控制照明灯的开关。光敏电阻将光的强弱转换成电信号。当光线弱时,光敏电阻的阻值很高,此时电流很小无法启动继电器,则开关闭合,照明灯亮。当光线使光敏电阻阻值减小,控制电流增大,继电器吸合使照明灯熄灭。光线影响照明灯,而照明灯并反作用于光线,控制(开环控制)的主要特征是使系统各环节处于一个开放的电路中。

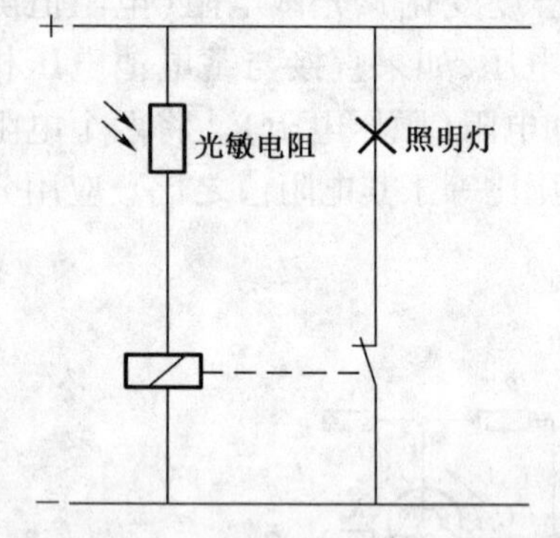

图 2-1-56　起动机光控照明灯工作原理图

控制通路主要由输入环节、处理环节、执行环节和控制对象组成。

起动机光控照明灯工作原理见图 2-1-56。

(2)调节是系统中调节量与给定量相比较,并不断使调节量与给定量相一致。

驱动轮速度传感器测量驱动轮的转速,这个测量值被送到控制器中与设定值进行比较,设定值由仪表盘上的电位计给定。当行驶速度较低时,控制器向电液伺服阀发出一开启电脉冲指令,变量液压泵的变量油缸位移,改变液压泵斜盘倾角,增大输出排量,改变液压马达的输出转速。

控制器不断获得传感器传来的驱动轮转速值,并对转速偏差作出相关反应,使实际行驶速度与设定值一致。这是摊铺机行驶恒速调节系统的基本工作原理,调节(闭环控制)的主要特征是系统各环节处于一个闭合的回路中。

调节回路主要由输入部件(传感器)、控制器(计算机)、输出部件(执行器)组成。传感器也称转换器,它是将物理量(温度、转速、位移等)转换为电信号的装置,主要有开关型、可变电阻型、电位计型、电磁型、电压发生器型等。

电液恒速调节装置工作原理见图 2-1-57。

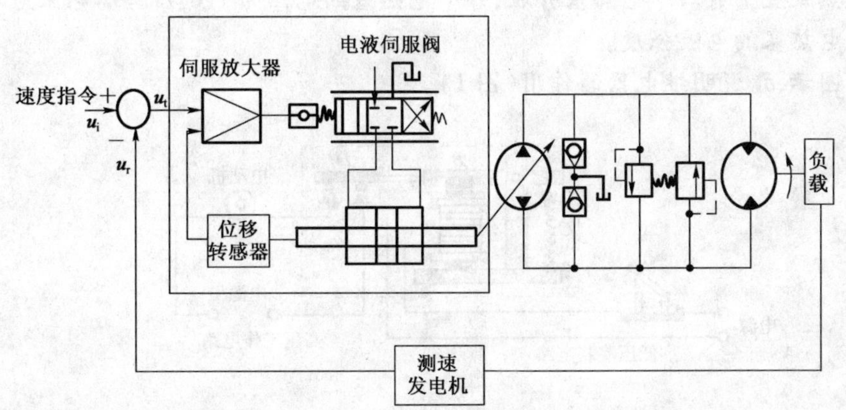

图 2-1-57　电液恒速调节装置工作原理图

2. 控制类别

(1)按照信号类别可将控制分为:模拟控制、通断控制、数字控制。

①模拟控制:以仪表盘亮度为例,影响亮度的电流可由电位计连续调节。

②通断控制:以电控电磁方向阀为例,控制信号只有两个值,即“通”和“断”,开关闭合时,电磁阀通电,液压油缸伸出或缩入,当开关断开时,电磁阀断电,液压油缸静止。

电磁换向阀工作原理见图 2-1-58。

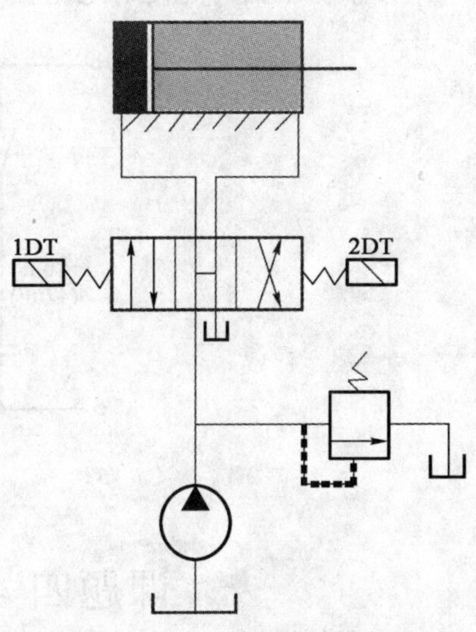

图 2-1-58　电磁换向阀工作原理图

③数字控制:在数字控制中二进制信号是作为编码数据进行处理,处理环节是微处理器或微型计算机。计算机只能识别电信号“通”和“断”(1 和 0),它是以二进制方式进行工作的。以数字 10 为例,它被转换成二进制数 1010,这个数字以脉冲“通”“断”“通”“断”的形式被送入到计算机中央处理器中,经过处理后其结果被解码并送到输出装置。

(2)按信号的处理方式可将控制分为:组合逻辑控制、顺序控制。

①组合逻辑控制。组合逻辑控制中输入信号是按照输出信号产生的条件来联结的。PY180 平地机的换挡控制装置,就是通过控制不同电磁阀的通断,来实现不同挡位之间的转换。

②顺序控制。顺序控制中过程是逐步实现的,每一步到下一步的通断变化取决于时间的长短,或取决于过程参数。

思考题

1. 发光二极管的工作电压为 1.7V,通过的电流为 0.22A。因为整个线路电压为 12V,所以必须与发光二极管串联一个电阻,试计算串联的电阻值。

2. 柴油机预热装置中有四个电热塞并联，每个电热塞的电阻为1.6Ω，两端电压为10.5V，试计算通过每个电热塞的电流强度。

3. 根据下列图示，请说明继电器的作用(图1)。

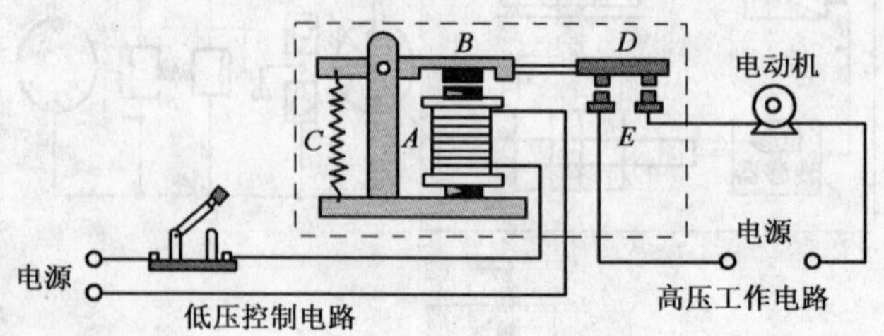

图 1

4. 根据下列灯光延时电路图，请说明图中二极管、三极管和电容器的作用(图2)。

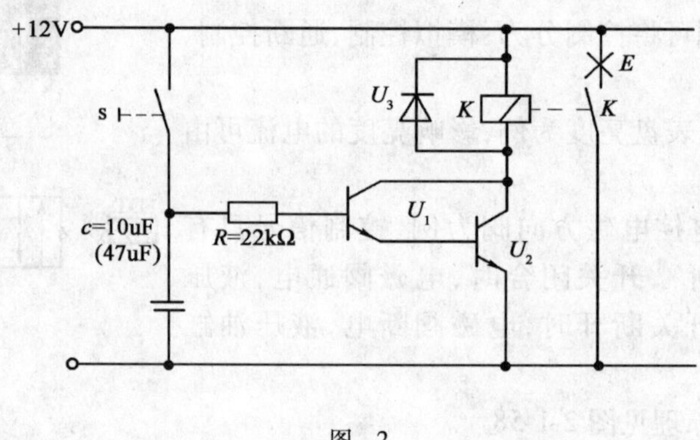

图 2

课题四　液压与液力传动基本知识

学习目标

本课题的学习内容是液压与液力传动的基本知识。

知识要求

了解液压与液力传动基本原理；掌握液压与液力传动系统基本组成和主要元件的作用；能识读简单液压传动原理图。

模块一　液压传动基本知识

传动是将发动机的动力通过不同方式变为工作装置各不同的运动形式，如齿轮传动、皮带传动、链传动被称为机械传动。

液压传动(图2-1-59)是以液体为工作介质，利用密闭工作容积内的液体压力能传递机械能。

发动机输入给液压泵转速和转矩 n、M(机械能)——液压泵产生液体的流量和压力 Q、P(液体的压力能)——液体的压力能输给液压油缸或马达——压油缸或马达产生力、转速或转矩 F、n、M(机械能)。施工机械全液压传动过程见图2-1-60。

施工机械的行走系统和工作装置广泛应用于液压传动。例如推土机工作铲的升降、装载机的铲斗的升降与翻转、挖掘机的行走等，都是将发动机的部分动力通过液压传动系统进行能量传递、转换和驱动的。

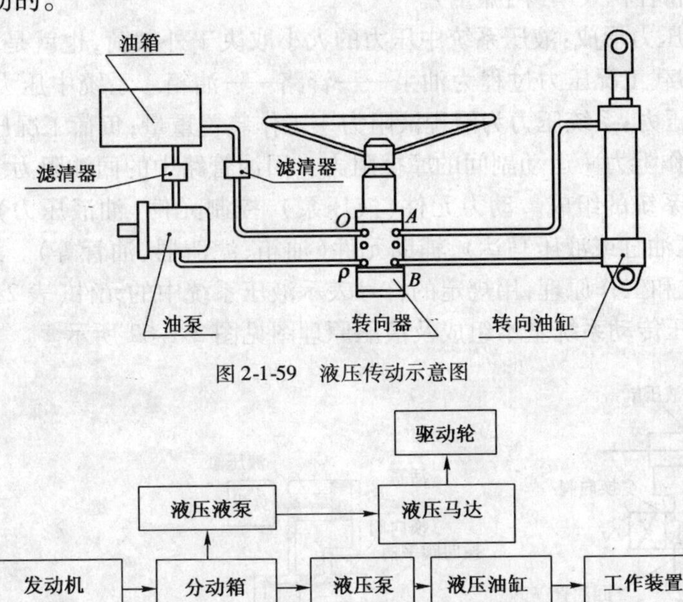

图 2-1-59　液压传动示意图

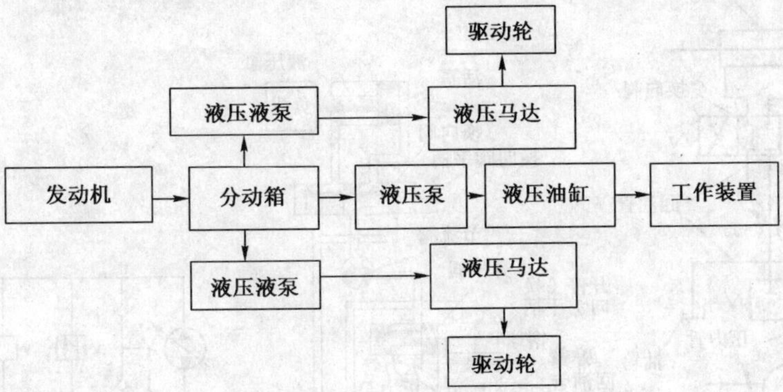

驱动轮
液压液泵
液压马达
发动机
分动箱
液压泵
液压油缸
工作装置
液压液泵
液压马达
驱动轮

图 2-1-60　施工机械全液压传动框图

(1)液压传动基本工作原理(图 2-1-61)。液压千斤顶原理即帕斯卡定律：$F_1/A_1 = F_2/A_2$，即油液内压力处处相等原理。液压千斤顶就是用小油缸将手动的机械能转变为液体压力能，用大油缸将液体压力能转换为顶起重物的机械能。

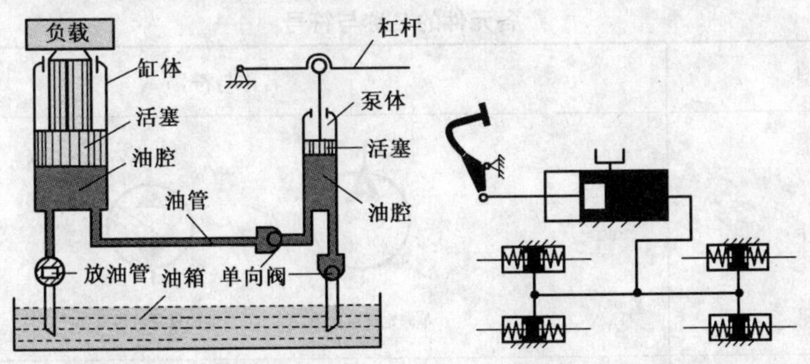

图 2-1-61　液压传动基本工作原理图

(2)液压传动过程。发动机驱动液压泵转动，并输入转速 n 和转矩 M；液压泵将机械能变为液体压力能液体流量 Q 和压力 P；通过控制阀和油管的传递，借助于执行元件液压油缸或马达将液体的压力能转换为机械能：力 F、转速 n 和转矩 M。

(3)液体压力。$P = F/A$(N/m^2 或 Pa)，表压力 = 绝对压力 - 大气压力。当表压力比大气压力大称为正压力，当表压力比大气压力小称为负压或真空度。

(4)液体流量。单位时间内流过管道或油缸某一截面的油液体积 $Q = vA$（液体流速与截面积的积，单位为 m^3/t）。液压系统流量 $Q = qn$ = 液压泵排量 × 驱动转速。流量大小取决液压泵的大小、转速和容积效率（内漏量）。

(5)液压系统压力形成：液压系统中压力的大小取决于外载荷，也就是取决于油液运动时所遇到的阻力。卸载工况压力过程为油泵——管路——油箱。系统中压力很小，以克服沿程液阻力；空载工况压力：系统压力为沿程液阻力 + 工作装置重量；负荷工况压力：油缸的牵引力 $P \geq$ 负荷引起的工作阻力 + 运动副间的摩擦阻力 + 回油管路中的回油阻力。

(6)液压传动系统的组成。动力元件（液压泵），控制元件（油液压力），流量和方向控制阀，执行元件（液压油缸或液压马达），辅助元件（油箱、滤清器、油管等）。通常为了方便地表明液压系统的组成和工作原理，用规定的符号表示液压系统中的元件（表 2-1-13）。

开式、闭式液压传动系统基本组成及液压原理图见图 2-1-62 所示。

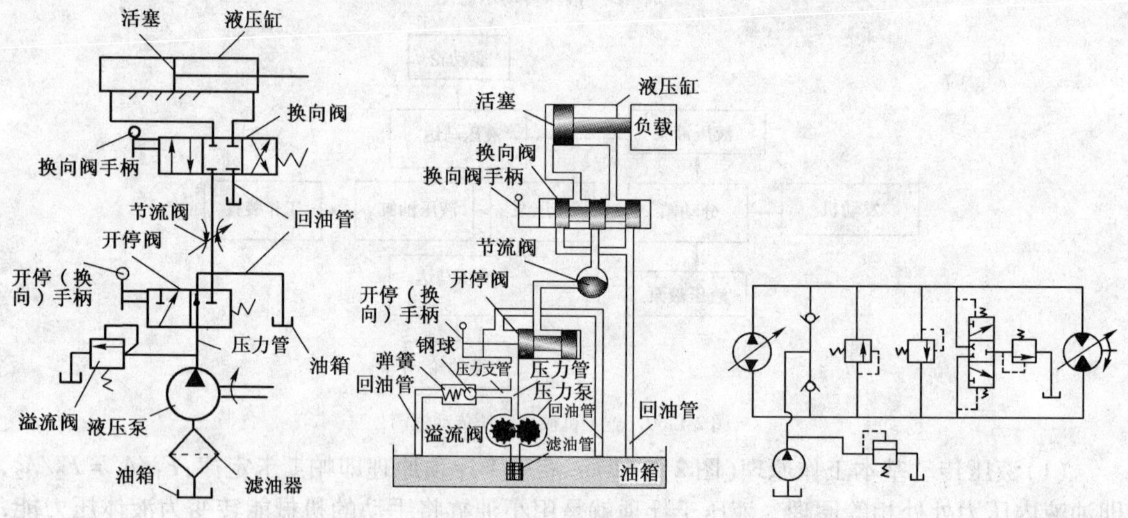

图 2-1-62　开式、闭式液压传动系统基本组成及液压原理图

各元件的名称与符号　　表 2-1-13

类　型	名称与符号
动力元件	单向定量液压泵　双向变量液压泵
控制元件	压力控制阀　流量控制阀　1DT　2DT　方向控制阀

续上表

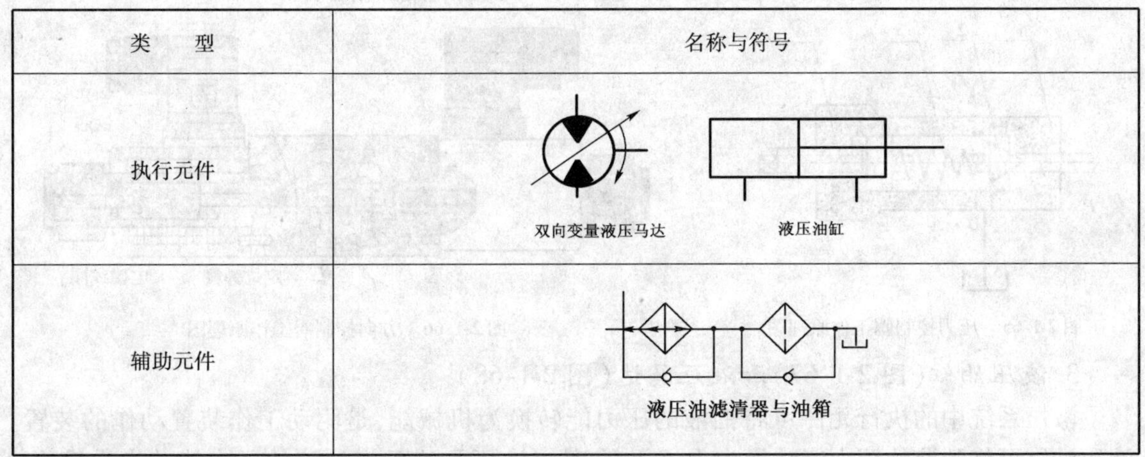

类　型	名称与符号
执行元件	双向变量液压马达　液压油缸
辅助元件	液压油滤清器与油箱

模块二　液压系统主要元件作用及工作原理

1. 液压泵

液压泵的作用是将机械能转换为液体的压力能，输入的是转速 n 和转矩 M，输出的是压力 P 和流量 Q。液压泵是利用密封容积大小交替变化进行吸油和压油，输油量与密封容积的变化率和变化次数成正比（结构尺寸及驱动转速）；输油压力取决于外界负载。液压泵类型按结构可分齿轮泵（图 2-1-63）、叶片泵、柱塞泵（图 2-1-64），按排量可分为定量泵和变量泵，按额定压力可分为低压泵、中压泵和高压泵。液压泵的主要参数为额定压力 p（与外载荷有关）和额定流量 Q（与驱动转速有关）。

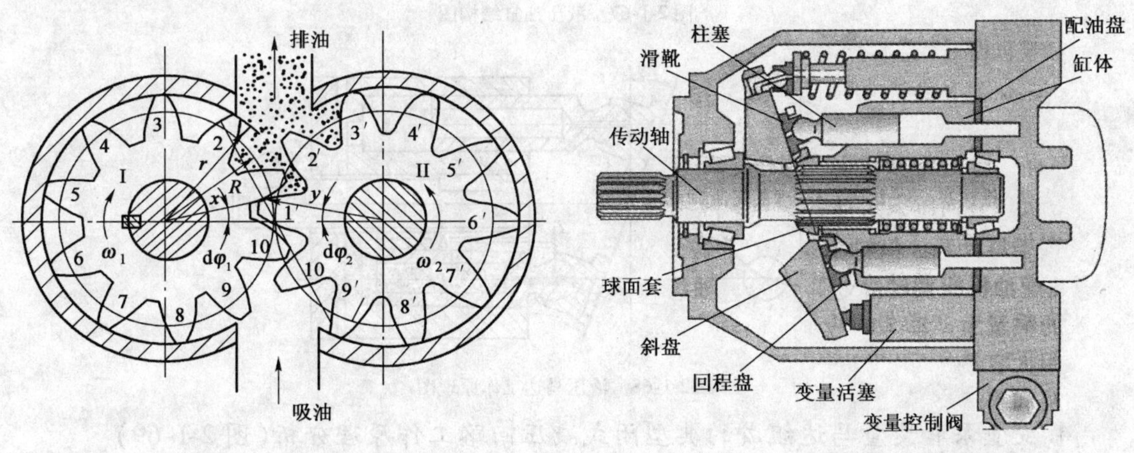

图 2-1-63　齿轮泵工作原理图　　图 2-1-64　柱塞泵工作原理图

2. 液压控制阀

液压系统中的控制元件可分为压力、流量和方向控制阀。压力控制阀（图 2-1-65）是利用油压力对阀芯产生推力与弹簧弹力平衡在不同的位置上，以控制阀口的开度来实现压力控制，压力控制阀可分为溢流阀（限制最高压力防止系统过载）、减压阀（减少支路压力）、顺序阀（控制两个执行元件的先后动作）限速阀（限制负载的下降速度）。流量控制阀是依靠改变通流面面积的大小来调节流量，可分为节流阀、调速阀、同步阀。方向控制阀是控制液流方向（图 2-1-66），可分单向阀、液控单向阀、转动换向阀（靠转动阀芯改变液流方向）、滑动换向阀（靠阀杆在阀体内轴向移动改变液流方向），换向阀的操纵为手动、电磁、先导、随动。

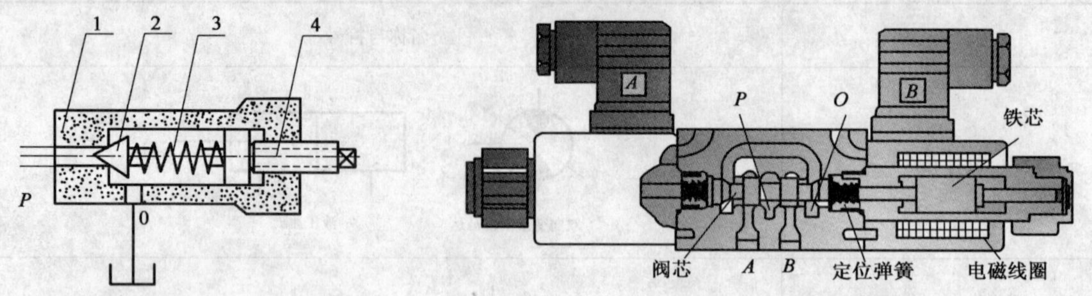

图 2-1-65　压力控制阀工作原理图　　图 2-1-66　方向控制阀工作原理图

3. 液压油缸（图 2-1-67）和液压马达（图 2-1-68）

液压系统中的执行元件可将油液的压力能转换为机械能，是驱动工作装置动作的装置。液压油缸可将油液的压力能转换为力 F 和速度 v；液压马达可将油液的压力能转换为转速 n 和转矩 M。

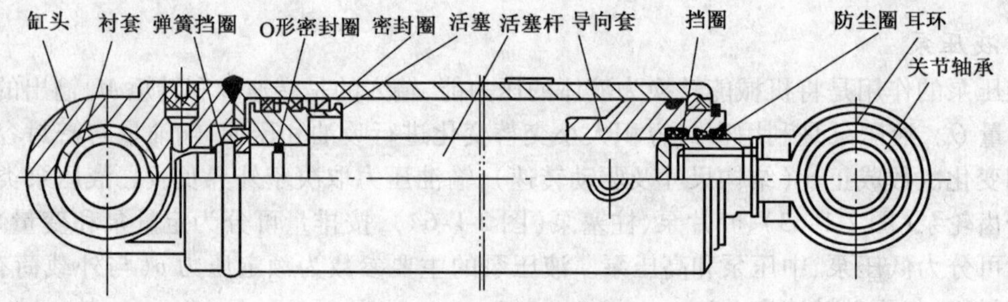

图 2-1-67　液压油缸结构图

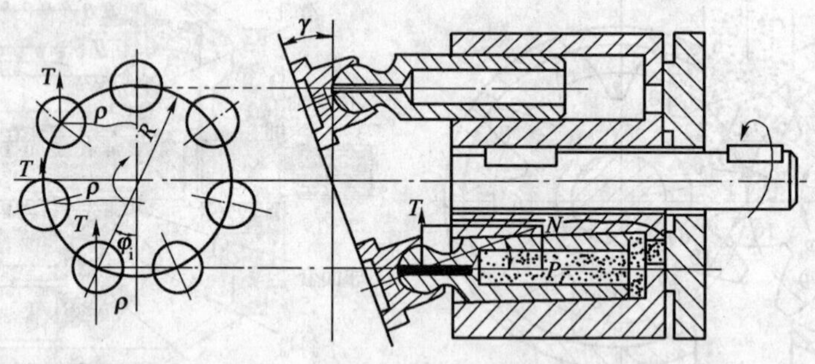

图 2-1-68　液压马达工作原理图

4. 变量泵和变量马达组成的典型闭式液压回路工作原理分析（图 2-1-69）

（1）斜盘式双向变量轴向柱塞泵工作原理。传动轴带动柱塞泵缸体转动。由于柱塞是压紧在斜盘上，且斜盘相对缸体是倾斜的，因此柱塞在柱塞缸体内转动同时，还要在缸体上的柱塞孔中做往复运动，产生吸油和压油过程，通过配油盘进出油口，实现进油或出油。改变斜盘倾斜方向，可改变泵的输出油液的方向，实现双向泵的功能。通过改变斜盘斜角大小，可改变泵的输出排量，实现泵的变量功能。

（2）双向变量轴向柱塞马达。液压马达高低速（排量）的转换，由二位电磁阀（液压伺服阀）控制。电磁阀断电时，通过变量机构，使马达在低速大转矩的工况下工作；通电时，通过变量机构，使马达在高速小转矩工况下工作。

(3)液压泵变量机构工作原理。当电液伺服阀处于中位,伺服油缸在弹簧作用下推动主泵斜盘使之倾角为零,液压泵输出油液流量为零,相当于停止工作。

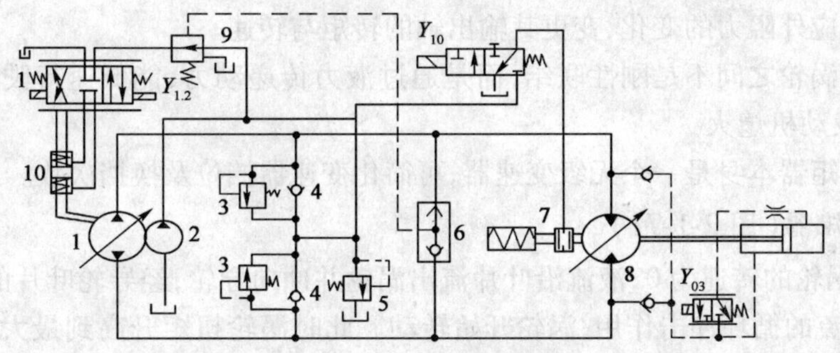

图 2-1-69　闭式液压回路工作原理图

当电液伺服阀处于左或右位置,伺服油缸接通过补油泵的压力油(一腔进油,另一腔回油),从而推动液压泵斜盘改变其倾角,油压泵的排量与操作手柄位移或输入电流大小成正比。实现液压马达正转或反转和转速快慢变化。

常用液压泵变量机构可分为电液伺服阀变量、液压伺服阀变量、手动比例遥控伺服阀变量。电液伺服阀变量可使斜盘倾角与输入电流大小成比例。液压伺服阀变量可使斜盘倾角与阀芯移动位移大小成比例。手动比例遥控伺服阀变量可使斜盘倾角与操作手柄的倾角大小成比例。电流的输入方向、阀芯的移动方向和手柄的操作方向的改变,可实现液压马达正转或反转。

(4)主溢流阀:限定系统最高压力,对系统起保护作用。

(5)补油阀:保证补油泵输出的清洁、冷却后的压力油进入主油路低压腔。

(6)补油泵低压溢流阀:补油压力由此阀调定,不小于 1.2MPa。

(7)梭形阀:可使液压马达回油部分低压油经背压阀、马达壳体、液压泵壳体回油箱,实现补油泵正常补油,保证主油路油液清洁和油温正常。

(8)补油泵:先导压力油接通伺服阀进口,另外进行补油,回路上接有滤清器(滤油精度 10um)。

模块三　液力传动基本知识

1. 液力传动

以液体为工作介质,利用液体的动能来传递机械能。

2. 液力变矩器的组成及工作原理(图 2-1-70)

在发动机与变速器之间装一个由泵轮、涡轮、导轮组成的内部充满油液的液力变矩器,泵轮与发动机联结,涡轮与变速器输入轴联结,单向自由机构的导轮安装在泵轮与导轮之间。其工作原理为发动机驱动泵轮旋转,输入给液力变矩器产生转速和转矩 n、M ⟶旋转的泵轮使液力变矩器中液体产生动能⟶液体的动能使涡轮及导轮产生随外阻力而变化的 n、M,并能通过输出

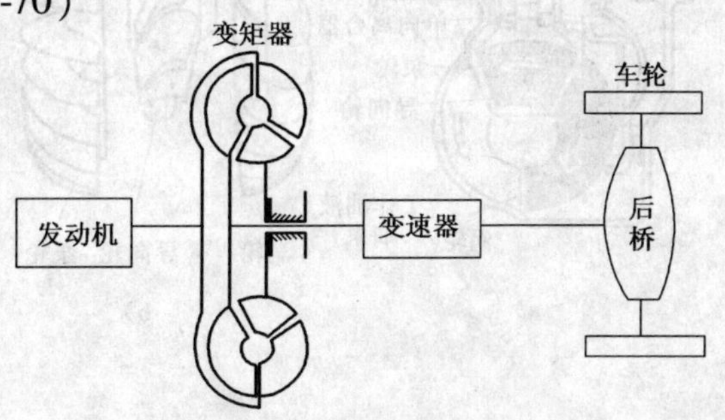

图 2-1-70　液力变矩器工作原理简图

轴向外输出。

3. 液力传动的特点

(1)自动适应外阻力的变化,变更其输出轴的转矩与转速。

(2)泵轮与涡轮之间不是刚性联结,而是通过液力传递动力,能低速行驶或起步,并能避免车辆超载时发动机熄火

(3)由于变矩器本身是一个无级变速器,可简化变速器挡位及换挡次数。

4. 液力变矩器(图 2-1-71)

(1)起步:涡轮的转速为 0,液流沿叶片流出涡轮并冲向导轮,经导轮叶片的导向作用反向流回泵轮,经液流的循环冲击作用,涡轮开始转动。此时涡轮扭矩升高到最大值,相当于发动机扭矩的 2 ~ 2.5 倍,但效率很低。

(2)速度上升:随着涡轮的转速上升,液流不再全部冲向导轮叶片,变矩比下降。

(3)速度继续上升:当泵轮与涡轮的转速接近相等时,液流流向导轮叶片的反侧,导轮脱离锁止自由旋转,变矩比为 1:1。

(4)变矩器锁止:当泵轮与涡轮转速接近时,变矩器锁止离合器将泵轮与涡轮锁止为一体,相当于直接传动。

(5)结论:泵轮与导轮转速差愈高,则经涡轮叶片折回冲向导轮叶片的液流愈多,扭矩升高愈明显。

5. 液力变矩器液压油补偿系统

(1)组成:油箱、滤清器、油泵、进油压力阀、散热器、变矩器进口、变矩器、变矩器出口、出油压力阀、油箱。

(2)功用:散热、保持变矩器内有一定的压力(防止产生气蚀),并起滤清作用。

(3)液力机械传动路线框图见图 2-1-72。

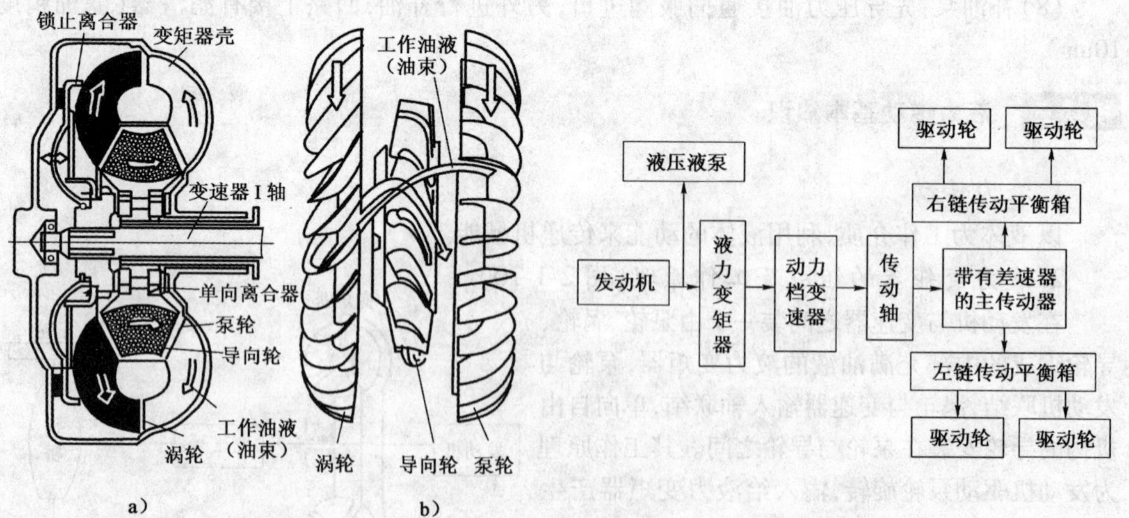

图 2-1-71　液力变矩器组成

图 2-1-72　液力机械传动路线框图

思考题

1. 读懂液压原理图,回答下列问题。

①此液压系统是由(　　)、(　　)、(　　)、(　　)元件组成。

②图1状态下,执行元件的运动方向是(　　)。

③若系统额定压力为5MPa,液压缸活塞直径为200mm,其液压缸产生的最大推力为(　　)N。

④图中溢流阀的作用是什么?

2. 根据液压传动原理,回答下列问题。

①对于液压油泵来讲,输入能量的形式是什么?

②对于液压马达来讲,输出能量的形式是什么?

③液压油泵在实际工作时输出油液的压力 P 大小取决于什么?

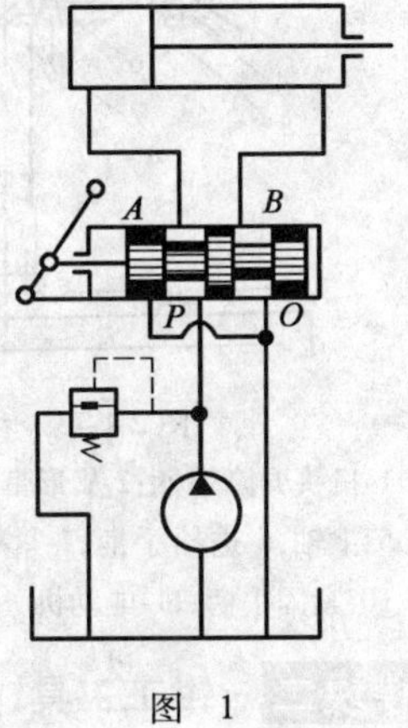

图 1

课题五　钳工基本知识

学习目标

本课题的学习内容是钳工基本知识。

知识要求

了解钳工常用设备、工具、量具的名称和用途;掌握常用工具和量具的使用方法。

模块一　钳工常用设备基本知识

1. 钻床

钻床是钻头在工件上加工孔的机床。钻床有台式钻床(简称台钻)、立式钻床(简称立钻)、摇臂钻床等类型。

台式钻床简称台钻,是可安放在作业台上,主轴垂直布置的小型钻床,它结构简单,操作方便,常用于小型工件钻、扩孔,直径在12mm以下。台式钻床的主要结构见图2-1-73所示。

2. 砂轮机(图2-1-74)

砂轮机是用来刃磨各种刀具、工具等的常用设备,由电动机、砂轮机座、托架和防护罩等部分组成。

3. 千斤顶(图2-1-75)

千斤顶是顶举重物的轻小型起重设备。千斤顶以人力驱动为主,起重范围较大,顶举高度一般不超过400mm,广泛应用于设备检修和安装。

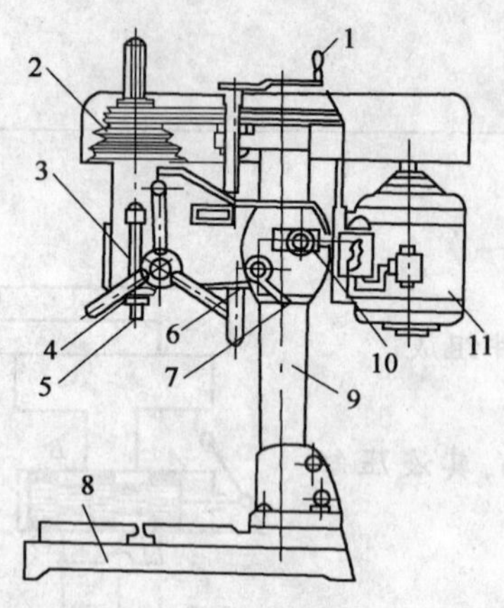

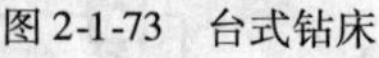

图 2-1-73　台式钻床

1-机头升降手柄;2-V 形带轮;3-头架;4-紧螺母;
5-主轴;6-进给手柄;7-紧手柄;8-底座;9-立柱;
10-紧固手柄;11-电动机

图 2-1-74　砂轮机

图 2-1-75　千斤顶

模块二　钳工工具、量具、仪表

1. 钳工常用手工具

(1)扳手(图 2-1-76)

扳手是利用杠杆原理拧转螺栓、螺钉、螺母与其他螺纹紧持螺栓或螺母的开口或套孔固件的手工工具。按其结构的不同,可分为呆扳手、梅花扳手、两用扳手和套筒扳手,另外还有敲击扳手等特殊用途的扳手。

(2)锤子(图 2-1-77)

锤是用于敲击或锤打物体的手工工具。锤由锤头和握持手柄两部分组成。

锤的使用极为普遍,形式、规格很多。常见的有圆头锤、羊角锤、斩口锤和什锦锤等。

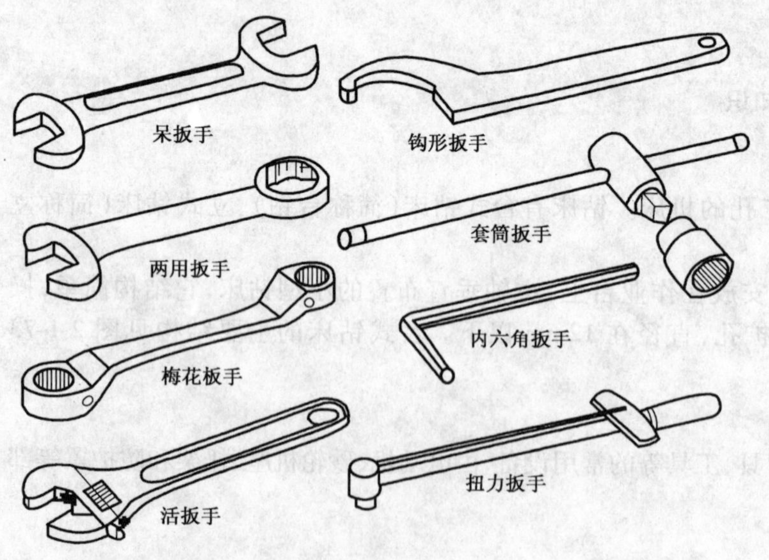

图 2-1-76　手动扳手

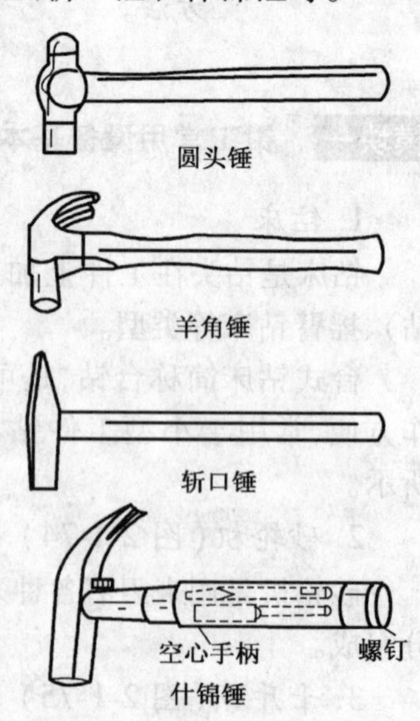

图 2-1-77　手锤

(3)螺钉旋具(图 2-1-78)

一种用以拧紧或旋松各种尺寸的槽形机用螺钉、木螺丝以及自攻螺钉的手工工具。又称螺丝刀、旋凿、改锥。

(4)钳(图 2-1-79)

钳是一种用于夹持、固定加工工件或者扭转、弯曲、剪断金属丝线的手工工具。

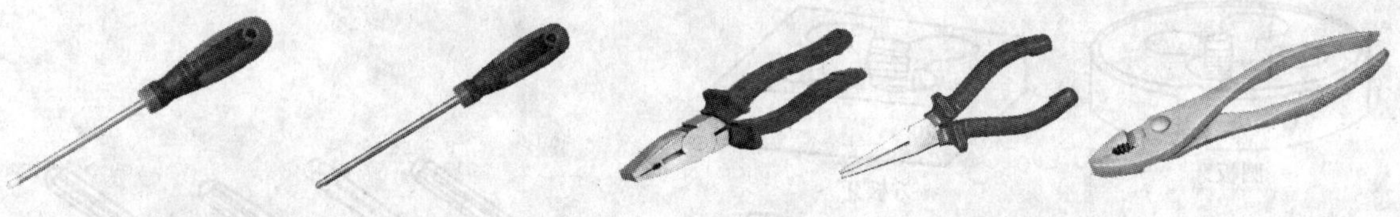

图 2-1-78 螺钉旋具　　图 2-1-79 手钳子

(5)拉拔器(图 2-1-80)

拉拔器是用来拉拔轴上零件或轴承的一种工具。主要用于过盈配合零件的拉拔。

(6)丝锥与板牙

①丝锥(图 2-1-81)

丝锥是在孔内加工螺纹的一种刀具。丝锥按其形状分为直槽丝锥和螺旋槽丝锥。丝锥按其用途不同分为手丝锥和机用丝锥。

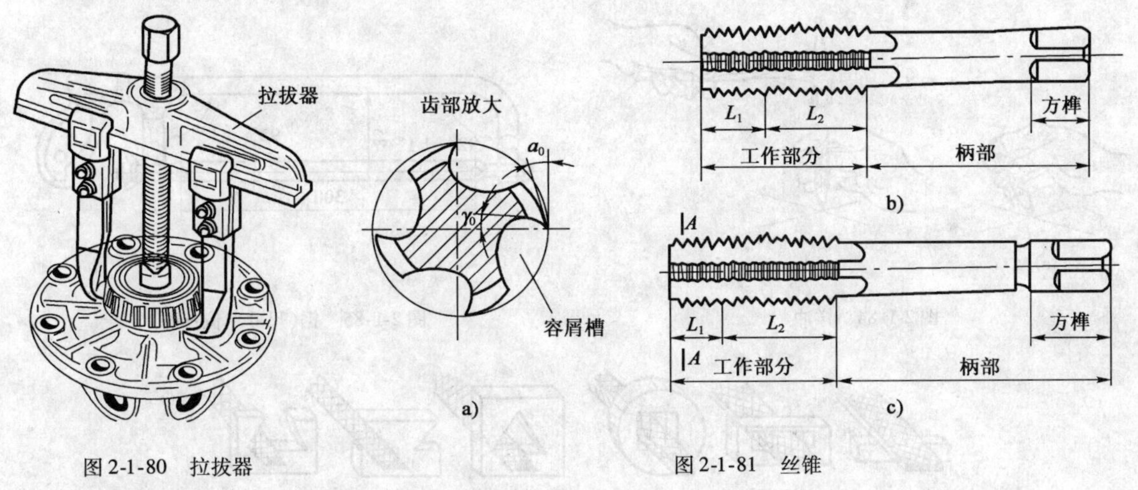

图 2-1-80 拉拔器　　图 2-1-81 丝锥

②板牙(图 2-1-82)

板牙是一切削外螺纹的刀具。按外形和用途分为圆板牙、方板牙、六角板牙和管形板牙。

(7)錾子与样冲

錾子(图 2-1-83)是錾削时的加工工具,錾削是用手锤打击錾子对金属工件进行切削加工的方法,钳工常用的錾子有阔錾(扁錾)、狭錾(尖錾)、油槽錾和扁冲錾四种。阔錾用于錾切平面,切割和去毛刺,狭錾用于开槽,油槽錾用于切油槽,扁冲錾用于打通两个钻孔之间的间隔。

样冲(图 2-1-84)用于在工件所划的加工线条上打样冲眼,作为加强界限标志或作划圆弧或钻孔时的定位冲心打眼。它一般为钢制,尖端处淬硬。

(8)锯(图 2-1-85)

锯是一种用于切割钢材、木料等的手工工具。手锯由锯弓和锯条组成,锯弓的作用是用来安装并张紧锯条;锯条是用来直接锯削材料或工件的工具。

(9)锉(图 2-1-86)

锉是一种用于对金属等材料进行锉削、修整或磨光等表面加工的手工工具。钳工锉按其断面形状又可分为扁锉(板锉)、方锉、三角锉、半圆锉和圆锉等五种。锉刀的规格分尺寸规格和齿纹粗细规格两种。每种锉刀都有其相应的用途,应根据工件表面形状和尺寸大小来选用,其具体选择(图 2-1-86)。

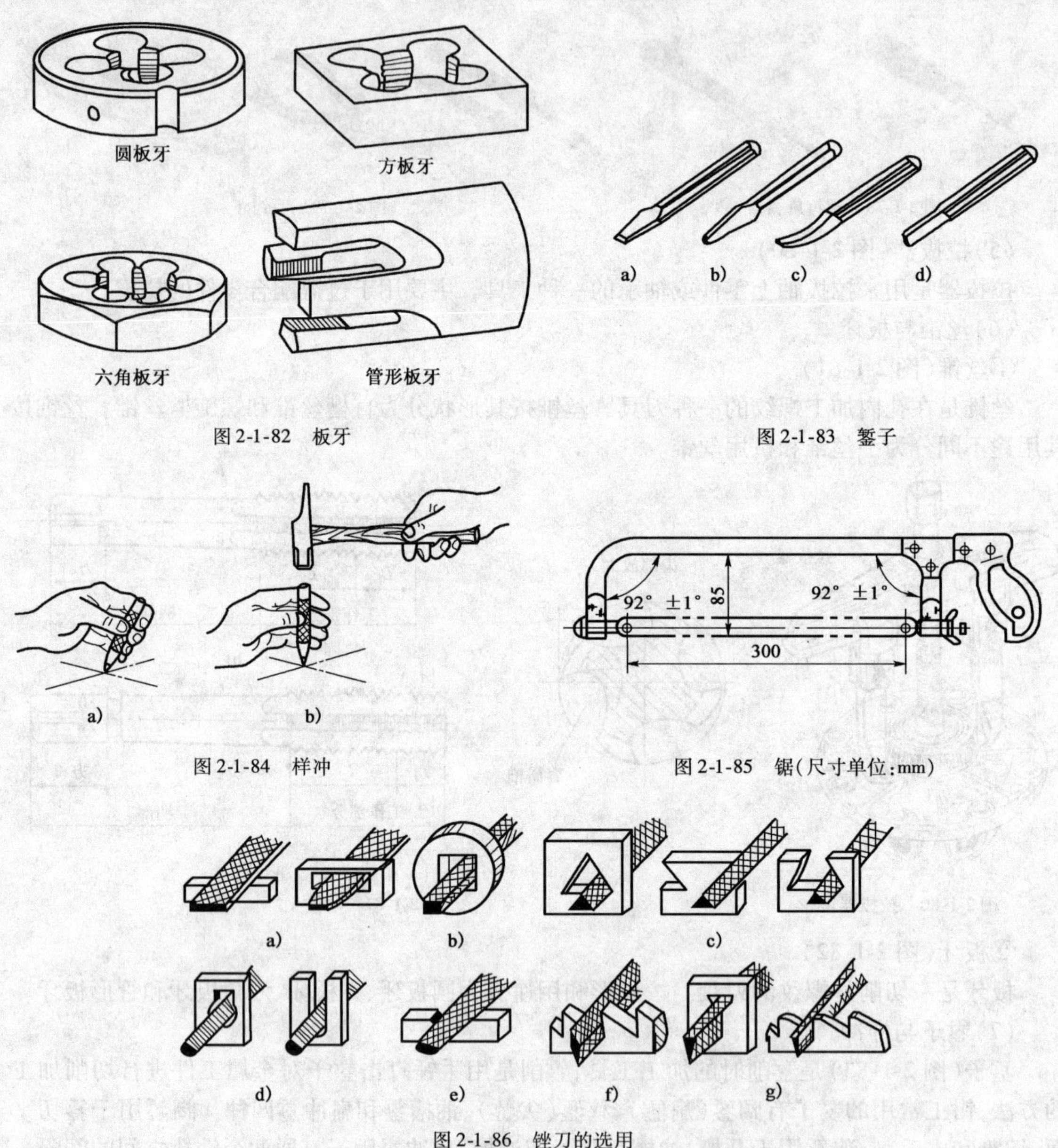

图 2-1-82 板牙

图 2-1-83 錾子

图 2-1-84 样冲

图 2-1-85 锯(尺寸单位:mm)

图 2-1-86 锉刀的选用

2. 钳工常用量具及仪表

(1)扭力扳手

扭力扳手是一种用来以在规定的力矩下拧紧螺栓及螺母的扳手。

(2)千分尺

千分尺是测量中最常用的精密量具之一。千分尺的种类较多,按其用途不同可分为外径千分尺、内径千分尺、深度千分尺、内测千分尺和螺纹千分尺等。千分尺的测量精度为0.01mm。

外径千分尺的读数方法是先读出固定套管上露出刻线的整毫米及半毫米数。再看微分筒哪一刻线与固定套管的基准对齐，读出不足半毫米的小数部分。最后将两次读数相加，即为工件的测量尺寸，如图2-1-87所示。

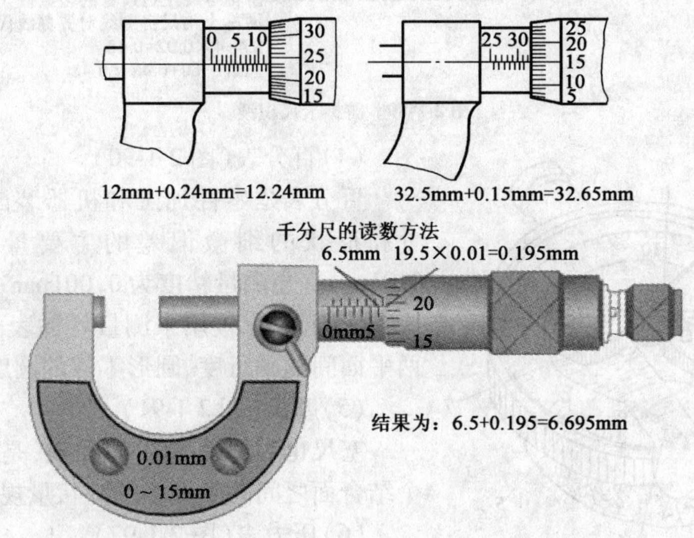

图2-1-87 千分尺认读

(3)游标卡尺

游标卡尺可用来测量长度、厚度、外径、内径、孔深和中心距等。游标卡尺的精度有0.1mm、0.05mm、0.02mm三种。

①游标卡尺的结构如图2-1-88所示，图示为三用游标卡尺，它由尺身、游标、内量爪、外量爪、深度尺和紧固螺钉等部分组成。

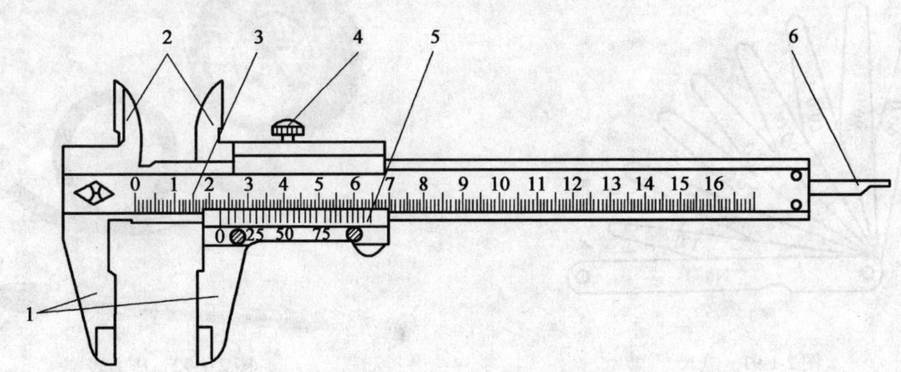

图2-1-88 三用游标卡尺

1-外量爪；2-内量爪；3-尺身；4-紧固螺钉；5-游标；6-深度尺

②游标卡尺的读数方法，首先在尺身上读出位于游标零线左边最接近的整毫米数值，再看游标尺从零线开始第几条刻度与尺身某一刻线对齐，用游标上与尺身刻线对齐的刻线格数，乘以游标卡尺的测量精度值，读出小数部分，最后将整毫米与小数相加就是测得的实际尺寸，如图2-1-89所示。

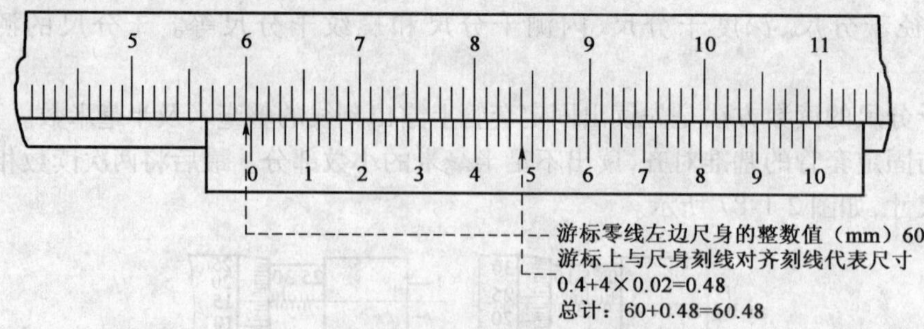

图 2-1-89　游标卡尺识读

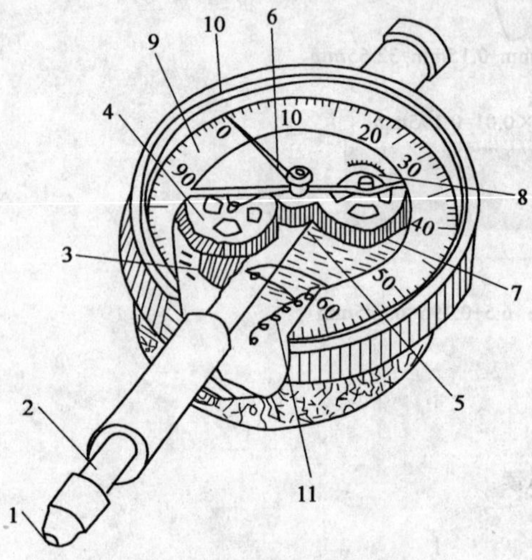

图 2-1-90　钟面百分表的结构图

1-测头；2-齿杆；3-小齿轮；4、7-大齿轮；5-中间小齿轮；6-长指针；8-短指针；9-表盘；10-表圈；11-拉簧

(4)百分表(图 2-1-90)

百分表是零件加工和机器装配中，检查零件尺寸和形状的细微偏差的主要量具，测量精度为 0.01mm。当测量精度为 0.001mm 或 0.005mm 时称为千分表，它常被用来测量零件表面的平直度、零件两平面间的平行度、圆形零件的圆度和圆柱度等。

(5)塞尺(图 2-1-91)

塞尺也叫厚薄规或间隙规，是经常用来检验两个结合面之间间隙大小的片状量规。

(6)压力表(图 2-1-92)

压力表是用于计量流体(气体、液体)压力的仪表。压力表按其测量范围，一般分为真空表和压力表，真空表用于测量小于大气压力的压力值；压力表用于测量大于大气压力的压力值，机械维修人员常用此类表测量液压系统压力、真空度等。

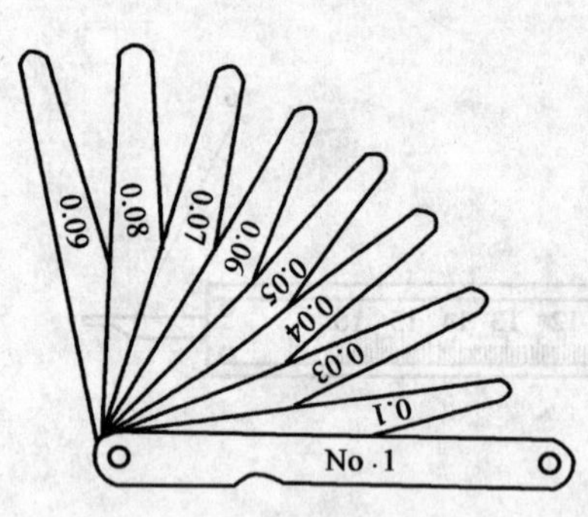

图 2-1-91　塞尺

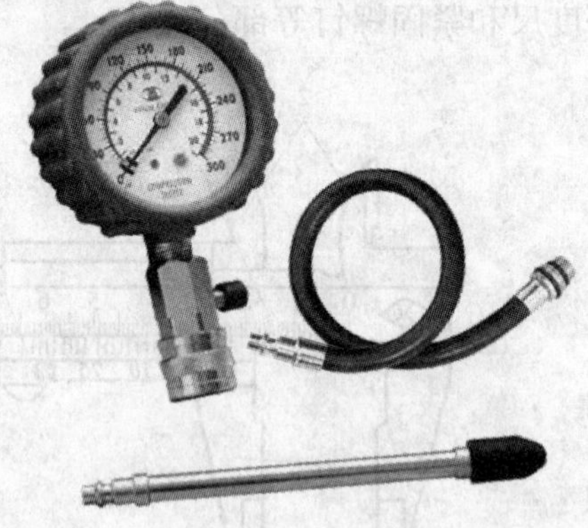

图 2-1-92　压力表

思考题

1. 常用拆装机械的工具有哪些？

2. 常用的钳工工具有哪些？

3. 常用的量具有哪些？

4. 压力表和压力真空表在使用上有哪些区别？

课题六　筑路机械基础知识

学习目标

本课题的学习内容是筑路机械基本知识。

知识要求

了解筑路机械的种类和基本组成；掌握筑路机械传动系统的类型和组成；掌握筑路机械常用金属材料和油料的名称和用途。

模块一　筑路机械的种类与用途

自行式施工机械是指广泛应用于建筑、水利、矿山、筑路港口等建筑施工中的各种机械，其中包括有土方机械和专业用机械。土方机械主要包括铲运机、推土机、挖掘机、装载机等机械；专用机械主要包括平地机（图 2-1-93）、沥青混凝土摊铺机（图 2-1-94）、压路机、翻斗车等机械。各种机械都是属于自行式机械，并分为轮式和履带式两大类，主要由发动机、底盘、液压传动系统等工作装置组成，都具有自行行驶和完成特殊施工作业项目的功能。

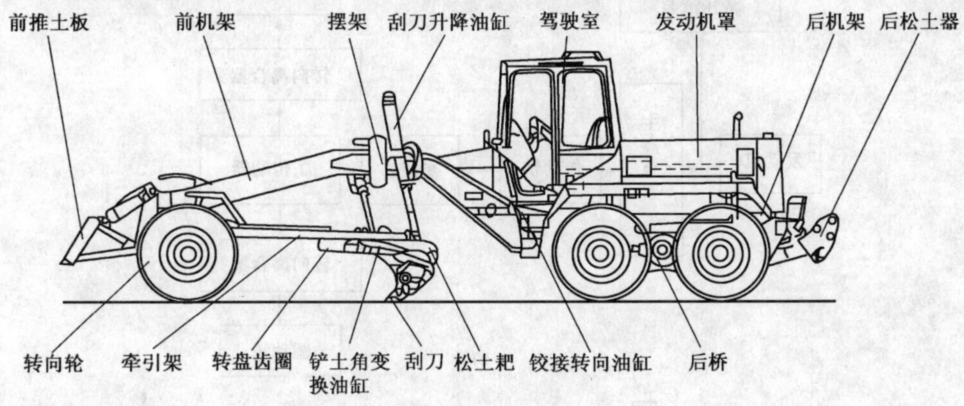

图 2-1-93　平地机

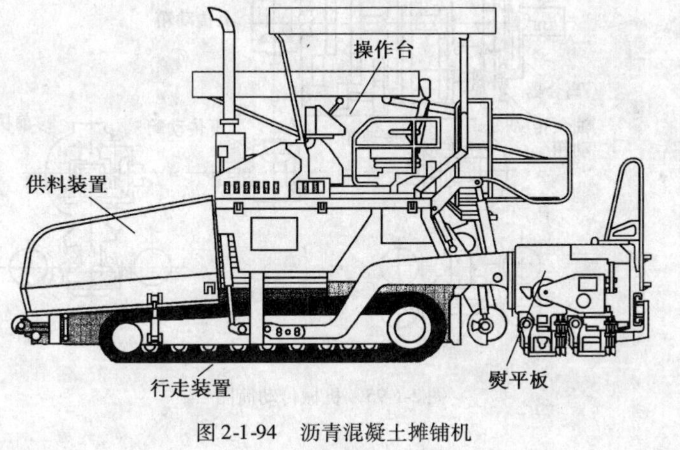

操作台

供料装置

行走装置

熨平板

图 2-1-94　沥青混凝土摊铺机

自行式施工机械虽然因机种和类型不同,其总体构造也各有特点,但是基本上都可划分动力装置(发动机)、底盘、工作装置、控制系统四大部分。

1. 柴油机

柴油机是内燃机的一种,由于其经济性与动力性较汽油机好,被广泛采用,其功用是将供给的燃油燃烧而转变为机械能(转速 n 和转矩 M),并通过传动系与行驶系驱动机械行驶;通过液压传动系统驱动工作装置进行作业。

2. 底盘

底盘的功用是将发动机的动力进行适当的转化与传递,使之适合机械行驶和作业的需要。底盘又是整机的基础,所有部件或总成都安装在底盘上。底盘一般由传动系统、行驶系统(支承和保证机械行驶)、转向系统(保证机械行驶时转向)和制动系统(控制机械的行驶速度,使之按需减速或停车,确保安全)等组成。

(1)传动系

传动系的功用是将发动机的动力进行适当改变后传给驱动轮,主要由离合器或液力变矩器、变速器、万向传动轴、驱动桥、轮边减速器等部件组成。传动系按传动方式可分为机械传动(图 2-1-95)、液力机械传动(图 2-1-96)和液压传动(图 2-1-97)。

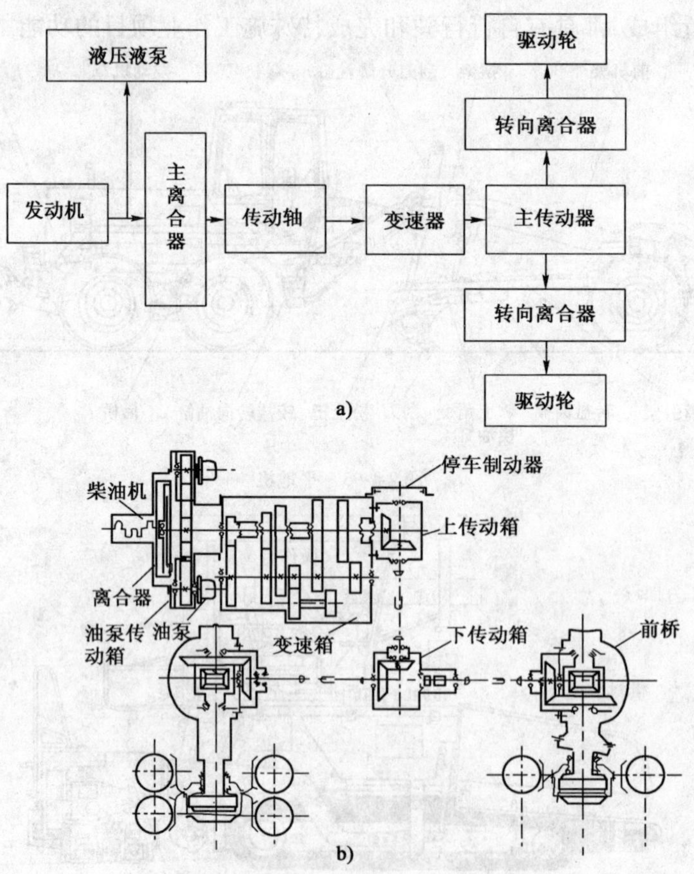

图 2-1-95 机械传动简图

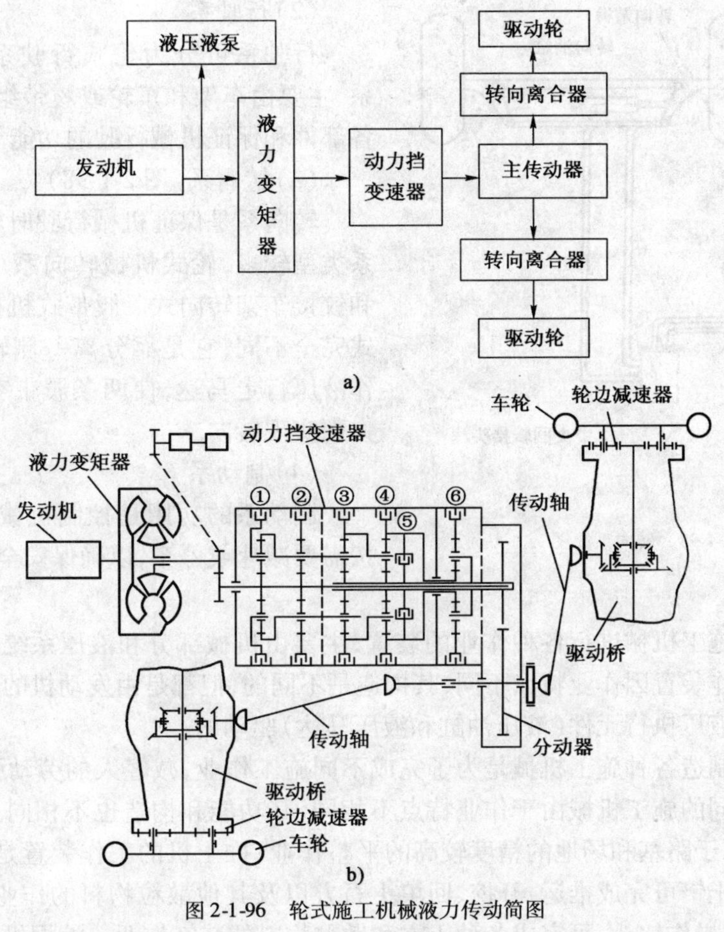

图 2-1-96　轮式施工机械液力传动简图

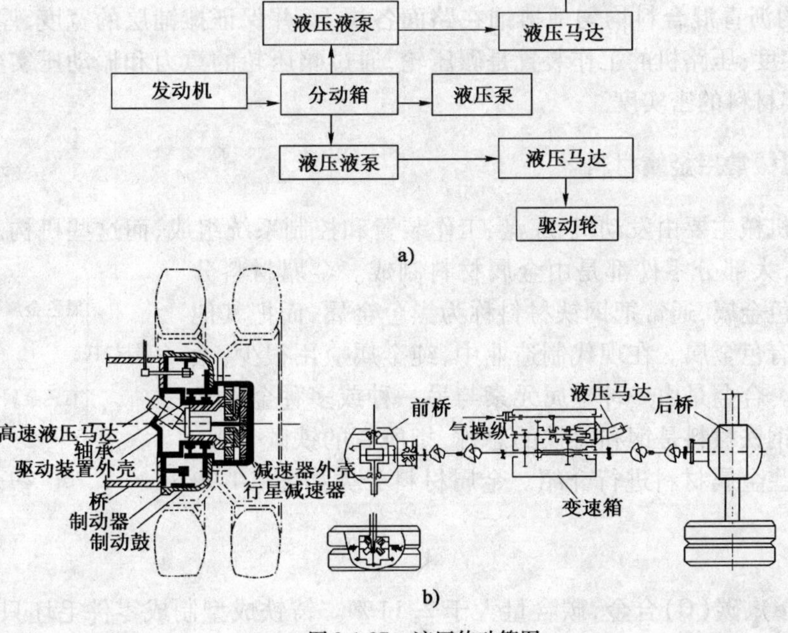

图 2-1-97　液压传动简图

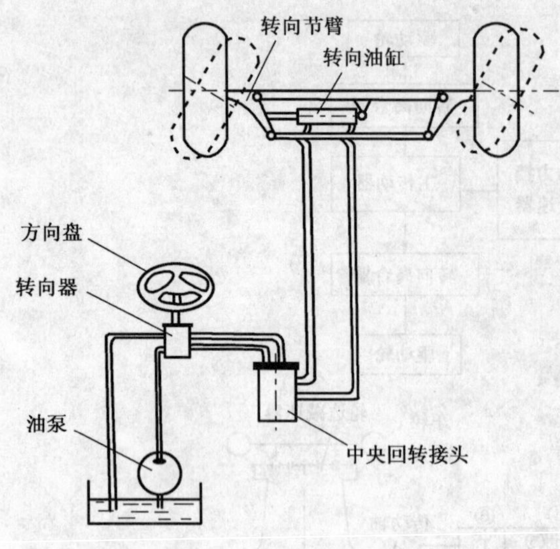

图 2-1-98　转向系简图

(2)行驶系

行驶系可分为轮式行驶系和履带式行驶系,主要由车架和车轮或履带组成,起支承底盘各部件和保证机械行驶的功能。

(3)转向系(图 2-1-98)

转向系是保证机械行驶时转向用的。转向系类型较多,轮式机械转向系可分为偏转车轮和铰接车架转向式。履带式机械转向原理与轮式完全不同,它是靠分离一侧转向离合器或操作液压行走马达,使两条履带获得不同的牵引力而实现转向。

(4)制动系

制动系的功用是控制机械行驶速度,使之按需要减速或停车,以确保安全。

3. 工作装置

工作装置是施工机械进行各种作业的装置,主要由机械部分和液压系统等构件组成。各种施工机械的工作装置因作业特点不同,其构造是不同的,但都是由发动机的动力通过液压传动系统的传递由液压执行元件(液压油缸和液压马达)驱动的。

人们设计和制造各种施工机械是为了完成不同施工作业,减轻人的劳动强度和提高施工质量及效率。不同的施工机械由于作业特点不相同,其功能和构造也不相同。平地机的工作装置是刮土铲,用于路基和场地的精度较高的平整作业;推土机的工作装置是推土铲,行驶过程中通过操纵推土铲可完成推运、开挖、回填土石方以及其他散粒物料的作业;装载机的工作装置是铲斗,通过操作铲斗,可完成各种土方和散粒物料的装卸作业。挖掘机的工作装置是挖掘铲斗,用于挖掘沟渠、基坑并与车辆配合装运物料。沥青混凝土摊铺机的工作装置是熨平板,可将拌制好的沥青混合料均匀地摊铺在路面各层上,并保证摊铺层的宽度、厚度、路面拱度、平整度和密实度;压路机的工作装置是碾压轮,通过碾压轮的重力和振动压实各种筑路材料,以提高被压实材料的密实度。

模块三　筑路机械常用金属材料

自行式筑路机械主要由发动机、底盘、工作装置和控制系统组成,而这些机构总成又分别由许多零件构成,大部分零件都是由金属材料制成。金属材料分为黑色金属和有色金属,通常把钢铁材料称为黑色金属,而把其他的金属材料称为有色金属。在现代制造业中,纯金属应用很少,大量应用的是合金。合金是由一种金属元素与另一种或多种金属元素组成的物质。钢铁材料是钢和铸铁的总称,指所有的铁碳合金。下面就依次对这些金属材料进行介绍。金属材料分类如图 2-1-99 所示。

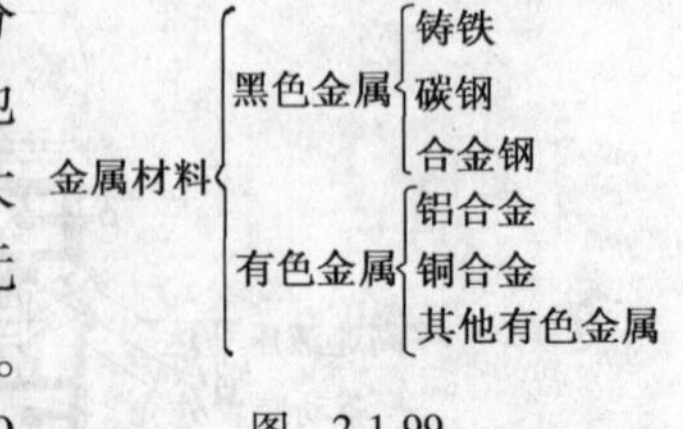

图　2-1-99

1. 铸铁

铸铁是铁(Fe)、碳(C)合金,碳含量大于 2.11%。铸铁成型制成零件毛坯只能用铸造方法,不能用锻造或轧制方法。例如:发动机气缸体、变速器箱体都是用铸铁铸造而成的。

铸铁按其组织和生产方式的不同,可分为白口铸铁、灰口铸铁、球墨铸铁、可锻铸铁和合金铸铁等。

灰口铸铁的牌号用“灰铁”两字汉语拼音的第一个字母“HT”后面加最低抗拉强度值表示。如:HT150 表示灰口铸铁,最低抗拉强度为 150MPa。

石墨呈球状分布的铸铁,称为球墨铸铁。球墨铸铁的牌号用“QT”加两组数字(分别表示最低抗拉强度和最低延伸率)表示。

2. 钢

钢也是铁 Fe、碳 C 合金,碳含量小于 2.11%。钢的种类很多,有多种分类方法。

(1)按化学分,有碳钢和合金钢;

(2)按含碳量分,有低碳钢(C% ≤0.25%)、中碳钢(C% =0.25% ~0.60%)和高碳钢(C% >0.6%)。

(3)按质量分(主要根据钢中有害杂质硫、磷含量高低),有普通钢(S% ≤0.055%,P% ≤0.045%)、优质钢(S%、P% ≤0.040%)和高级优质钢(S% ≤0.030%,P% ≤0.035%)。

(4)按冶炼时脱氧程度,可将钢分为沸腾钢(脱氧不完全)、镇静钢(脱氧较完全)和半镇静钢三类。

(5)按用途分,有结构钢、工具钢、特殊钢。

在给钢的产品命名时,往往把成分、质量和用途几种分类方法结合起来。如碳素结构钢、优质碳素结构钢、碳素工具钢、高级优质碳素工具钢、合金结构钢、合金工具钢、高速工具钢等。

为了管理和使用的方便,每一种合金钢都应该有一个简明的编号。世界各国钢的编号方法不一样。钢编号的原则主要有两条:

①根据编号可以大致看出该钢的成分。

②根据编号可大致看出该钢的用途。

我国的钢材编号是采用国际化学元素符号和汉语拼音字母并用的原则。即钢号中的化学元素采用国际化学元素符号表示。如 Si、Mn、Cr、W……其中只有稀土元素,由于其含量不多,种类不少,不易一一分析出来,因此用“Re”表示其总含量。产品名称、用途和浇铸方法等则采用汉语拼音字母表示。具体的编号方法如下:

(1)普通碳素结构钢

普通碳素结构钢的牌号以“Q + 数字 + 字母 + 字母”表示。其中,“Q”字是钢材的屈服强度,紧跟后面的是屈服强度值,再其后分别是质量等级符号和脱氧方法。例如:Q235AF 即表示屈服强度值为 235MPa 的 A 级沸腾钢。

牌号中规定了 A、B、C、D 四种质量等级,A 级质量最差,D 级质量最好。

按脱氧制度,沸腾钢在钢号后加“F”,半镇静钢在钢号后加“b”,镇静钢则不加任何字母。

(2)优质碳素结构钢与合金结构钢

优质碳素结构钢与合金结构钢编号的方法是相同的,都是以“两位数字 + 元素 + 数字 + …”的方法表示。钢号的前两位数字表示平均含碳量的万分之几,沸腾钢、半镇静钢以及专门用途的优质碳素结构钢,应在钢号后特别标出。合金元素以化学元素符号表示,合金元素后面的数字则表示该元素的含量,一般以百分之几表示。凡合金元素的平均含量小于 1.5% 时,钢号中一般只标明元素符号而不标明其含量。如果平均含量≥1.5%、≥2.5%、≥3.5% 等,则相应地在元素符号后面标以 2、3、4……如为高级优质钢，则在其钢号后加"高"或"A"。钢中的V、Ti、Al、B、RE 等合金元素，虽然它们的含量很低，但在钢中能起相当重要的作用，故仍应在钢号中标出。如 45 钢表示平均含碳量为 0.45% 的优质碳素结构钢；20CrMnTi 表示平均含碳量为 0.20%，主要合金元素 Cr、Mn 含量均低于 1.5%，并含有微量 Ti 的合金结构钢；60Si2Mn 表示平均含碳量为 0.60%，主要合金元素 Mn 含量低于 1.5%，Si 含量为 1.5% ~2.5% 的合金结构钢。

(3)碳素工具钢

碳素工具钢的牌号以"T + 数字 + 字母"表示。钢号前面的"碳"或"T"表示碳素工具钢，其后的数字表示含碳量的千分之几。如平均含碳量为 0.8% 的碳素工具钢，其钢号为"碳 8"或"T8"。

含锰量较高者，在钢号后标以"锰"或"Mn"，如"碳 8 锰"或"T8Mn"。如为高级优质碳素工具钢，则在其钢号后加"高"或"A"，如"碳 10 高"或"T10A"。

(4)合金工具钢与特殊性能钢

合金工具钢的牌号以"一位数字(或没有数字) + 元素 + 数字 + …"表示。其编号方法与合金结构钢大体相同，区别在于含碳量的表示方法，当碳含量≥1.0% 时，则不予标出。如平均含碳量 <1.0% 时，则在钢号前以千分之几表示它的平均含碳量，如 9CrSi 钢，平均含碳量为 0.90%，主要合金元素为铬 、硅，含量都小于 1.5%。又如 Cr12MoV 钢，含碳量为 1.45% ~1.70%(大于 1.0%)，主要合金元素为 11.5% ~12.5% 的铬，0.40% ~0.60% 的钼和 0.15% ~0.30% 的钒。而对于含铬量低的钢，其含铬量以千分之几表示，并在数字前加"0"，以示区别。如平均 Cr =0.6% 的低铬工具钢的钢号为"Cr06"。

在高速钢的钢号中，一般不标出含碳量，只标出合金元素含量平均值的百分之几。如"钨 18 铬 4 矾"(W18Cr4V，简称 18-4-1)，"钨 6 钼 5 铬 4 矾 2"(W6Mo5Cr4V2，简称 6-5-4-2)等。

特殊性能钢的牌号和合金工具钢的表示相同，如不锈钢 2Cr13 表示含碳量为 0.20%，含铬量为 12.5% ~13.5%。但也有少数例外，例如耐热钢 20Cr3W3NbN 其编号方法和结构钢相同，但这种情况极少。

(5)专用钢

这类钢是指某些用于专门用途的钢种。它是以其用途名称的汉语拼音第一个字母表明该钢的类型，以数字表明其含碳量；化学元素符号表明钢中含有的合金元素，其后的数字标明合金元素的大致含量。

例如滚珠轴承钢在编号前标以"G"字，其后为铬(Cr) + 数字，数字表示铬含量平均值的千分之几，如"滚铬 15"(GCr15)。这里应注意牌号中铬元素后面的数字是表示含铬量为 1.5%，其他元素仍按百分之几表示，如 GCr15SiMn 表示含铬为 1.5%，Si、Mn 均小于 1.5% 的滚动轴承钢。

又如易切钢前标以"Y"字，Y40Mn 表示含碳量约 0.4%，含锰量小于 1.5 的易切钢。还有如 20G 表示含碳量为 0.20% 的锅炉用钢；16MnR 表示含碳量为 1.6%，含锰量小于 1.5% 的容器用钢。

3. 有色金属

除钢、铁以外的黑色金属，其他金属都是有色金属。机械制造中常用的有色金属有以下几种：

(1)铝及其合金

纯铝是一种银白色的轻金属，熔点为660℃，它的密度小(只有2.72g/cm^3)；导电性好，仅次于银、铜和金；导热性好，比铁几乎大3倍。

纯铝的强度很低，在机器制造业中很少应用，而广泛使用铝合金(铝、硅、锰、铜、镁)。铝硅合金具有导热性好、重量轻小、易铸造、耐腐蚀，常用作发动机的气缸盖、活塞。

根据铝合金的成分、组织和工艺的特点，可以将其分为铸造铝合金与变形铝合金两大类。铸造铝合金按加入的主要合金元素不同，分为Al-Si系、Al-Cu系、Al-Mg系和Al-Zn系四种合金。合金牌号用"铸铝"两字汉语拼音字首"ZL"后跟三位数字表示。第一位数表示合金系列，1为Al-Si系合金，2为Al-Cu系合金，3为Al-Mg系合金，4为Al-Zn系合金。第二、三位数表示合金的顺序号。如ZL201表示1号铝铜系铸造铝合金，ZL107表示7号铝硅系铸造铝合金。

(2)铜及其合金

纯铜是玫瑰红色金属，表面形成氧化铜膜后，外观呈紫红色，故常称为紫铜。纯铜导电性、导热性极佳，铜的抗腐蚀能力也很高，铜也是抗磁性物质。

铜锌合金或以锌为主要合金元素的铜合金称为黄铜，除黄铜外所有的铜合金都叫青铜。普通黄铜分为单相黄铜和双相黄铜两种类型，从变形特征来看，单相黄铜适宜于冷加工，而双相黄铜只能热加工。常用的单相黄铜牌号有H80、H70、H68等，"H"为黄铜的汉语拼音字首，数字表示平均含铜量。

青铜原指铜锡合金，但是，工业上习惯把铜基合金中不含锡而含有铝、镍、锰、硅、铍、铅等特殊元素组成的合金也叫青铜。所以青铜实际上包含锡青铜、铝青铜、铍青铜和硅青铜等。青铜也可分为压力加工青铜(以青铜加工产品供应)和铸造青铜两类。青铜的编号规则是："Q+主加元素符号+主加元素含量(+其他元素含量)"，"Q"表示青的汉语拼音字头。如QSn4-3表示成分为4%Sn、3%Zn、其余为铜的锡青铜。铸造青铜的编号前加"Z"。

(3)滑动轴承合金

滑动轴承合金是指用于制造滑动轴承轴瓦及内衬的材料。常用的轴承合金按主要化学成分可分为锡基、铅基、铝基和铜基等，前两种称为巴氏合金，其编号方法为："ZCh+基本元素符号+主加元素符号+主加元素含量+辅加元素含量"，其中"Z"、"Ch"分别是"铸"(造轴)"承"的汉语拼音字首。例如，ZChSnSb11-6表示含11.0%Sb、6%Cu的锡基轴承合金。

模块四　燃油、润滑油、液压油基本知识

1. 燃油

目前发动机使用的燃料有汽油和柴油两种。它们都是石油中蒸馏出来的碳氢化合物。

(1)汽油

汽油按辛烷值分为90、93、97等牌号。汽油的选用应根据发动机压缩比而定。压缩比低，应选用低牌号的汽油，压缩比高，则选用高牌号的汽油。汽油性能主有挥发性(有利于低温启动，但也容易在夏季高温天气下在管路中产生气阻)和抗爆性(自燃温度，可用辛烷值评价)。

(2)柴油

汽车及工程机械使用的都是高速柴油机。柴油按质量分为优级品、一级品和合格品三个等级，每个等级的柴油按期凝点又可分为10号、0号、-10号、-20号、-35号、-50号六种

牌号。10 号柴油表示其凝点不高于 10°C，以此类推。柴油的主性能为发火性（与汽油相比，柴油必须容易发火燃烧。其评价指标为：十六烷值，其值越高，发火性越好，一般为 50 ~ 55）和耐寒性（低温下柴油中会析出石蜡，阻塞油路，冬季要在柴油中加入添加剂防止石蜡的析出）。

我国现行的柴油标准，是以柴油的凝点作为划分柴油牌号的依据。由于柴油的冷凝点最接近柴油的实际使用温度，因此，应根据当地的气温条件，选择具有相应冷凝点的柴油。如果选用冷凝点低于当地最低气温的柴油，就能保证柴油的正常使用。

2. 机油、齿轮油和润滑脂

（1）发动机机油

①要求：凝点低，较大温度范围润滑性好，形成承载能力高、不易破坏的油膜，耐老化、无沉积物。

②类型：矿物油、合成油。

③机油添加剂的作用：降低温度对性能的影响，降低凝点，改善润滑油膜的强度，抑制泡沫生成，延缓机油的老化过程，减少杂质沉积及对机件的腐蚀。

④分类：按 SAE 级机油的黏度划分。此标准只表明了机油的使用温度范围，不表明其润滑性能。如适合于冬季使用的 10W、15W、20W 和适合于夏季的 20、30、40、50，还有多级的，如 15W/40 的环境温度为 -20 ~ 40℃（表 2-1-14）。

发动机机油的环境温度 表 2-1-14

黏度牌号	使用环境温度 T（℃）	黏度牌号	使用环境温度 T（℃）
40	0 ~ 40℃	10W/30	-25 ~ 30℃
30	-5 ~ 30℃	5W/30	-30 ~ 30℃
15W/40	-20 ~ 40℃	5W/20	-40 ~ 20℃

按 API 机油的质量分类，分汽油机润滑油和柴油机润滑油两种。汽油机润滑油和柴油机润滑油使用性能的润滑侧重点及添加剂配方不同，应区别使用。汽机油分为 SC、SD、SE、SF 四个等级，柴机油分为 CC、CD、CE、CF 四个等级。

适时更换润滑油是发动机可靠润滑的保证。润滑油在使用过程中，由于污染、氧化等原因，质量会逐渐下降，同时也会有一些消耗，使数量减少，不断向润滑系中添加一些新油，只能弥补数量上的不足，而不能完全补偿润滑油性能的损失。随着时间的延长，润滑油的性能会变得越来越差，以至给发动机带来严重后果。如使发动机内沉积物急剧增多，动力性能下降，零件早期磨损，最终导致功能故障的产生。为了确保发动机长期正常运行，降低磨损，必须按规定及时更换润滑油。

（2）齿轮油

①要求：具有良好的油性（黏附性）和极压抗磨性（在齿面接触压力极高及滑动速度高的条件下能形成坚固油膜的能力），这些都取决于所加入的添加剂。

②分类：我国车辆齿轮油根据组成特性和作用要求分为 CLC 普通车辆齿轮油、CLD 中负荷车辆齿轮油、CLE 重负荷车轮齿轮油三个品种，分别相当于 API 分类的 GL-3、GL-4、GL-5。其中：CLC 用于手动变速器，螺旋伞齿轮的驱动桥。CLD 用于手动变速器，螺旋伞齿轮使用条

件不太苛刻的准双曲面齿轮的驱动桥。CLE 用于使用条件苛刻的准双曲面齿轮及其他条件齿轮的驱动桥。

车辆齿轮油按 100℃运动黏度和低温黏度为 150Pa·s 时最高使用温度规定，分为 75W、75W /90、80W/90、85W/90、90W、85W/140 和 140W 七个黏度等级(牌号)。

③选用:车辆齿轮油的选用原则主要根据驱动桥类型、工况条件、负荷及速度等确定油品使用的质量等级，根据最低环境使用温度和传动装置最高操作温度来确定油品黏度等级。

一般情况下，螺旋伞齿轮驱动选用 GL-3;中等速度和负荷的单级准双曲面齿轮，齿面平均接触应力在 1 500MPa 以下，选用 GL-4 或 GL-5 车辆齿轮油;高速重载双曲线齿轮、齿面接触应力高达 2 000 ~4 000MPa，滑动速度为 10m/s，必须选用 GL－5 车辆齿轮油。

原则上，气温低、负荷小的条件下，可选用黏度较小的车辆齿轮油，气温较高，负荷较重的条件下，可选用黏度较大的油品。环境温度不低于 0℃地区，可选 90W、85W/140;环境温度不低于－20℃地区，可选用 85W/90、85W/140;环境温度不低于－35℃，须选用 80W/90;环境温度达到－45℃地区，须选用 75W。

(3)润滑脂

①润滑脂:润滑油、稠化剂和添加剂组合而成。

②工作条件:摩擦部位难以密封，低速、重负荷、冲击力较大。

③分类与选用:钙基质润滑脂使用温度 70 ~80℃;锂基质润滑脂(工作温度、速度、环境潮湿或水分)使用温度超过 100℃。

3. 制动液和液压油

(1)制动液

①工作要求:流动性好、高沸点(不产生气阻)、安定性好(寿命长)、不腐蚀橡胶制品。

②种类:醇型(植物油＋酒精)、合成型(719、746)、矿物油型(有溶胀橡胶的作用)。

③选用:不同型号不能混用、不能混入水，有防火要求，按规定添加或更换。

(2)液压油

①要求:抗乳化性、泡沫性、清洁好和黏温性、润滑、抗氧化好。

②分类与牌号:机械油、汽轮机油、普通液压油和专用液压油。牌号如 L-HM-22，其中的字母和数字分别表示类别-品种-黏度等级。

(3)液压油选用

施工机械使用的液压油多为 L-HM-46 抗磨液压油，选用液压油应根据机械制造厂家的机械使用说明书规定牌号选用，两种类型的液压油不能混加。

1. 筑路机械基本组成?
2. 筑路机械传动系类型及组成?
3. 钢的分类方法?
4. 筑路机械常用润滑油名称和规格?

课题七　平地机基本组成及工作原理

学习目标

本课题的学习内容是平地机基本组成及基本工作原理。

知识要求

掌握柴油发动机工作原理和基本组成；掌握平地机基本组成和基本工作原理。

模块一　柴油发动机工作原理

1. 单缸四行程柴油机基本组成及运动特点(图 2-1-100)

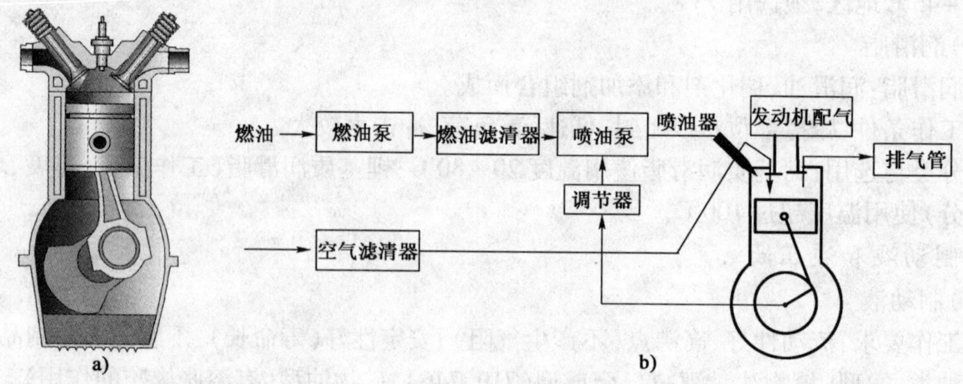

图 2-1-100　单缸柴油发动机示意图

发动机是一种将燃料的化学能转变为机械能的动力装置，主要由气缸体、气缸、活塞、连杆和曲轴、气缸盖、进排气机构、燃油供给系统所组成。活塞在气缸内上下运动，连杆和曲轴将活塞的往复运动变为旋转运动。气缸上端由气缸盖封闭，气缸盖上安装有进、排气门和喷油器，曲轴一端装有飞轮。单缸发动机结构示意如图 2-1-101 所示。

2. 发动机技术名词

发动机相关主要技术名词见表 2-1-15。

发动机主要技术名词　　表 2-1-15

止点	冲程	气缸工作容积 压缩容积 压缩比	曲 轴 转 角	发动机排量
活塞运动的折返点，分为上止点(OT)和下止点(UT)	活塞从上止点到下止点之间的距离	气缸工作容积是上止点和下止点间的容积； 压缩容积是上止点以上的容积； 压缩比是气缸工作容积＋压缩容积/压缩容积	曲轴转角是以“度”描述曲轴轴颈相对上止点和下止点的位置	发动机排量是气缸工作容积×缸数

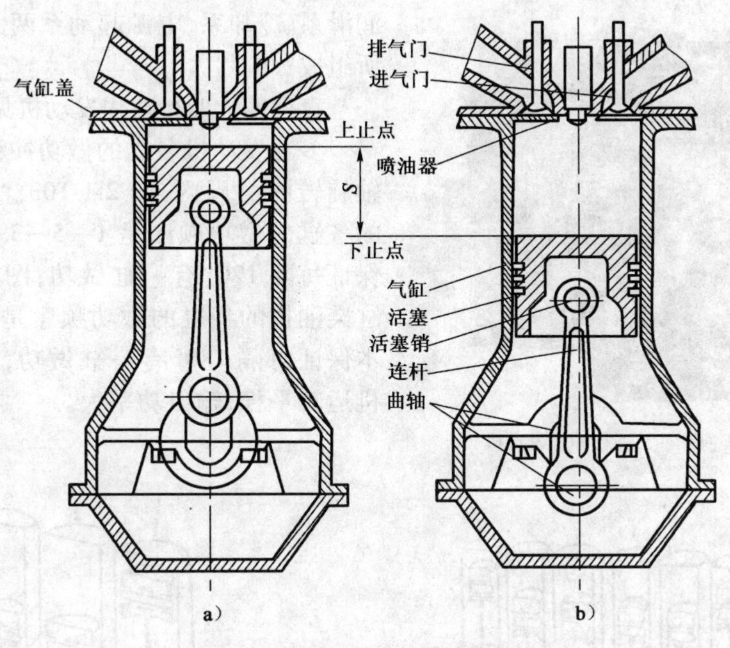

图 2-1-101　单缸发动机结构示意图

3. 柴油机工作原理

柴油机工作原理见表 2-1-16。

柴油机工作原理表　　表 2-1-16

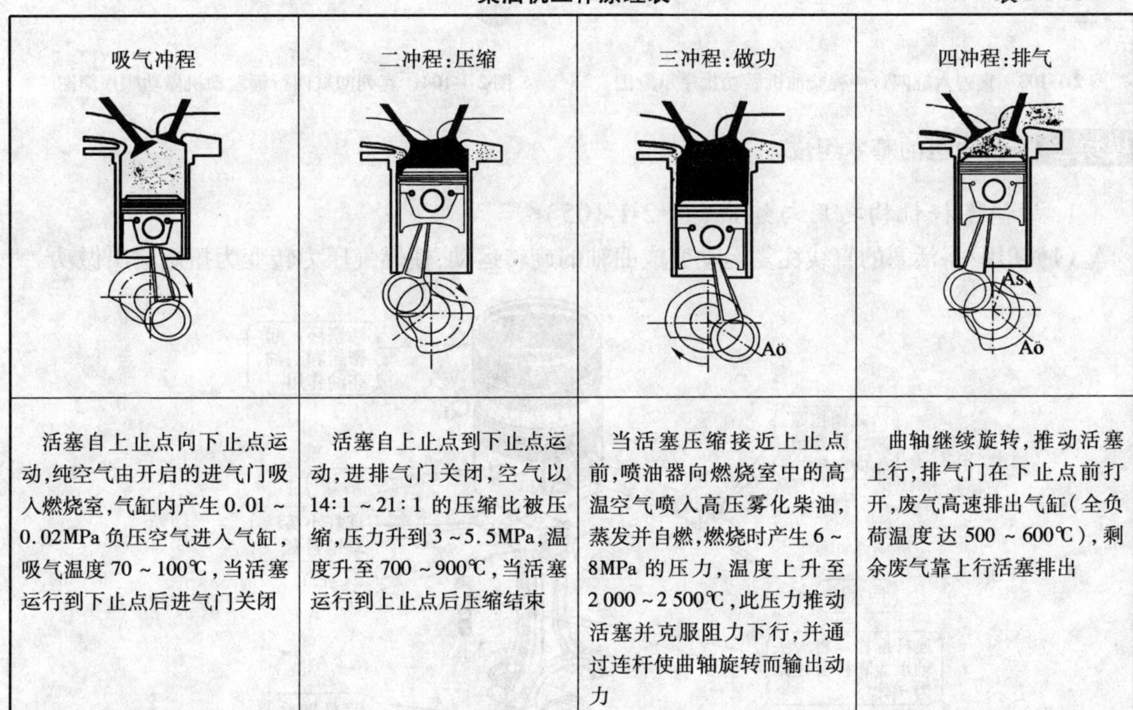

吸气冲程	二冲程:压缩	三冲程:做功	四冲程:排气
活塞自上止点向下止点运动,纯空气由开启的进气门吸入燃烧室,气缸内产生 0.01 ~ 0.02MPa 负压空气进入气缸,吸气温度 70 ~ 100℃,当活塞运行到下止点后进气门关闭	活塞自上止点到下止点运动,进排气门关闭,空气以 14:1 ~ 21:1 的压缩比被压缩,压力升到 3 ~ 5.5MPa,温度升至 700 ~ 900℃,当活塞运行到上止点后压缩结束	当活塞压缩接近上止点前,喷油器向燃烧室中的高温空气喷入高压雾化柴油,蒸发并自燃,燃烧时产生 6 ~ 8MPa 的压力,温度上升至 2 000 ~ 2 500℃,此压力推动活塞并克服阻力下行,并通过连杆使曲轴旋转而输出动力	曲轴继续旋转,推动活塞上行,排气门在下止点前打开,废气高速排出气缸(全负荷温度达 500 ~ 600℃),剩余废气靠上行活塞排出

4. 多缸柴油机的组成及工作过程

因为单缸发动机曲轴转两圈才有一个做功冲程,所以发动机运转不平稳,为了获得更大的功率要有更多缸的发动机。多缸柴油机一般由机体和曲柄连杆机构、配气机构、燃油供给系、

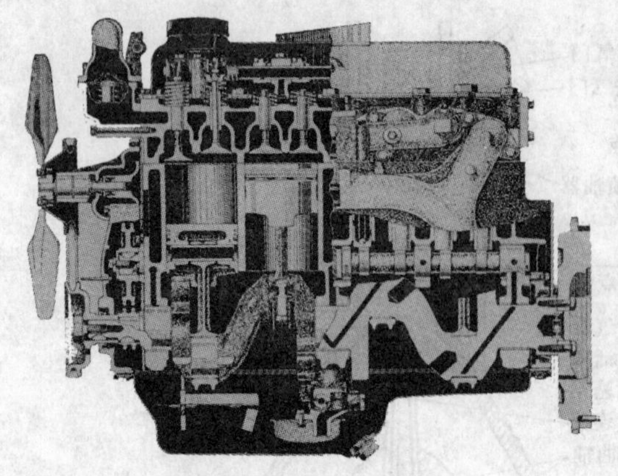

图 2-1-102　直列四缸四行冲程发动机

润滑系、冷却系、电源起动系两大机构四个系统所组成。

直列四缸四行冲程发动机见图 2-1-102。

多缸发动机各缸的做功冲程均匀分配在曲轴旋转的两周内，图 2-1-103 直列六缸柴油机的各缸的做功顺序是 1—5—3—6—2—4，基本保证每隔 120°有一缸做功；图 2-1-104 直列四缸柴油机的各缸的做功顺序是 1—3—4—2，基本保证每隔 180°有一缸做功，所以，多缸发动机运转平稳，输出功率大。

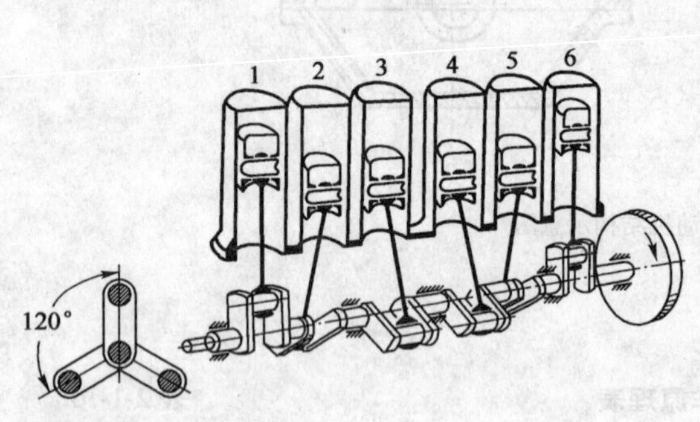

图 2-1-103　直列六缸四行冲程柴油机做功次序示意图

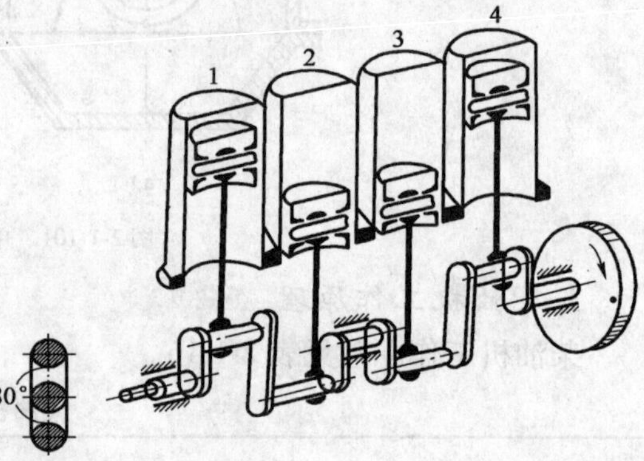

图 2-1-104　直列四缸四行程发动机做功顺序简图

模块二　柴油机的基本组成

1. 曲柄连杆机构功用与组成(图 2-1-105)

(1)功用：将活塞的直线往复运动变成曲轴的旋转运动，使燃气压力转变为扭矩输出做功。

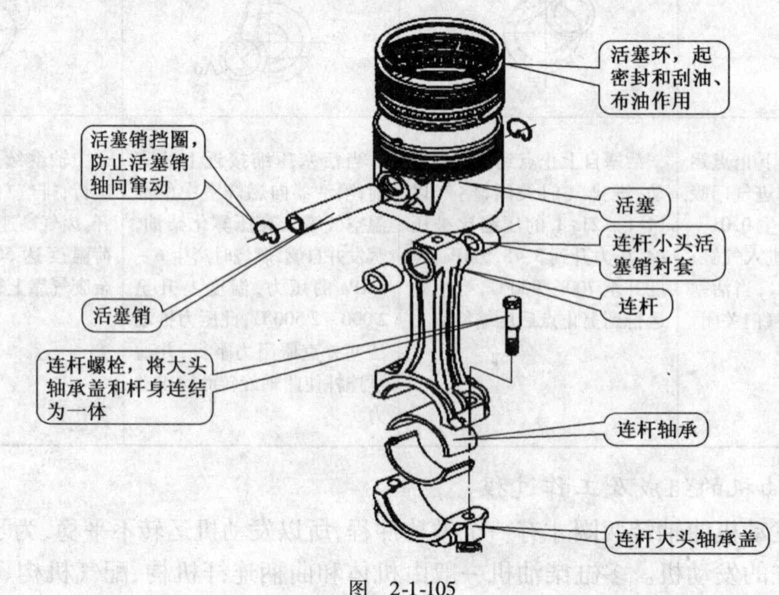

图　2-1-105

正时齿轮
挡油片
扭转减振器
带轮
锁紧垫圈
起动爪
上止点记号
圆柱销
齿圈
螺母
止推片
主轴承轴瓦
曲轴
半圆键
螺栓
黄油嘴
飞轮
中间主轴瓦
主轴承轴瓦

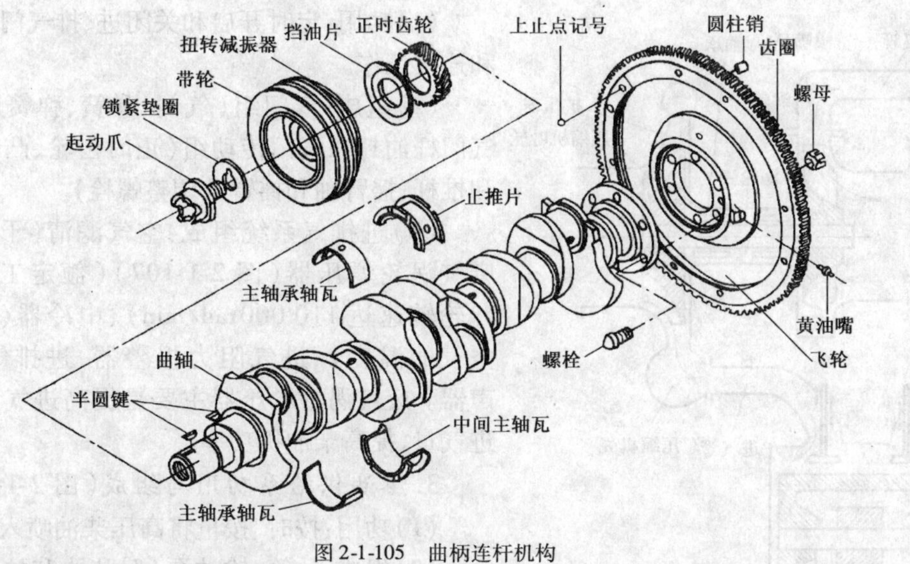

图 2-1-105　曲柄连杆机构

(2)组成:曲轴飞轮组(曲轴、飞轮、扭转减振器、皮带轮、正时齿轮等)、活塞连杆组(活塞、连杆、活塞销、连杆螺栓、活塞环)。

2. 配气机构的功用与组成(图 2-1-106)

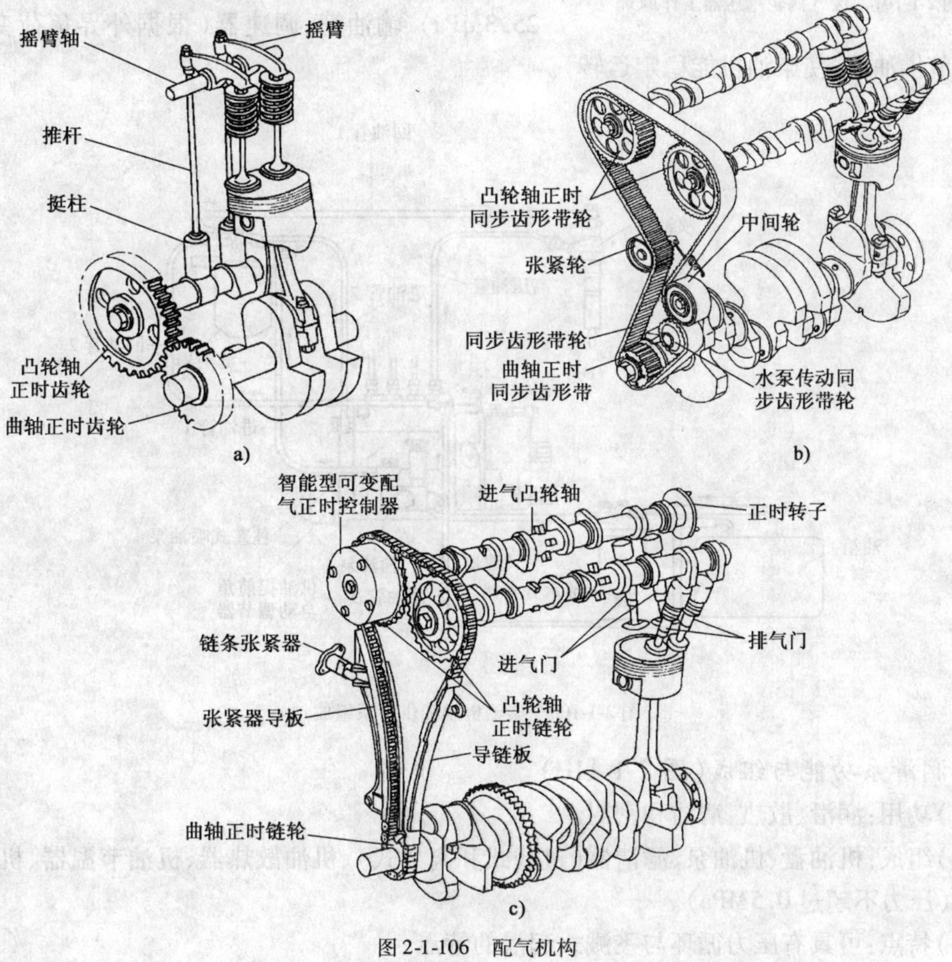

摇臂轴
摇臂
推杆
挺柱
凸轮轴
正时齿轮
曲轴正时齿轮
a)
凸轮轴正时
同步齿形带轮
中间轮
张紧轮
同步齿形带轮
曲轴正时
同步齿形带
水泵传动同
步齿形带轮
b)
智能型可变配
气正时控制器
进气凸轮轴
正时转子
链条张紧器
进气门
排气门
张紧器导板
凸轮轴
正时链轮
导链板
曲轴正时链轮
c)

图 2-1-106　配气机构

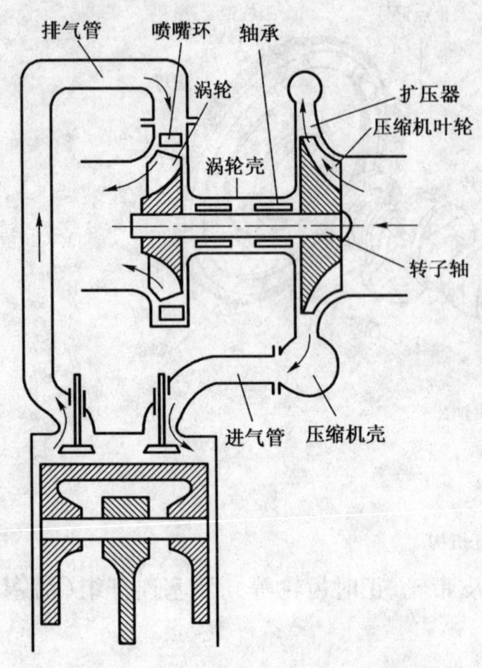

图 2-1-107　废气涡轮增压器工作原理

(1)功用:定时开启和关闭进、排气门,保证换气和连续工作。

(2)组成:气门组(气门、弹簧、弹簧座和锁块、气门杆油封);气门传动组(正时齿轮、凸轮轴、挺杆和推杆、摇臂轴和摇臂及调整螺栓)。

(3)进排气系统组成:空气滤清(干式双芯)、废气涡轮增压器(图 2-1-107)(额定工况下废气叶轮转速达 110 000rad/min)、中冷器(冷却进入空气的温度)、进气阻力报警器、进排气歧管、消声器。废气涡轮增压器主要是提高进气压力,增加进气量、提高柴油机功率。

3. 燃油供给系功用与组成(图 2-1-108)

(1)功用:按时、按量将高压柴油喷入气缸。

(2)组成:油箱、输油泵(膜片式和柱塞式,由凸轮驱动)、滤清器(旋装式和双级串联式)、直列柱塞式喷油泵(图 2-1-109)(VE 分配式喷油泵或 PT 泵)、喷油器(采用孔针式,标准喷油压力 24.5 ~ 25.3MPa)、输油管、调速器(根据外界负荷变化,能自动调节供油量,使柴油机能稳定运转)。

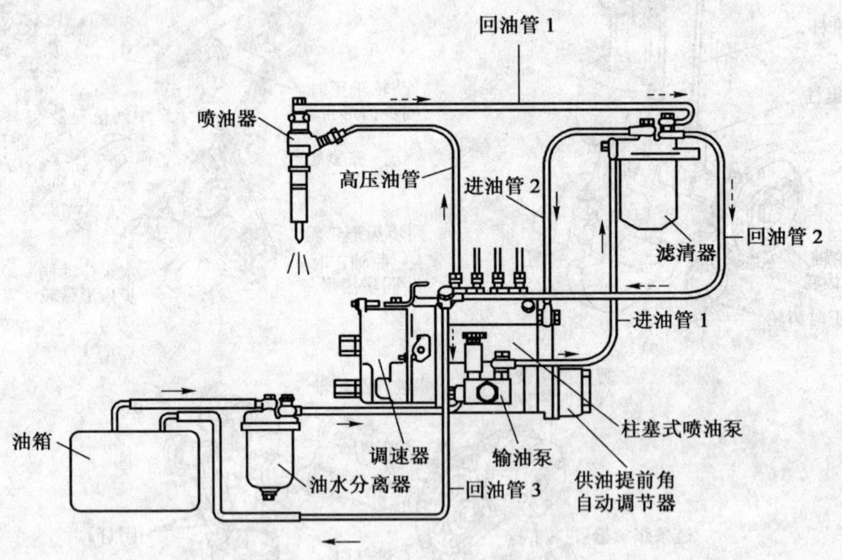

图 2-1-108　柴油机燃油供给系组成

4. 润滑系功能与组成(图 2-1-110)

(1)功用:润滑、散热、清洁和密封。

(2)组成:机油盘、机油泵、滤清器(过滤式和离心式)、机油散热器、机油节温器、机油压力调节器(压力不超过 0.5MPa)。

(3)特点:可具有压力循环与飞溅式润滑的特点。

5. 冷却系功能与组成(图 2-1-111)

(1)功能:吸收热量散发至大气中,保持柴油机能在适宜的温度状态下连续工作。

(2)组成:水泵(单级蜗壳离心式)、节温器(蜡式)、散热器、风扇(吸风轴流式)及水滤器(抑制和防止水垢及沉淀物堆积)等。

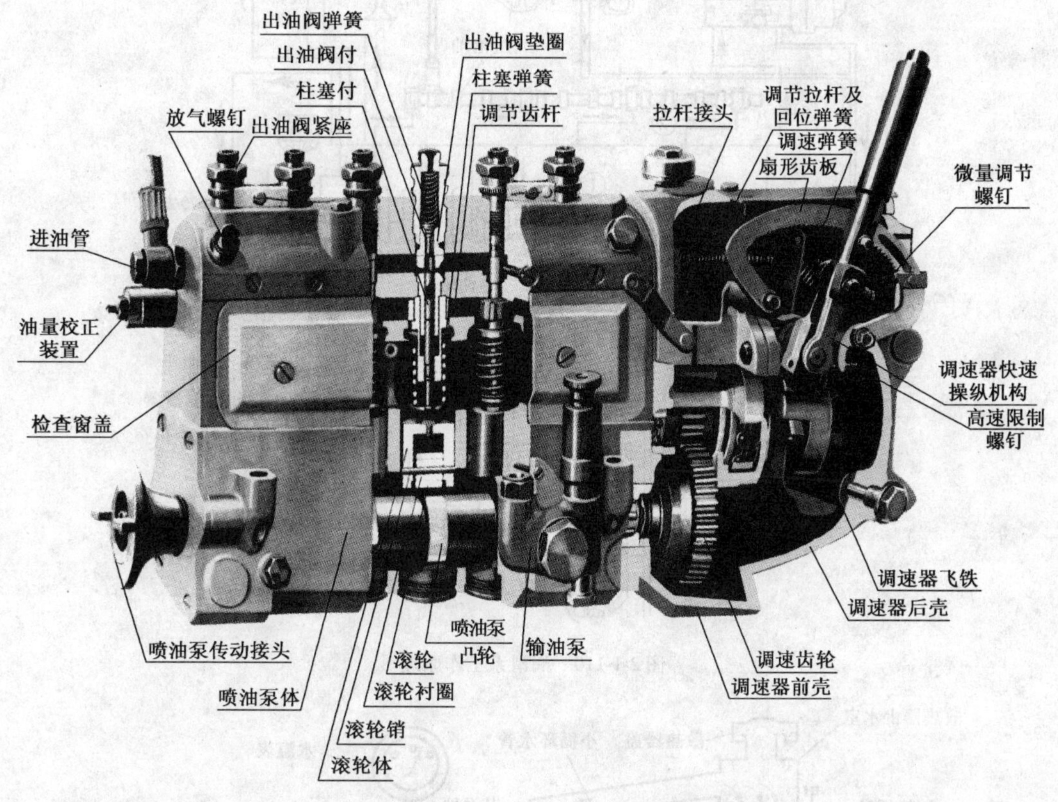

图 2-1-109 直列柱塞式喷油泵

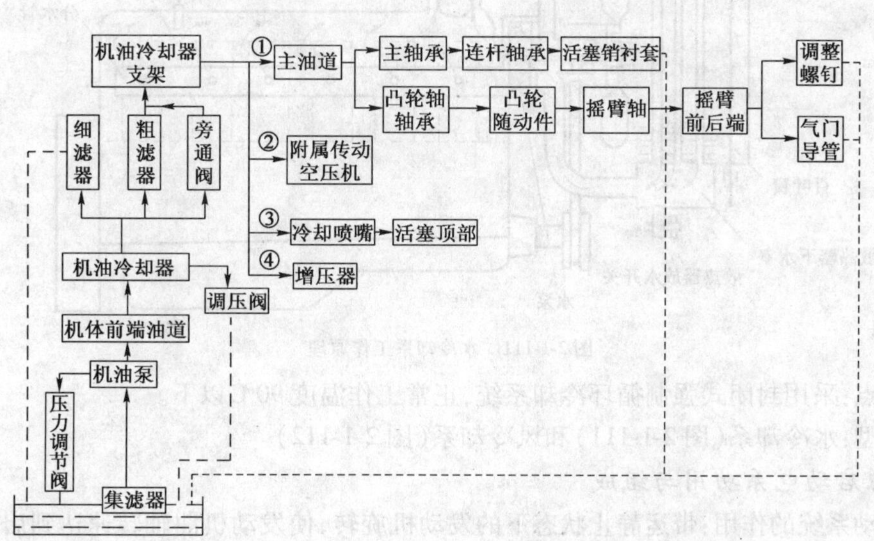

图 2-1-110

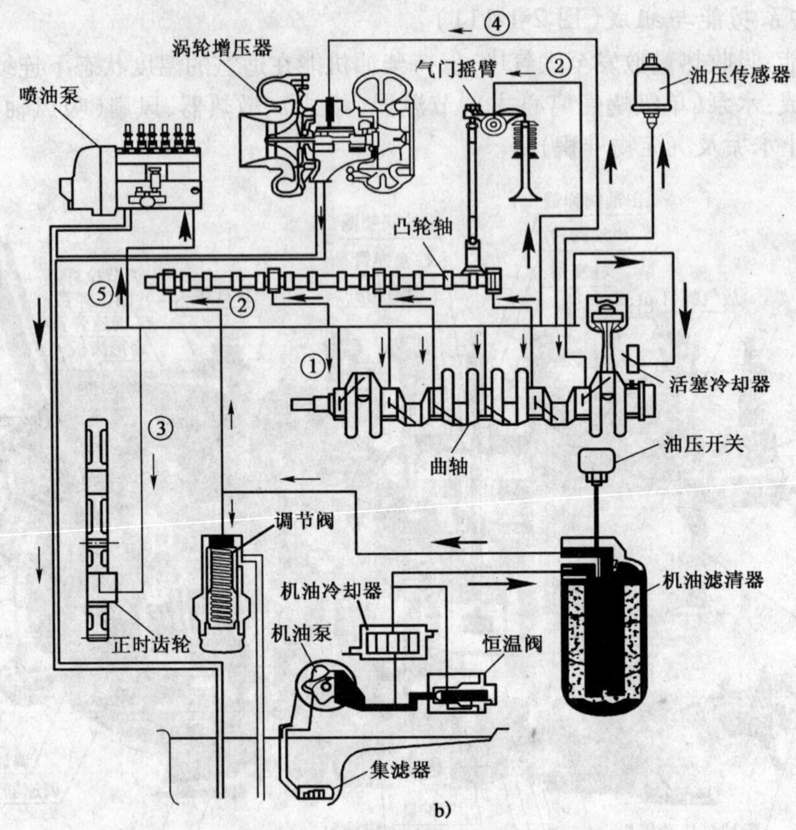

图 2-1-110　润滑系工作原理

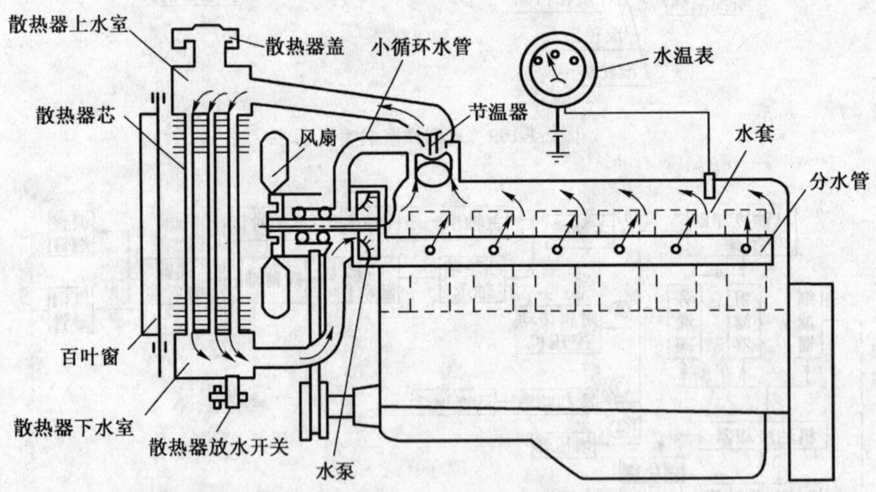

图 2-1-111　水冷却系工作原理

(3)特点:采用封闭式强制循环冷却系统,正常工作温度90℃以下。

(4)类型:水冷却系(图 2-1-111)和风冷却系(图 2-1-112)。

6. 电源启动电系功用与组成

(1)启动系统的作用:带运静止状态下的发动机旋转,使发动机曲轴转速达到启动所必需的转速。

(2)电源系的作用:实现蓄电池和发电机给用电设备供电。

(3)组成(图 2-1-113):蓄电池、起动机、发动机、电压调节器、开关、电流表、连接导线。

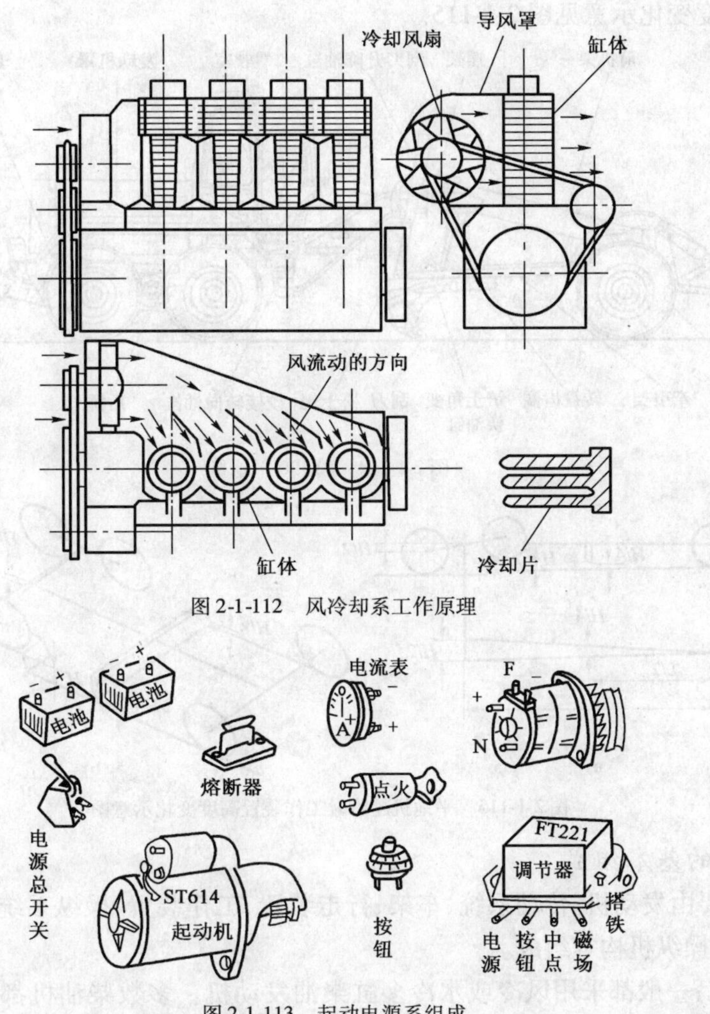

图 2-1-112　风冷却系工作原理

图 2-1-113　起动电源系组成

模块三　平地机的基本组成与工作原理

1. 概述

平地机主要用于路基和场地的精度较高的平整作业。结构特点是后四轮驱动,牵引力较大,机动性能较好。

PY190 平地机示意见图 2-1-114。

由于机身较长,刮土铲位于前后轮之间;前桥左右摆动;平衡箱前后摆动等结构特征,使得在平整作业中,其平整精度远比推土机、铲运机要高得多。通过液压驱动可实现刮土铲升降、左右回转、左右引出、倾斜摆动、铲土角变化,操作平地机在路基或场地上往复作业,可实现精度较高的平整精度和断面形状。

例如,当两前轮同时越过 H 高度的凸或凹路段时,此时即使不对铲刀进行调整,铲刀中点高度变化为 $1/2H$,平整精度为 1;当一个前轮越过 H 高度的凸或凹路段时,此时即使不对铲刀进行调整,铲刀中点高度变化为 $1/4H$,平整精度为 3;当一个中或后轮越过 H 高度的凸或凹路段时,此时即使不对铲刀进行调整,铲刀中点高度变化为 $1/8H$,平整精度为 7。操作平地机在路基或场地上往复作业，通过“高削低垫”，可实现精度较高的平整精度和断面形状。平地机越障时工作装置高度变化示意见图 2-1-115。

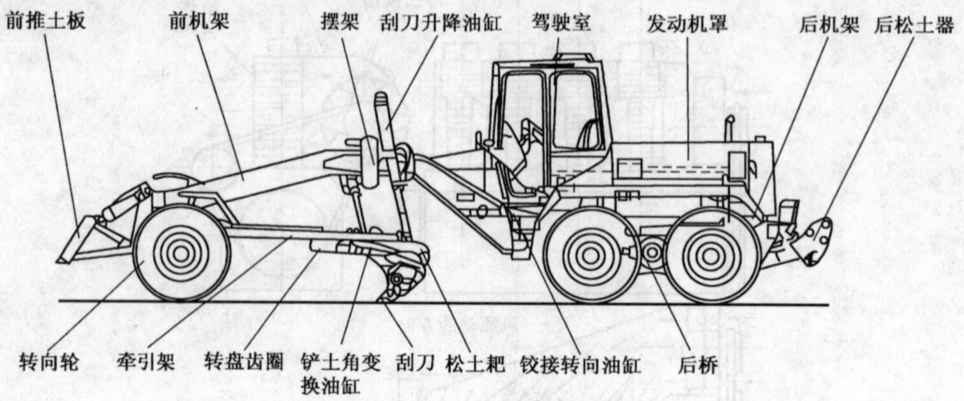

图 2-1-114　PY190 平地机

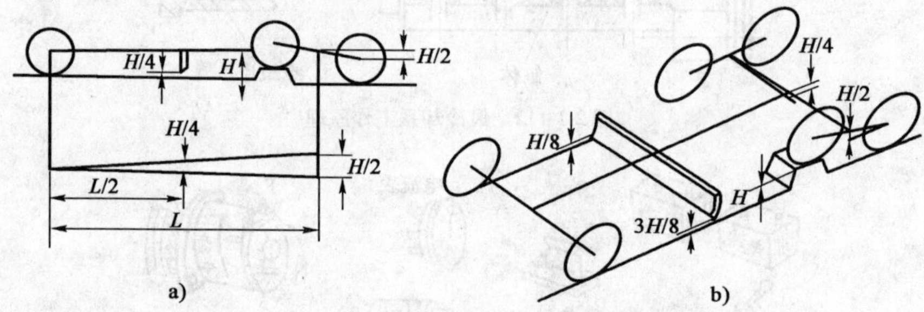

图 2-1-115　平地机越障时工作装置高度变化示意图

2. 平地机的基本组成

平地机主要由发动机、传动系统、车架、行走装置、工作装置、操纵系统、转向系统、制动系统、液压系统和操纵机构等组成。

(1)发动机：一般都采用风冷或水冷多缸柴油发动机。多数柴油机都采用了废气涡轮增压技术。

(2)传动系统：传动系统一般由主离合器、液力变矩器、变速箱、后桥传动、平衡箱串联传动装置等组成。

①PY160A 平地机传动系统组成(图 2-1-116)：发动机、液力变矩器、离合器、变速器、传动轴、驱动桥、左右链传动平衡箱、驱动轮。

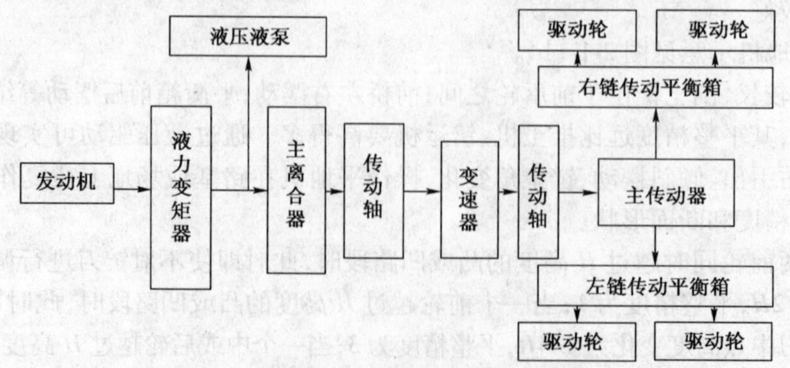

图 2-1-116　PY160 平地机液力机械传动路线框图

②PY180 平地机发动机系统组成(图 2-1-117):液力变矩器、动力变速器、传动轴、驱动桥、左右链传动平衡箱、驱动轮。

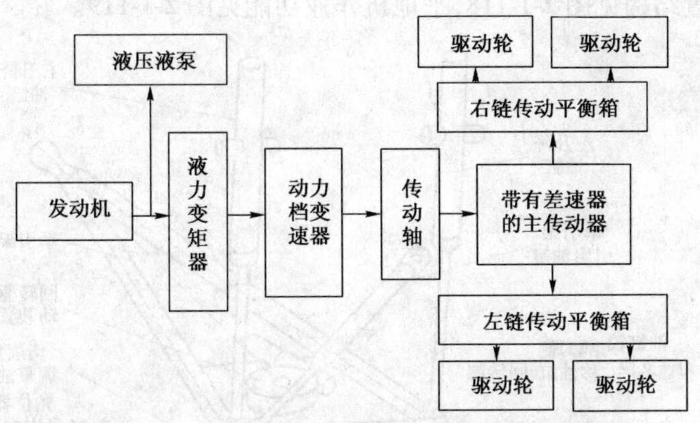

图 2-1-117 PY180 平地机液力传动路线框图

3. PY180 平地机主要技术参数(表 2-1-17)

PY180 平地机的主要技术参数 表 2-1-17

铲刀尺寸	3 965mm × 610mm	外形尺寸	10 890mm × 2 595mm × 3 280mm	前进车速	5km/h、8km/h、11km/h、17km/h、25km/h、36km/h
整机重量	15.4t	铲刀切削角	30° ~61°	倒挡车速	5km/h、11km/h、25km/h
铲刀最大提升高度	460mm	铲刀最大铲土深度	500mm	变速箱压力	1.3 ~ 1.7MPa
前轮最大转向角	±45°	最小离地间隙	400mm	燃油箱容量	200L
前轮最大倾斜角	±17°	最大牵引力	80kN	液压油箱容量	90L
前桥最大摆动角	±15°	最大爬坡能力	36%	变速器润滑油箱	28L
车架转向角	±25°	工作系统压力	16MPa	发动机机油	24L
发动机额定功率	140kW	轮胎气压		发动机型号	上柴 D6114ZG1B

4. 工作装置

平地机的主要作业装置是刮土铲,辅助工作装置是松土器和推土铲。刮土铲通过液压操纵系统,可以实现刮土铲升降、左右倾斜、左右回转、左右引出等功能。

通过操纵平地机工作装置,实现平整作业、斜行作业、移土作业、倒车作业、曲线作业、开挖沟槽作业、机外修刮边坡作业等功能。

平地机作业装置结构见图 2-1-118,平地机作业功能见图 2-1-119。

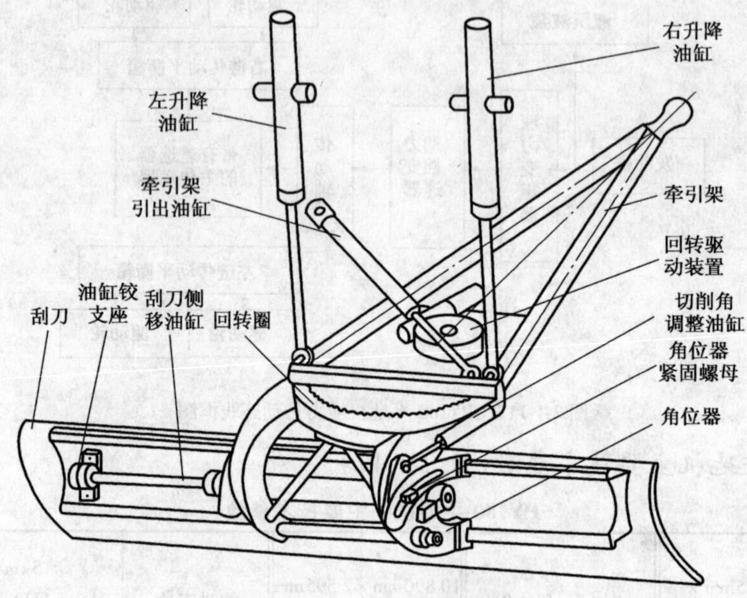

图 2-1-118 平地机作业装置结构图

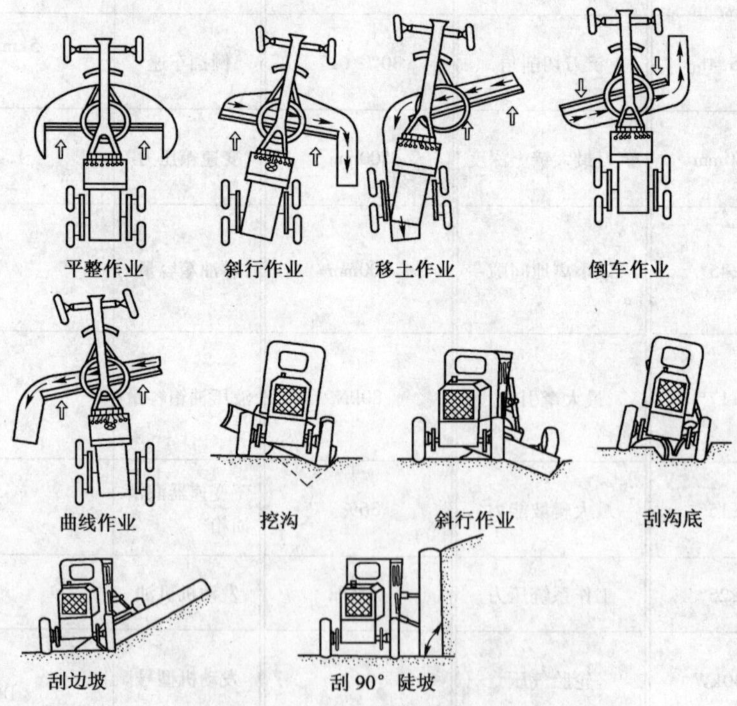

图 2-1-119 平地机作业功能示意图

5. PY180 平地机液压操纵系统

(1)组成

①支路一:双联液压泵——液动分流阀——制动阀——制动油缸。

②支路二:双联液压泵——油路转换阀总成——前推土铲、铲刀回转、前轮倾斜、铲刀摆动、左铲刀升降换向阀——操纵油缸或马达。

③支路三:双联液压泵——液动分流阀——油路转换阀总成——右铲刀升降、铲刀引出、铲刀转向、铲刀角度变换、后松土器升降——操纵油缸。

④转向支路:转向泵——转向阀——液压转向器——双向液压锁——转向液压油缸。

(2)工作过程:当上两个储能器压力达到 15MPa 时,限压阀自动中断制动系统的油路,并同时接通多路换向阀回路;泵 1 和泵 2 分别向两个独立的工作装置液压回路供油,两个回路的流量相同;因铲刀回转和升降所需压力较大,则在其回路中设有安全阀;各换向阀之间为并联,可实现同时动作。

平地机液压系统原型见图 2-1-120。

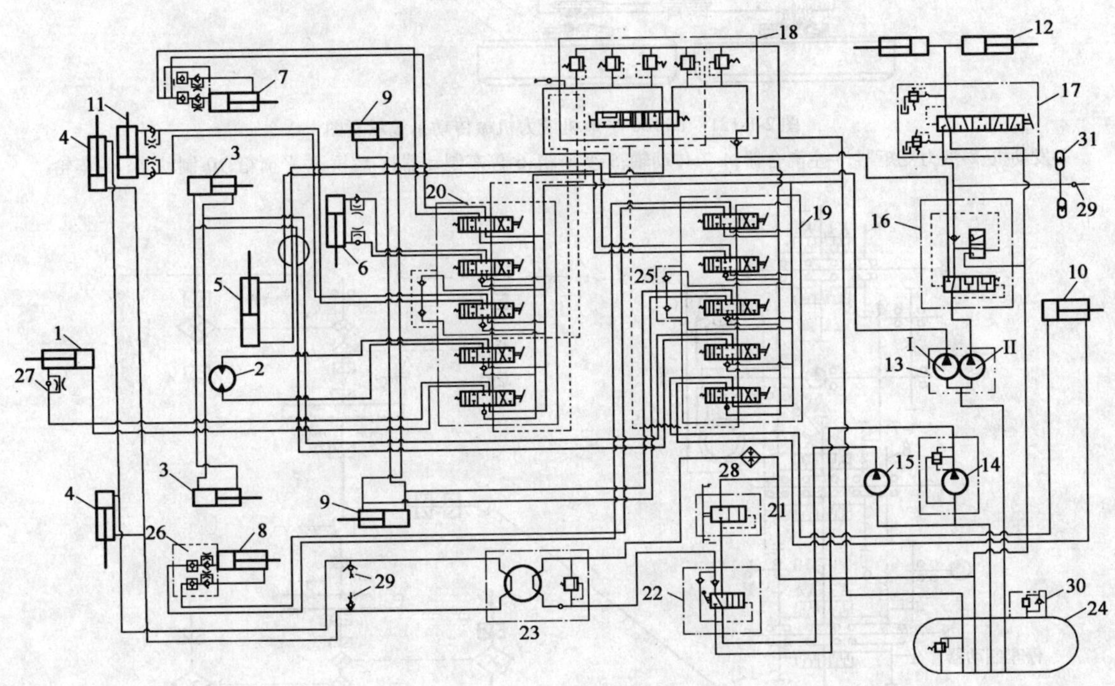

图 2-1-120 PY180 平地机液压系统原理图

1-前推土板升降液压缸;2-铲刀回转液压马达;3-铲刀角度变换液压缸;4-前轮转向液压缸;5-铲刀引出液压缸;6-铲刀摆动液压缸;7、8-左、右铲刀升降液压缸;9-铲刀转向液压缸;10-后松土器液压缸;11-前轮倾斜液压缸;12-制动液压缸;13-双联液压泵;14、15-紧急转向泵;16-液动分流阀;17-制动阀;18-油路转换阀总成;19-多路换向阀;20-换向阀;21-旁通指示器;22-转向器;23-液压转向器;24-压力油箱;25-补油阀;26-双向液压锁;27-单向节流阀;28-冷却器;29-微型测量接头;30-进排气阀;31-蓄能器

6. 传动系统

PY160 平地机传动系统主由液力变矩器(带有液力变矩器闭锁装置)、离合器、手动变速器、传动轴、驱动桥(无差速器)、左右平衡箱、车轮。PY160 平地机液力机械传动系统见图2-1-121。

PY180 平地机传动系统主由液力变矩器、定轴式动力换挡变速器、传动轴、驱动桥(带差速器)、行星式轮边减速器、左右平衡箱、车轮。PY180 平地机传动系统见图 2-1-122。

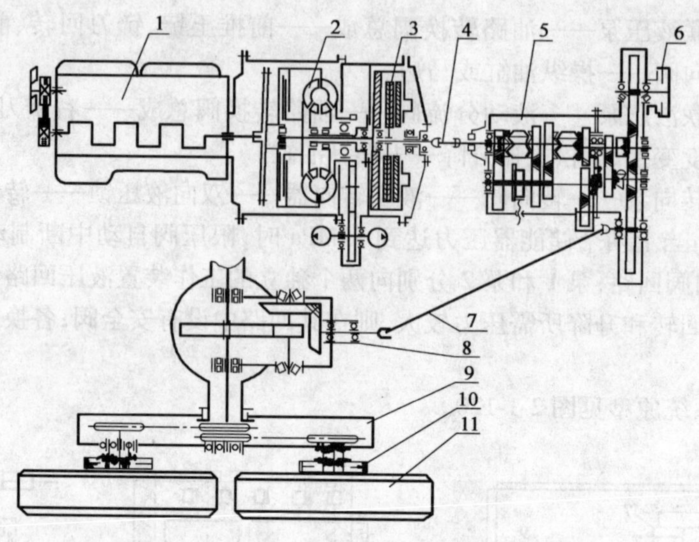

图 2-1-121 PY160 平地机液力机械传动系统示意图

1-发动机;2-液力变矩器;3-主离合器;4、7-传动轴;5-变速箱;6-停车制动器;8-后桥;9-平衡箱;10-制动器;11-车轮

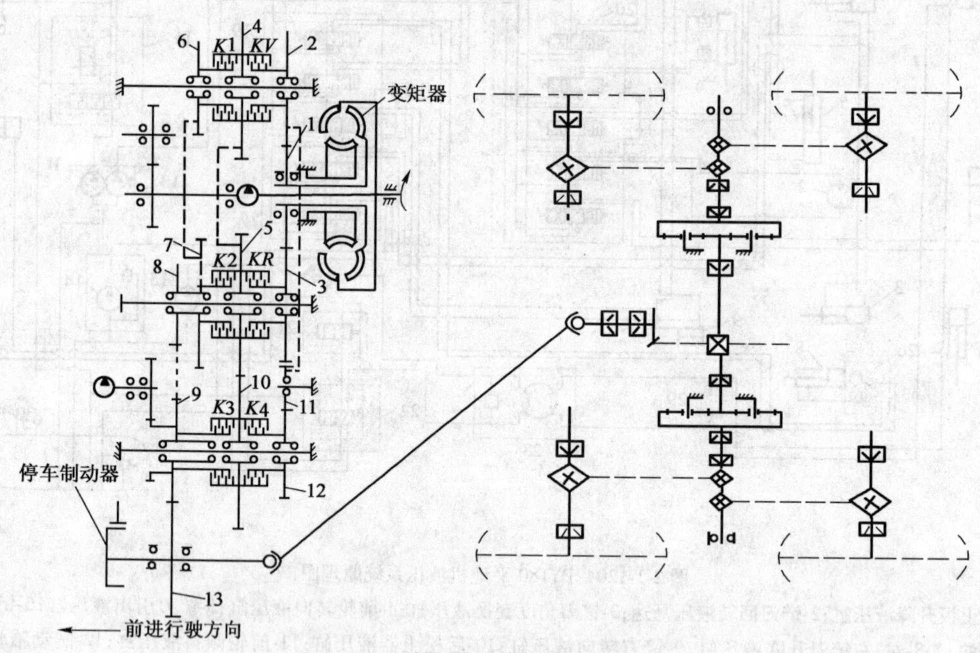

图 2-1-122 PY180 平地机传动系统示意图

7. 平地机转向系统

平地机转向系统都采用液压转向系统，主要由转向传动机构、转向液压油缸、转向控制阀、转向液压油泵等组成。除设置有前轮偏转转向系统外，为扩大作业范围、减小转弯半径和减小侧向力，还设置有其他转向系统。如 PY160 平地机设有后四轮偏转和前轮倾斜(图 2-1-123)，PY180 平地机设有前机架偏转和前轮倾斜(图 2-1-124)。

8. 制动操纵系统

图 2-1-125 为国产 PY160 型平地机采用的气液综合式行车制动系统，由气液驱动机构和四个车轮制动器所组成，车轮制动器为对称自行增力式。空压机 1 输出的压缩空气经油水分

离器2、气压控制器3(控制系统压力为0.5MPa)后进入储气筒4中,平地机制动时通过制动踏板和制动阀6的控制使压缩空气推动助力器7中的活塞,将制动主缸9的制动液分别压入四个车轮制动器的制动分泵10、11中,推动制动蹄片而产生制动作用。

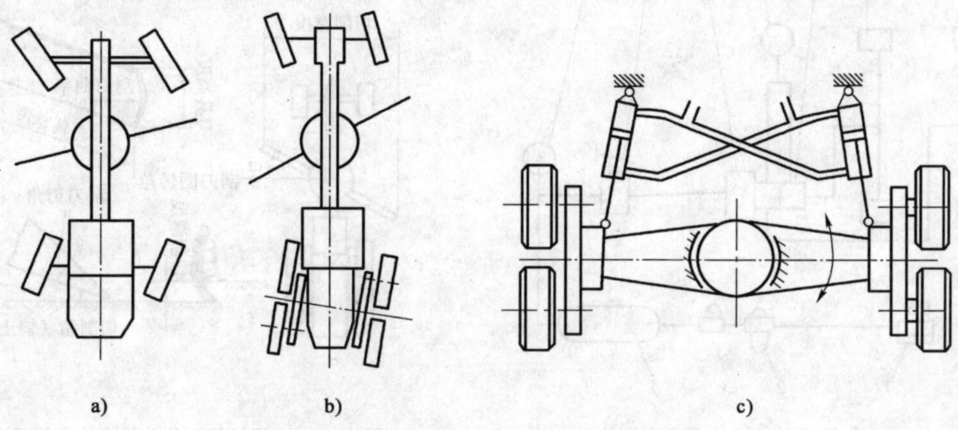

图2-1-123 PY160平地机前后轮偏转示意图

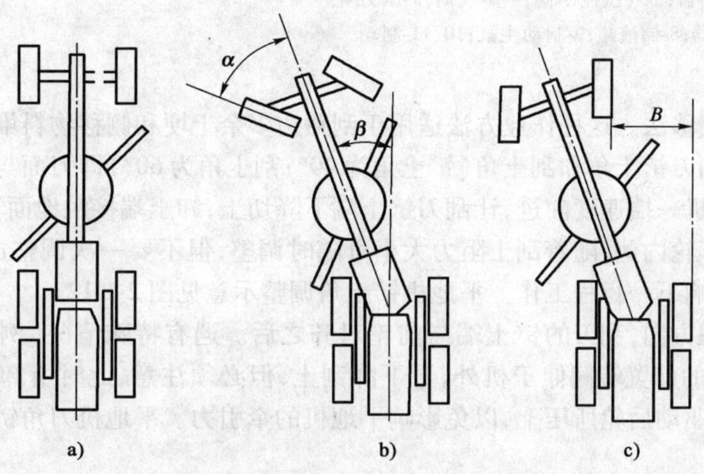

图2-1-124 PY180平地机前轮与前机架偏转示意图

9. 平地机的基本操作与施工作业方法

(1)工作装置作业参数调整

①刮刀回转角如图2-1-126所示。当回转角增大时,工作宽度减小,但物料的侧移输送能力提高,刮刀单位切削宽度上的切削力提高。对于剥离、摊铺、混合作业及硬土切削作业,回转角可取30°~50°;对于推土摊铺或进行最后一道作业刮平以及进行松软或轻质土刮整作业时,回转角可取0~30°。回转角应视具体的情况及要求来确定。

②铲土角即切削角,是指刮刀切削刃与地面的角。铲土角的大小一般依作业类型来确定,一般平地机铲土角都有一定的调整范围以适应不同的作业要求。中等的切削角(60°左右)适用于通常的平地作业。当切削、剥离土壤时,例如剥离草皮、刮平凸缘、切削路边沟等,需要较小的铲土角,以降低切削阻力。当进行摊铺、混合物料作业时,应选用较大的切削角,这样可以避免大物料对铲刀的推挤力,大粒料较容易从刮刀下滚过去,由于铲土角大,刮刀载料减少,使物料滚动混合作用加强。

(2)平地机基本操作方法

平地机有四种操作方法,即刀角铲土侧移、刮土直移、刮土侧移、机外刮土。

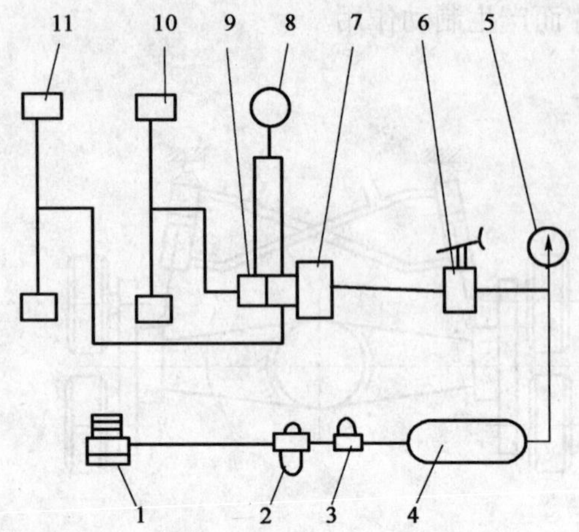

图 2-1-125　PY160 平地机制动系统示意图

1-空压机;2-油水分离器;3-气压控制阀;4-储气筒;5-压力表;6-制动阀;7-助力器;8-储液罐;9-制动主缸;10、11-制动轮缸

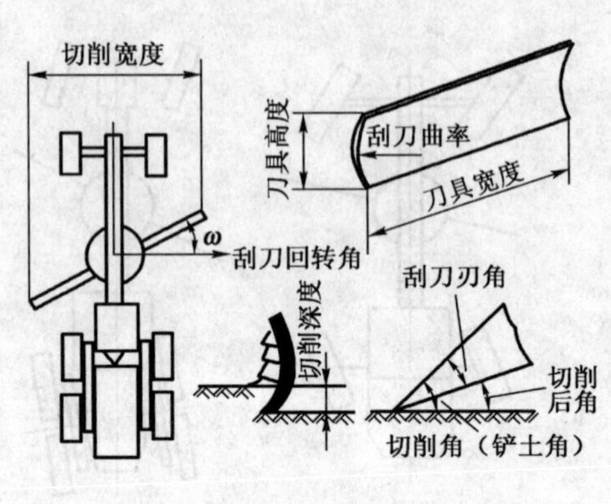

图 2-1-126　平地机工作装置作业参数示意图

①刀角铲土侧移法。这种作业方法适用于刮路边多余土埂和侧移物料堆的摊铺。先根据土壤性质调整好刮刀铲土角和刮土角(铲土角为 40°;刮土角为 60°)即刀面与机械前进方向所成的夹角,以平地机一挡速度前进,让刮刀铲土端下降切土,卸土端接触地面,被刮刀刮出的土层就侧卸于左右车轮内侧,随着刮土阻力大小可随时调整,但不要一次调整过多,以免造成土层的波浪形,而影响下一行程工作。平地机铲土角调整示意见图 2-1-127。

为了便于掌握方向,刮刀的铲土端与前轮对齐之后。遇有特殊情况(例如行驶路线有障碍物)也可将刮刀的前置端侧伸于机外,再下降刮土,但必须注意,此时所卸之土壤也应处于车轮的内侧,不被驱动后轮所压上,以免影响平地机的牵引力。平地机刀角铲土侧移示意如图 2-1-128 所示。

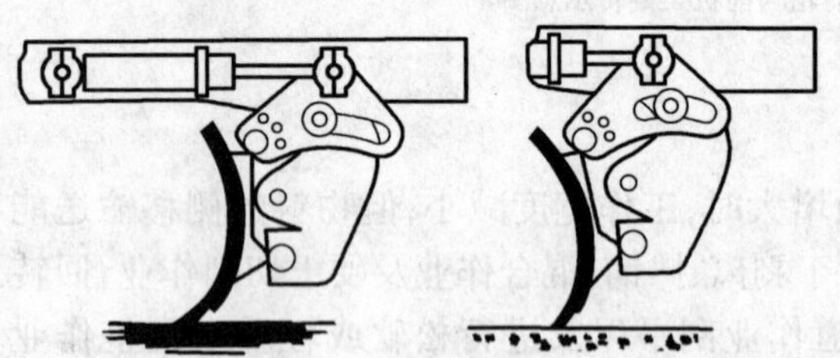

图 2-1-127　平地机工作装置铲土角调整示意图

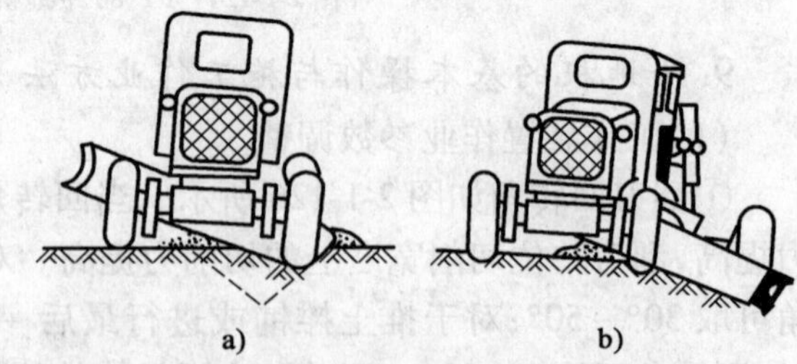

图 2-1-128　平地机刀角铲土侧移示意图

②刮土侧移。这种操作方法适用于移土修整路基、平整场地、铺散或路拌路面材料等作业。先根据施工对象的要求和土壤性质调整好刮刀的刮土角(一般为 60°~70°)和铲土角约 45°,以机械一挡,使刮刀的左右端同时放下并切入土中,于是被刮起的土料就沿着刀面侧移卸于一侧留成土埂,此土埂可能处于车轮外侧或车轮内侧。主要任务是调整平地机刮土角和侧伸及刮刀左右升降度。

不论土壤卸于机外侧或机内侧,都不让卸下的土壤处于平地机后轮的行驶轨迹上,则会影响平地机的牵引力，又使刮刀抬升，留下地面不平整地段。

全轮转向的平地机，特别在连续弯道作业，前后轮可按弯道情况配合转向，这样可提高作业效率。

对于刮刀全回转的平地机，将刮刀回转180°，使刮刀处于平地机行驶相反方向置，让平地机倒退进行刮土作业。这种方法适用于狭窄地段作业，可以提高生产率，因为这种刮刀的回转操作时间消耗要比平地机掉头的时间少得多，可提高工作效率。

平地机的刮刀刮土侧移（图2-1-129），用于场地的平整作业，使用不同的刮刀侧移一定角度，来回刮几个行程就能使场地基本平整。

③刮土直移。此方法用于整场地较小的地段，作为整修路型时的基本平整作业，以及铺摊物料作业。先将刮刀铲土角调到40°~50°，然后将刮刀平面置于（刮土角90°）平地机以一挡速度前进，刮刀两端同时下降，少量切土，被刮起的土壤堆积于刀前，大部分物料向前推送，少量溢于两侧，对于溢出的少量土壤，可留在最后用刮刀切入地表面并使用二挡快速前进的方法，就可将它全部摊开。平地机刮土直移示意见图2-1-130。

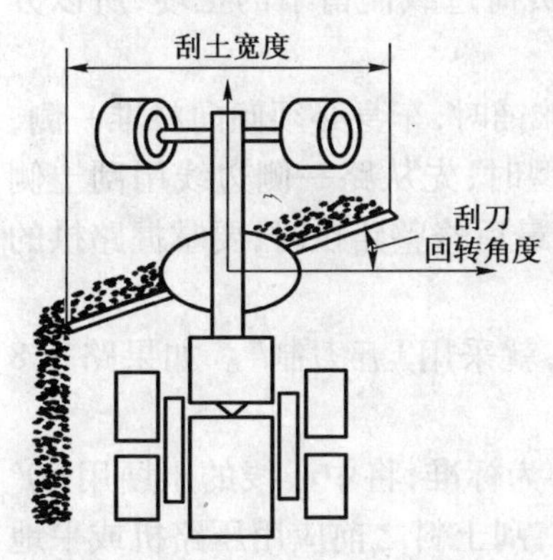

图2-1-129　平地机刮土侧移示意图

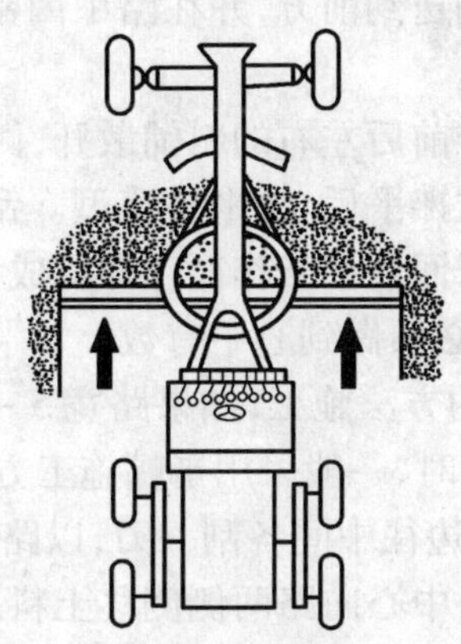
图2-1-130　平地机刮土直移示意图

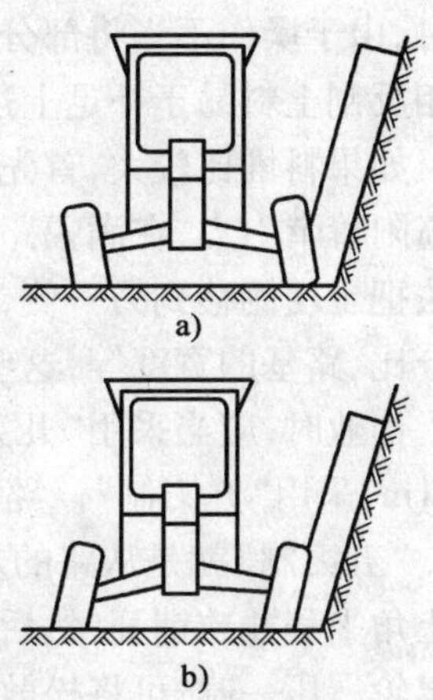

图2-1-131　平地机机外刮土示意图

平地机进行以上各种作业，最繁琐而花费时间最多的工作就是调整刮刀的各种角度。

④机外刮土。这种作业方法用于修整路基的边坡。先将刮刀倾斜于机外，然后在其上端朝前，机械以一挡速度前进放刀切土，于是被刮下的物料就顺刀卸于左右车轮之间，以后再将此物料移走。平地机机外刮土示意见图2-1-131。

（3）平地机的施工作业方法

①路型修整开挖边沟土壤修整路型。平地机修整路型的施工作业内容是将推土机摊平的基本路型进行修整，达到设计要求的平整度和拱度。

平地机修整路型的施工程序通常是从路的一侧开始前进，到达选定好的路段，掉头后从另一侧行驶回来，这样一去一回叫一个工作行程。

平地机修整路拱时的施工程序，首先平地机以较小的刮土角，调整铲刀角度为30°~40°。用向左或向右刮土侧移法将土料往路中心运送，然后用平刀（刮土角90°）将路中心的小土堆刮散或刮向路边，并达到设计高程点。铲土和送土需用很多个工作行程才能完成路型的基本形状，最后平整作业一般要用2~3个行程才能完成。

由于初期摊铺的土料是松软的，平地机驶过后必然会压成一条凹槽，这样平地机在第二层刮送土料填铺路拱横坡度时，就很难掌握正确的标准，而且并不容易把凹槽刮平，为了便于平地机的运送达到要求，在刮送第二层时，最好先用压路机或平地机轮胎进行碾压，这样摊铺的土料就平整一些，这样刮土料比较平整，而且路面比较硬，不易产生凹槽，保证路平整度和拱度要求，减少了刮土料工作循环。

平地机刮平第一步就是粗平，经几个工作循环之后所需的土方量已达到要求，因此第二遍即可转入修整路拱工作，不过施工人员先要在经过平地机初压后的路基上，按路基横断面用白粉放好样（取高填低）。平地机仍从路边向中心逐次轻刮一遍，将少量的土接着运送到路中心并用刮刀 90°平角将中心土埂摊铺平，使之达到放样标准高度，路型基本修整完成。

然后将多余出的土料用刮刀的各种角度运送到低处摊铺开，保证设计的高度，并精确调整刮刀的升降量。

②摊铺路基修整路型如果是其他机械运土筑路，平地机以较小的刮土角调整在 30° ~40°范围内，将刮刀部分伸出机外，用一挡速度从路的一侧进行作业，到达选定好的路段，根据土料堆方位置，从一侧驶回起点，侧移进的土料必须摊平，不能留过高的土埂，要给下一个行程打好基础，整幅摊平一遍。在摊平第二遍时，平地机的行驶方向要与第一遍的方向相反。因为刮头遍时，由于操作不当将部分土料刮送到前方，并在路中因刮刀负荷过载而留下的土埂，所以方向相反刮土料易于补足上述不足。

如果料堆比较大，首先把料堆前后左右的料铺散开，侧移摊铺时，车身必须倾向料堆一侧，提高附着牵引力，在满幅路基大致摊平后，再平整路型。刮路型时，先从路一侧边线用刮土侧移法把土埂侧移到另一侧，这样来回几个工作循环即可成型。最后修整路拱时，要掌握路拱的百分比、路基的宽度等，这些数据必须做到心中有数。

作业时，应当采用“几刀制”的方法施工，如果路宽 5 ~7m，就采用“五刀制”。如果路宽 8 ~11m，采用“九刀制”。路型再宽时，一般采用半幅施工方法。

“五刀制”就是从路的左边或边往中间各刮一刀，以路中心为标准，将中心线的土埂用 90°刮土角平移并摊铺开，然后再从路中心向路两侧侧移土料刮平，刮土料之前应用压路机或平地机车轮碾压一遍，可将松散或松软的地面进行适度地压实，再进行修整路型路拱。

根据路面宽度调整好刮刀的刮土角以路拱的百分比高度（据路拱的百分比）以及高程进行作业，被侧移进的土堤必须移到路中心线上。到终点后，掉头沿另一侧驶回终点。这样路中就会集成小土堤，但被移到路中心的料不能太多，土堤不能高于 20cm，要掌握刮刀外侧端刮深些，内侧端刮线点（刮刀要有倾角）。第三刀用平刀（90°刮土角）按路拱的高程把路中心的小土堤铺散。在刮第三刀时，必须用一挡，掌握好机身的横向水平，否则造成路拱不正，最后两刀是决定路拱大小的关键性两刀，采用几挡要按操作技术的熟练程度而定。

刮这两刀时，沿边线走直，溢出的多余料流在边线外，铲土角不能溢出土堤。完成“五刀制”工作后，如果还达不到质量要求，再按此方法刮土侧移、直移连续作业，直到符合标准为止。

平地机修整路拱作业见图 2-1-132。

③弯道作业法

将车停在弯道始点内侧，用刮土侧移的方法沿内侧边线把铲刀放下；平地机起步后，缓慢左右下降铲刀，让车身向内侧倾斜，并符合弯道超高要求，进行作业；当刮到弯道终点时，被侧移出一个小土堤，第二刀骑着小土堤刮土，这样连续刮土作业直到外侧边线；如此反复作业，达到技术标准为止。

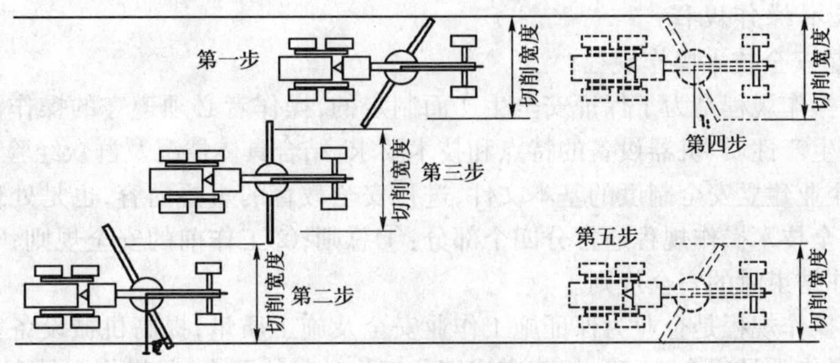

图 2-1-132　平地机修整路拱作业示意图

思考题

1. 柴油机的基本组成与工作原理是什么?
2. 柴油机燃油供给的组成与功用是什么?
3. 冷却系、润滑系的组成与功用是什么?
4. 平地机的基本组成与类型有哪些?
5. 平地机基本作业方法是什么?
6. 影响平地机平整作业精度的结构和操作因素有哪些?

课题八　平地机安全操作与环境保护知识

学习目标

本课题的学习内容是平地机安全使用与环境保护基本知识。

知识要求

了解安全生产的重要意义和安全操作规程的含义;掌握平地机安全操作、防火、防触电和防止环境污染工作要点。

模块一　平地机安全技术操作规程

加强安全生产培训与教育,是践行“以人为本,关爱生命”的安全理念和落实科学发展观的具体体现。从事施工机械驾驶人员要提高自己的安全意识,自觉学习掌握基本安全常识,严格遵守施工现场的安全管理规定,熟练掌握安全操作规程,加强自我防范意识。

生命对于每个只有一次,如果生命都不存在了,其他一切都无从谈起。施工现场的安全风险无时不在,必须时刻想到“生命无价”,确保人身安全是第一位的。安全生产是一种责任,不仅是对自己负责,更是对家人负责,对社会负责。安全生产应成为一种习惯,在生产中常常因小小的疏忽或操作失当和试图走捷径违反操作规程酿成重大事故,安全工作无小事,要重视安全生产的每个细节,使得认真执行安全生产相关规定成为我们的习惯。有备未必无患,无备必有大患。

1. 安全技术操作规程

(1)什么是安全技术操作规程

安全技术操作规程是为了保证安全生产而制定的,操作者必须遵守的操作活动规则。它是根据企业的生产性质、机器设备的特点和技术要求,结合具体情况及群众经验制定出的安全操作守则,是企业建立安全制度的基本文件,进行安全教育的重要内容,也是处理伤亡事故的一种依据。安全技术操作规程通常分四个部分:①总则;②工作前的安全规则;③工作时的安全规则;④工作结束时的安全规则。

安全技术操作规程是企业为保证施工作业安全及施工质量,提高机械设备完好率的管理制度,是指导操作人员安全、正确、规范完成岗位工作的具体要求,是操作人员血的教训和经验总结。

(2)学习和遵守安全技术操作规程的意义

生产经营单位的从业人员应当接受安全生产教育和培训,掌握本职工作所需的安全生产知识,提高安全生产技能,增强事故预防和应急处理能力。学习和遵守安全技术操作规程,就是要提高人的可靠性,避免人为失误,减少安全事故隐患,预防发生安全事故。

设备安全操作规程规定操作过程该干什么,不该干什么,或设备应该处于什么样的状态,是操作人员正确操作设备的依据,是保证设备安全运行的规范。对提高可利用率,防止故障和事故发生,延长设备使用寿命等起着重要作用。设备使用安全管理制度,一般有岗位责任制、操作证制度、安全检查、检验制度、交接班制度、维修保养规程、安全操作规程。

2. 平地机安全技术操作规程

(1)作业前的准备

①内燃机部分,按通用操作规程的有关规定执行。

②详细了解作业内容和施工技术要求,仔细检查作业区内各种桩号的所在位置。

③检查平地机四周有无障碍物及其他危及安全作业的因素,并让无关人员离开作业区。

④根据日常保养要求,仔细检查平地机有无部件松动、丢失、过度磨损、泥沙堆积、液体渗漏及轮胎磨损和气压降低等情况,并予以排除。

⑤检查液压油、变速箱润滑油、燃油箱、蓄电池电压、灯光、警示灯、安全标志等是否正常。

⑥检查液压控制器、制动器、行车制动、发动机、油门踏板、离合器及踏板的工作是否正常。

⑦将操纵手柄、变速器操纵杆置于空挡位置,其余手柄均置于中间位置,启动发动机,检查有无异常声响,左右转向功能是否正常。

⑧检查各仪表、灯光指示、喇叭等工作是否正常。

⑨将刮刀等作业装置置于运输状态,检查其是否完好,动作是否正常。

⑩检查铰接式平地机的铰接转向装置是否完好,在行驶前需将前、后轮调整在一条直线上。

(2)作业中的要求

①启动发动机时,时间一次不得超过10s,如需再次启动,须将钥匙转回关闭位置,待2min后再启动。

②在作业过程中,如遇报警信号灯闪亮或报警音鸣响时,应尽快停止平地机的工作,查明故障并予以排除后,方可继续进行作业。

③发动机启动后,各仪表读数均应在规定值的范围内。发动机运转时,不得操作冷启动开关,否则会造成发动机严重损坏。

④驾驶平地机时不得把脚放在离合器或制动踏板上。起步、停车或转向应使用离合器。

⑤行驶中应把刮刀升高,并保持在平地机宽度内,确保转向时前轮不碰刮刀。

⑥在发动机处于高速运转状态下时,不得切换转入较低挡位,以免损坏变速器。

⑦转向或使用轴驱动轮转向时,不得锁止差速器。可使前轮倾斜以减少平地机转向半径,但在高速行驶时不得使用,以防出现急剧的反作用力。转向后应把前轮定在垂直的位置。

⑧在陡坡上作业时,不得使用铰接机架,以防止翻车造成严重的人机损伤。在陡坡上来回进行作业时,刮刀伸出的方向应始终朝向下坡方向。

⑨如遇紧急情况,采用驻车制动停机后,须经调整驻车制动后,方可再次使用驻车制动。

⑩平地机作业时,刮刀与机架中心线的工作夹角应在15°~75°的范围内。

⑪左(右)侧平地时,侧摆转盘手柄使转盘与牵引架稍向机架左(右)偏置,按要求的切土深度把刮刀水平放置,前轮向左(右)倾斜,料堆在左(右)双驱动轮之外形成。如果用铰接式平地机左(右)倾平地时,使机架向右(左)铰接。如果驱动轮打滑,则减小铰接角度,可以减少切土角度及侧推力。

⑫一旦刮平操作开始后,可使用增减开关来改变"坡度跟踪控制器"的提升,这样可以使泥土被带出刮刀外。

⑬在"S"形弯道路肩上右(左)起点作业时,前轮需稍向左(右)倾斜,向右(左)打方向,把刀尖定在左(右)前轮外侧后面。平地时,始终让刀尖处在接近边沟的路肩边缘上。

⑭在右侧开"V"形边沟时,让刀尖处于右前轮外缘,刀尾处于左双轴驱动轮之前,刮刀后倾,升起刀尾,以便将泥土运向左双轴驱动轮内侧,同时前轮左倾,沿着标线慢慢前进。如果使用铰接式平地机在硬土质上作业时,需调直机架,以免阻力过大,引起平地机侧移;在松土质上作业时,应使驱动轮在硬地上行走。在第二遍作业时,右前轮应在第一遍作业刮出的斜面上行走,并以稍快的速度切出规定的坡度。

⑮高坡切削时,应确保双轴驱动轮靠近坡脚,同时让转盘和刮刀尽可能朝向平地机工作的一边侧移。

⑯做路拱时,先将路料堆放在路中央,使平地机刮刀前倾成60°~70°角,稍提刀尾,平地机沿堆料中央匀速行驶,使路料沿刮刀向两侧移动。用同样的方法在路两侧作业,刮出路面的横坡。在接近路肩时,让刀尾和双轴驱动轮成一直线。

⑰维修道路作业时,应确保转盘居中,刮刀与机架中心线成30°角,刮刀后倾,可使刮刀做最大切削,以清除隆起和坑槽。朝向路中央工作时,前轮向刀尾一侧倾斜。

(3)作业后的要求

①把平地机停放在平地上,变速器置于空挡位置,拉上驻车制动,刮刀及附属工作装置降至地面,但不得向下施压,以减轻液压油缸的负荷,关掉发动机,把蓄电池开关拨到断开(off)位置,取下点火钥匙。

②装好铰接式平地机的锁销。

③用压缩空气(与正常气流方向相反)清洁散热器。清洁时应注意安全。

④按保修规程的规定,进行维修保养。

⑤松土器

a. 对于特硬的土层应减少松土器的齿数,并且应在平地机低速行驶状态下,把松土器齿慢慢降下,插入土层,不得让齿在大石块或路面等硬层上滑动。

b. 在转弯和机架铰接时不得使用松土器。

c. 松土器齿深调节：把松土器降至离地面10cm左右处，取下每个齿的模块，齿上有调节槽口，把齿移至要求的深度，装上楔块。

模块二　平地机运用中的环境保护知识

1. 空气污染

(1) 什么是污染：是有害产物对环境的玷污。如果污染物达到足够的数量，就会损害植物、动物和人。

(2) 污染的形式：化学污染、热污染、辐射污染、水污染、噪声污染和空气污染。

(3) 空气污染：是任何燃烧过程的副产品。发动机的废气排放是最大的空气污染源之一。

2. 其他类型的污染

(1) 液态废弃物：蓄电池酸性电解液、废机油、防冻液、空调制冷剂、废齿轮箱润滑油、废液压油、制动液和非金属废弃物。

(2) 固态废弃物：金属、橡胶、塑料、玻璃和沥青混合料。

3. 环境保护措施

(1) 减少发动机废气排放中的有害气体。

(2) 做一个有责任心的人，不随意排弃对环境有污染的液态和固态废弃物。

(3) 回收再利用是减少污染物最有效的办法。

模块三　安全防火知识

1. 燃烧与火灾

(1) 燃烧的条件：可燃物、助燃物（空气）、火源同时具备相作用下才能发生。

(2) 防火的基本技术措施：隔离法（将可燃物与火源隔离）、冷却法（将燃烧物的温度降至燃点以下）、窒熄法（消除助燃物）。

2. 燃烧的种类

(1) 闪燃：可燃蒸汽与空气混合后，遇到火源而发生燃烧的现象称闪燃。发生闪燃的最低温度称为闪点。

(2) 着火：可燃物与火源接触发生燃烧，称着火。可燃物发生着火的最低温度称为燃点。

(3) 自燃：可燃物受热升温而不需要明火作用就能自行燃烧的现象称为自燃。引起自燃的最低温度称为燃点。

3. 防止发生火灾的措施

(1) 遵守防火规定：安全存放易燃物品，禁止在易燃地点吸烟，禁止用易燃液体擦洗机械，经常检查电气设备导线绝缘状况，防止漏电失火，机械上必须备有灭火器。

(2) 火灾的类型：火灾起源于普通可燃物燃烧（用泡沫灭火器灭火）、火灾起源于可燃液体燃烧（用泡沫灭火器和二氧化碳灭火器灭火）、火灾起源于电子设备短路故障燃烧（断开电源，用二氧化碳灭火器和干粉灭火器灭火）。

模块四　安全用电知识

1. 电流对人体的伤害

(1) 电击：当人触及带电压的导线时，便会有电流通过人体入地，损坏人的心脏、肺及神经系统。

(2)电伤:指电流的热效应对人体的烧伤和烫伤。

(3)安全电压与电流:人体能承受的安全电压为36V,承受的电流为40mA。若超过安全电压,则对人体产生的危险后果为肌肉痉挛、心房颤动、心脏停搏、烧伤。电击的严重程度与受害者被电击的电流大小和持续时间有关。

2.避免触电事故发生的措施

(1)安全用电规定:使用三角接地或者双层绝缘设备,确保电气设备所有电线性能良好,一定要设有接地故障电路保护器,禁止非专业人员检修电气设备,使用电气设备时保持双手干燥,并禁止站在地上有水的地方。

(2)防止触电的安全措施:绝缘保护、安全低电压、接地保护、漏电保护开关。

(3)发生触事故后应采取的紧急措施:切断电源或用绝缘体将受害者与电压分离开来,当受害人停止心跳或呼吸时则重复用人工呼吸和按摩心脏的方法急救。

1.为什么说安全是一种责任,安全是一种习惯?

2.遵守机械安全操作规程的意义是什么?

3.使用平地机时,应预防哪些人身伤害?

4.举出在使用机械时,可能会造成环境污染的行为。

5.在生活和工作中如何防止发生火灾和触电事故?

课题九　公路工程基本知识

学习目标

本课题的学习内容是公路工程基本知识。

知识要求

了解公路基本组成,掌握公路工程施工基本施工序和技术要求。

模块一　公路的基本组成

公路是一种建筑在大地上的一条线形的带状空间结构,它主要承受各汽车车轮荷载的重复作用和经受各种自然因素的长期影响。因此,公路不仅要有平顺的线形,缓和的纵坡,而且还要有坚固稳定的路基、平整和抗滑性好的路面、牢固可靠的桥涵,以及必要的防护工程和附属设施,以满足公路交通的要求。

公路工程由路线工程和结构工程两大部分组成。

1.路线组成

公路路线即公路的中心线。公路为平面上有曲线、纵面上有起伏的立体空间线形。

平面线形由直线和平曲线组成,而平曲线又包括圆曲线和缓曲线。

纵面线形由直线坡段和竖曲线两大部分组成。

公路路线的平面、纵断面和横断面是公路的几何组成部分。

2. 结构组成

公路的结构组成主要包括路基、路面、桥涵、隧道、排水工程(边沟、截水沟、排水沟、跌水、急流槽、盲沟、过水路面、渗水路堤、渡水槽等)、防护工程(护栏、挡土墙、护脚等)、路线交叉工程及公路沿线设施。高等级公路为进行交通组织,保证交通安全,提高服务质量,发挥公路效能,还设置了较完善的公路安全设施、管理服务设施、通信系统、监控系统、供电照明系统、环境绿化工程等。

(1)路基:路基是公路的重要组成部分,是线形构造物的主体。路基是路面的基础,它与路面共同承受车辆荷载的作用,所以,路基必须具有足够的强度和整体稳定性。由于路基(图2-1-133)通常由天然土石材料修筑而成,因此要求路基应具有足够的水稳定性。

(2)路面:路面是公路与汽车车轮直接接触的结构层,主要承受车轮荷载和磨损。它是用各种不同的材料铺筑于路基顶面的单层或多层结构,因此要求路面具有足够的强度、稳定性、平整度和粗糙度,以利车辆在其表面安全而舒适地行驶。路面(图2-1-134)工程的质量直接影响到公路的使用性能和服务质量。

图2-1-133　路基

图2-1-134　路面

(3)桥梁、涵洞:公路路线常常需要跨越大小不同的障碍物(如河流、山谷、铁路、公路),故需要修筑桥梁和涵洞。我国《公路工程技术标准》(JTG B01—2003)(以下简称《标准》)规定:凡单孔跨径大于或等于5m或多孔跨径总长大于或等于8m者,都称之为桥梁(图2-1-135),当小于上述值时则称为涵洞(图2-1-136)。

(4)隧道:山区公路,路线往往要翻越垭口或穿越山梁,为了获得较高的路线线形标准,减少过大的土石方开挖工程量,往往以隧道(图2-1-137)方式通过。

(5)排水工程:排水工程(图2-1-138)分为地面排水和地下排水两大部分。地面水包括雨水、雪水及大小河沟溪水等,这是路基排水的主要方面,也是对路基造成危害的主要水源;地下水包括包气带水、潜水及层间水等。它们对路基的危害程度因埋藏情况而异,轻者使路基湿软,降低路基强度和路面的承载力。重者会引起冻胀、翻浆或造成边坡滑塌,甚至整个路基沿倾斜基底滑动。

(6)防护工程:公路常年暴露于自然环境中,承受着各种自然条件的作用,如水流冲刷,行车荷载等,为防止公路不破坏、路基稳定和提高公路的使用品质,就需要有防护工程(图2-1-139)。按作用的不同,防护工程可分为边坡防护、冲刷防护、支挡建筑物等。

(7)公路附属设施:公路附属设施(图2-1-140)是保证公路功能、保障安全行驶的配套设施，是现代公路的重要标志。公路交通工程主要包括交通安全设施、监控系统、收费系统、通信系统四大类。

图 2-1-135　桥梁

图 2-1-136　涵洞

图 2-1-137　隧道

图 2-1-138　排水工程

图 2-1-139　防护工程

图 2-1-140　公路附属设施

模块二　公路工程施工基本知识

1. 路基施工基本知识

(1)施工准备

路基施工前进行路中线的复测、水准点的复测与导线点的复测与增设。放出路线的中桩和边桩，并在路基外设引桩。原地面上杂草、树根、农作物残根、腐殖土、垃圾等必须全部清除。

雨季施工注意路基排水。必要时修筑施工便道。

(2)路基施工

①对于一般土基,先清除地表杂物后填挖至所需高程,推土机推平、拌灰,然后用平地机整形刮平,压路机压实至合格压实度。路床填挖工程接近完工时,恢复和仔细检查道路中线、纵横断面、高程,保证有良好的平整度和密实度,对不符合设计要求部分要予以修整。

②高填方路基:土方从取土场运至现场后直接堆放到需要铺筑的路段进行翻晒,在土的含水率达到最佳含水率时拌灰摊平压实到规定压实度。每层土的松铺厚度,不宜超过30cm,分层压实,严格控制压实度,每层都要检测压实度、弯沉、纵断高程、横坡、边坡等。

碾压成型的填方路基,如遇雨淋,无论验收与否,应在雨后重新碾压,对翻浆处进行换填处理后再填筑上一层。压路机碾压时,应遵循先轻后重、先静后振、先低后高、先慢后快,以及轮迹重叠等原则,压路机碾压时注意与坡脚距离,碾压不到的部分,应采用小型机具分层夯实。

③二灰、水稳路基:在土路基的压实度、弯沉、高程等试验项目合格后进行摊铺。施工前先施工200m试验段,测量员提前布置好导梁或钢线,撒好中线与边线,组织叠好路埂。通过试验段总结出松铺厚度、达到压实度时的碾压遍数,以及最佳机械组合方式,试验段数据作为大面积施工的依据。二灰碾压前检验其含水率,使其含水率保持在最佳含水率的±2%范围内,如含水率较低,可适当洒水润湿。初压时采用6~8t压路机由两侧向路中心稳压1~2遍,测量员指挥平地机立即进行找平,找平后振动压路机压实,直至无明显轮迹。压实达到规范规定的密实度。压实成型并经检验符合标准的二灰,必须在潮湿状态下养生不少7d。养生期间砌筑路缘石。

2.路面施工基本知识

(1)试验段施工

在二灰、水稳路基的压实度、弯沉、平整度、高程等试验项目合格后进行底面层施工。正式施工前必须进行200m的试验段施工。通过试验段检验解决如下问题:

①确定施工机械设备的型号、数量和组合方式;

②确定摊铺机的摊铺温度、速度、宽度和自动找平方式等操作工艺;

③确定压路机型号、压实顺序、碾压温度、速度和遍数等压实工艺;

④测定密实度的对比关系(钻孔法和核子密度仪法对比)。

(2)现场施工

测量员提前布置好导梁或钢线,撒好中线与边线,遮盖路缘石、井盖。摊铺过程中随时检查摊铺厚度、路拱和横坡。

施工前根据施工面积计算沥青混合料的使用量,并结合摊铺能力、运距等因素,确定运输车辆的数量。运输车辆进入摊铺现场轮胎上不得粘有泥土等脏物,倒车向摊铺机靠近时不许撞击摊铺机,应停在摊铺机前100~300mm处待摊铺机向前行驶与之接触,两机接触后即可卸料用摊铺机推动向前,直至卸料完毕。

铺筑高速公路、一级公路沥青混合料时,一台摊铺机的铺筑宽度不宜超过6(双车道)~7.5m(3车道以上),通常宜采用两台或更多台数的摊铺机前后错开10~20m,呈梯形方式摊铺,两幅之间应有30~60m左右宽度的搭接,并躲开车道轮迹带,上、下层的搭接位置宜错开200mm以上。

摊铺机开工前应提前0.5~1h预热熨平板不低于100℃。铺筑过程中应选择熨平板的振捣或夯锤压式装置具有适宜的震动频率和振幅,以提高路面的初始压实度。熨平板加宽连接应仔细调节,使摊铺的混合料没有明显的离析痕迹。

摊铺机必须缓慢、均匀、连续不间断地摊铺,不得随意变换速度或中途停顿,以提高平整度,减少混合料的离析。摊铺速度宜控制在2~6m/min的范围内。对改性沥青混合料及SMA混合料宜放慢至1~3m/min。

摊铺机应采用自动找平方式。根据沥青混合料的不同采用钢丝绳、平衡梁或非接触式平衡梁引导的高程控制方式。

沥青路面施工温度应符合沥青混合料最低摊铺温度的要求。

碾压:开始碾压的温度控制在110~130℃,碾压时先轻后重,先慢后快,初压时采用双钢轮压路机,静压1~2遍;复压紧跟在初压后开始,采用振动钢轮压路机,且不得随意停顿,碾压段长度尽量缩短,通常不超过60~80m,每台压路机宜全幅碾压,防止不同部位的压实度不同。碾压4~5遍;终压紧接在复压后,如复压已经无明显轮迹时可免去终压。采用轮胎压路机,碾压至无明显轮迹。

压路机应从外侧向路中碾压,超高路段由低向高碾压,在坡道上应将驱动轮由低向高碾压。邻接碾压带重叠1/3~1/2宽,最后压至路中心。在当天碾压的沥青混凝土层面上,不得停放任何机械或车辆,并不可撒落矿物和油料污染沥青面层。

对于主路路缘石边缘、路边缘、加宽段等大型压路机难于碾压的部位宜采用小型振动压路机补充碾压。

接缝处理:两台摊铺机同时摊铺施工避免了纵向接缝,因摊铺机作业中断时的横接缝与摊铺方向大致垂直。横接缝采用平缝,用切缝机将尽头边缘锯成垂直面,在下一行程进行铺筑前,将切缝时的水清除干净。并在上一次行程的末端涂刷适量的黏层沥青,然后紧贴缝壁摊铺混合料。接缝采用横向碾压,碾压开始时,将压路机轮宽的15cm置于新铺的沥青混合料上,使压路机重量的绝大部分处在压过的铺层上,然后逐渐横移直到整个滚轮进入新铺层上。横向碾压后,再改为纵向碾压,用3m直尺检查平整度,如不符合要求,立即趁热处理。沥青混凝土上下层横向接缝应错开20~30cm以上。

思考题

1. 公路的基本组成是什么?
2. 什么叫路基?
3. 简述路基施工基本工序。
4. 简述路面施工基本工序。

单元二 相关法律知识

学习目标

本单元的学习内容是劳动法、安全生产法、道路交通安全法、环境保护法基本知识。

知识要求

了解制定劳动法、安全生产法、道路交通安全法、环境保护法的目的；掌握上述法律所规定的公民或当事人的主要权利和义务。

课题一 《中华人民共和国劳动法》的相关知识

劳动是一个人一生中最重要的内容之一，也是社会发展中最重要的社会活动。通常意义上的劳动，是指人们有意识并有一定目的的体力或脑力的劳作。但要成为劳动法上所指的劳动，还须具备以下要件：首先必须是在履行法律上的义务；其次必须是基于劳动合同关系；第三是在从事职业性的有偿劳动。劳动关系是指以劳动给付为目的的劳动者与用人单位之间的关系。劳动关系包括有一定的经济因素，同时还包含有相当的社会因素，因而不同于民法中单纯的债的关系。劳动关系所附随的一切关系是指劳动法不仅规范当事人之间的契约关系，还调整关系到劳动者职业上的地位而发生的一切关系，如劳动保护及社会保险、职业介绍、集体合同等内容均属劳动法规制的范畴。

《中华人民共和国劳动法》（以下简称《劳动法》）是国家的基本法之一，是规范劳动关系及其附随的一切关系的法律制度的总称。我国的《劳动法》是国家为了保护劳动者的合法权益，调整劳动关系，建立和维护适应社会主义市场经济的劳动制度，促进经济发展和社会进步，根据宪法而制定颁布的法律。从狭义上讲，我国《劳动法》是指1994年7月5日八届人大通过，1995年1月1日起施行的《中华人民共和国劳动法》；从广义上讲，《劳动法》是调整劳动关系的法律法规，以及调整与劳动关系密切相随的其他社会关系的法律规范的总称，包括劳动法律、劳动行政法规、劳动行政规章、地方性劳动行政法规和规章，以及具有法律效力的其他规范性文件、劳动司法解释等。

我国的《劳动法》适用于在中华人民共和国境内的企业、个体经济组织（以下统称用人单位）和与之形成劳动关系的劳动者。劳动者与国家机关、事业组织、社会团体和与之建立劳动合同关系的，要遵守《劳动法》。公务员、法官、检察官、教师、律师、医生以及其他事业编制人员不适用《劳动法》。

《劳动法》规定：我国劳动者享有八个方面的权利，即平等就业和选择职业的权利、取得劳动报酬的权利、休息休假的权利、获得劳动安全卫生保护的权利、接受职业技能培训的权利、享受社会保险和福利的权利、提请劳动争议处理的权利,以及法律规定的其他劳动权利。

《劳动法》规定:劳动者应当完成劳动任务,提高职业技能,执行劳动安全卫生规程,遵守劳动纪律和职业道德。

《劳动法》规定:国家采取各种措施,促进劳动就业,发展职业教育,制定劳动标准,调节社会收入,完善社会保险,协调劳动关系,逐步提高劳动者的生活水平;国家提倡劳动者参加社会义务劳动,开展劳动竞赛和合理化建议活动,鼓励和保护劳动者进行科学研究、技术革新和发明创造,表彰和奖励劳动模范和先进工作者。

《劳动法》规定:劳动者有权依法参加和组织工会。工会代表和维护劳动者的合法权益,依法独立自主地开展活动。劳动者依照法律规定,通过职工大会、职工代表大会或者其他形式,参与民主管理或者就保护劳动者合法权益与用人单位进行平等协商。

《劳动法》规定:国务院劳动行政部门主管全国劳动工作。县级以上地方人民政府劳动行政部门主管本行政区域内的劳动工作。

课题二 《中华人民共和国安全生产法》的相关知识

安全生产法律是国家法律体系中的重要组成部分,是改善劳动条件、实现生产安全、保护劳动者在生产过程中的健康和安全而采取的总的措施,施工生产必须认真贯彻落实。

1.《中华人民共和国安全生产法》(简称《安全生产法》)所规定从业人员的权利

(1)知情权。生产经营单位的从业人员有权了解作业场所和工作岗位存在的危险因素、防范措施,并有权对本单位的安全生产工作提出建议。

(2)批评、检举、控告权。从业人员有权对本单位安全生产工作中存在的问题提出批评、检举、控告,生产经营单位不能因此而降低其工资、福利待遇或者解除与其订立的劳动合同。

(3)拒绝权。从业人员有权拒绝生产经营单位的违章指挥和强令冒险作业。

(4)紧急避险权。从业人员发现直接危及人身安全的紧急情况时,有权停止作业或采取可能的应急措施后撤离作业场所,生产经营单位不得因此降低其工资、福利待遇或者解除与其订立的劳动合同。

(5)依法向本单位提出赔偿的权利。因生产安全事故受到损害的从业人员,除依法享有工伤保险外,依照有关民事法律尚有获得赔偿权利的,有权向本单位提出赔偿要求。

2.《安全生产法》规定从业人员的义务

(1)遵守安全生产规章制度和操作规程的义务。从业人员在作业过程中,应当严格遵守本单位的安全生产规章制度和操作规程,服从管理,正确佩戴和使用劳动防护用品。

(2)接受安全生产教育和培训的义务。生产经营单位的从业人员应当接受安全生产教育和培训,掌握本职工作所需的安全生产知识,提高安全生产技能,增强事故预防和应急处理能力。

(3)危险报告义务。从业人员发现事故隐患或者其他不安全因素,应当立即向现场安全管理人员或者本单位负责人报告,接到报告的人员应当及时予以处理。

3.工伤保险条例有关规定

(1)用人单位应当按照有关法律法规的要求为企业职工办理工伤保险,并按时为职工缴纳保险费,职工个人不缴纳工伤保险费。

(2)职工有下列情形之一的应当认定为工伤,有关单位和个人应参照工伤保险条例进行妥善处理:

①工作时间和工作场所内,因工作原因受到事故伤害的;

②工作时间前后在工作场所内,从事与工作有关的预备性或者收尾性工作受到事故伤害的;

③在工作时间和工作场所内,因履行工作职责受到暴力等伤害的。

课题三 《中华人民共和国道路交通安全法》的相关知识

《中华人民共和国道路交通安全法》(以下简称《安全法》),2003 年全国人大颁布,自 2004 年 5 月 1 日起施行。它是道路交通安全法律体系的一部分。

这部法律的主要内容共分 8 章 124 条,包括总则、车辆和驾驶人员、道路通行条件、道路通行规定、交通事故处理、执法监督、法律责任和附则。它规定了两条基本原则:一是依法管理的原则,二是方便群众的原则。

1. 道路交通安全法规的作用

(1)明确管理权限。《安全法》规定,国务院公安部门负责全国道路交通安全管理工作。县级以上地方各级人民政府公安机关交通管理部门负责本行政区域内的道路交通安全管理工作。

(2)规范执法行为。《安全法》对交通警察的队伍管理和执勤执法要求做出了明确的规定。

(3)调整管理关系。明确了管理者和被管理者。

(4)规范交通行为。规范人们的交通行为是道路交通安全法规最主要的作用,道路交通安全法规总是在人们日常交通活动中,以它的规范作用来实现管理作用的。规范作用是指道路交通安全法规本身对人们交通行为所起的指引、评价、教育、预测和强制作用。

2. 制定《安全法》的目的

为了维护道路交通秩序,预防和减少交通事故,保护人身安全,保护公民、法人和其他组织的财产安全及其他合法权益,提高通行效率。中华人民共和国境内的车辆驾驶人、行人、乘车人以及与道路交通活动有关的单位和个人,都应当遵守本法。

各级人民政府应当经常进行道路交通安全教育,提高公民的道路交通安全意识。公安机关交通管理部门及其交通警察执行公务时,应当加强道路交通安全法律、法规的宣传,并模范遵守道路交通安全法律、法规。机关、部队、企业事业单位、社会团体以及其他组织,应当对本单位的人员进行道路交通安全教育。

3.《安全法》对机动车的具体规定

(1)国家对机动车实行登记制度。机动车经公安机关交通管理部门登记后,方可上道路行驶。尚未登记的机动车,需要临时上道路行驶的,应当取得临时通行牌证。

(2)对登记后上道路行驶的机动车,应当依照法律、行政法规的规定,根据车辆用途、载客载货数量、使用年限等不同情况,定期进行安全技术检验。

(3)驾驶机动车,应当依法取得机动车驾驶证。

申请机动车驾驶证,应当符合国务院公安部门规定的驾驶许可条件;经考试合格后,由公安机关交通管理部门发给相应类别的机动车驾驶证。驾驶人应当按照驾驶证载明的准驾车型驾驶机动车;驾驶机动车时,应当随身携带机动车驾驶证。

(4)驾驶人驾驶机动车上道路行驶前,应当对机动车的安全技术性能进行认真检查;不得驾驶安全设施不全或者机件不符合技术标准等具有安全隐患的机动车。

(5)机动车驾驶人应当遵守道路交通安全法律、法规的规定,按照操作规范安全驾驶、文明驾驶。饮酒、服用国家管制的精神药品或者麻醉药品,或者患有妨碍安全驾驶机动车的疾病,或者过度疲劳影响安全驾驶的,不得驾驶机动车。任何人不得强迫、指使、纵容驾驶人违反道路交通安全法律、法规和机动车安全驾驶要求驾驶机动车。

4.《安全法》道路通行规定

(1)未经许可,任何单位和个人不得占用道路从事非交通活动。

(2)因工程建设需要占用、挖掘道路,或者跨越、穿越道路架设、增设管线设施,应当事先征得道路主管部门的同意;影响交通安全的,还应当征得公安机关交通管理部门的同意。

施工作业单位应当在经批准的路段和时间内施工作业,并在距离施工作业地点来车方向安全距离处设置明显的安全警示标志,采取防护措施;施工作业完毕,应当迅速清除道路上的障碍物,消除安全隐患,经道路主管部门和公安机关交通管理部门验收合格,符合通行要求后,方可恢复通行。

(3)行人、非机动车、拖拉机、轮式专用机械车、铰接式客车、全挂拖斗车,以及其他设计最高时速低于70km的机动车,不得进入高速公路。

(4)在道路上发生交通事故,车辆驾驶人应当立即停车,保护现场;造成人员伤亡的,车辆驾驶人应当立即抢救受伤人员,并迅速报告执勤的交通警察或者公安机关交通管理部门。因抢救受伤人员变动现场的,应当标明位置。乘车人、过往车辆驾驶人、过往行人应当予以协助。

课题四 《中华人民共和国环境保护法》的相关知识

《中华人民共和国环境保护法》(以下简称《环境保护法》),在广义上又称为《环境法》,是调整因开发、利用、保护和改善人类环境而产生的社会关系的法律规范的总称。其目的是为了协调人类与环境的关系,保护人体健康,保障社会经济的持续发展。

其内容主要包括两个方面:一方面是关于合理开发利用自然环境要素,防止环境破坏的法律规范;另一方面是关于防治环境污染和其他公害,改善环境的法律规范。另外还包括防止自然灾害和减轻自然灾害对环境造成不良影响的法律规范。《环境保护法》除具有法律的一般特征外,还具有综合性、科学技术性、公益性、世界共同性和地区特殊性等特征。

环境保护法律规范,最早可以追溯到三四千年前的古代国家,但作为一个独立法律部门的现代环境法出现在世界上是在20世纪六七十年代。我国的环境保护法是在70年代末以后迅速发展起来的,目前已经初步形成了包括环境保护的宪法规范、环境保护基本法、环境保护单行法和环境保护法规、规章组成的体系,成为我国整个法律体系中一个独立的法律部门。

我国环境保护法的范围主要包括:环境污染防治法,如水污染防治法、大气污染防治法、噪声污染防治法等;自然环境要素保护法,如森林法、水法、野生动物保护法、水土保持法等;文化环境保护法,如风景名胜保护条例、自然保护区条例等;环境管理、监督、监测及保证法律实施的法规,如环境监测管理条例、建设项目环境保护管理办法、报告环境污染与破坏事故的暂行办法、环境保护行政处罚办法等。另外还有各种环境标准,包括环境基础标准和方法标准、环境质量标准和污染物排放标准。随着环境保护事业的发展和环境法制工作的加强,我国环境保护法的内容将不断充实和完善。

1. 制定《劳动法》的目的是什么?
2. 制定《安全生产法》的目的是什么?
3. 制定《道路交通法》的目的是什么?
4. 制定《环境保护法》的目的是什么?

第三部分　平地机操作工（初级）工作要求

单元一　平地机施工作业

学习目标

本单元的学习内容是平地机施工作业基本操作方法和技术要求。

知识要求

了解平地机在路基施工中的主要用途，掌握平地机各操作装置的名称、作用和基本操作技术要求。

技能要求

(1)识读操纵控制台仪表、信号、操作控制装置。

(2)完成平地机转场作业。

(3)试运转平地机操作控制工作装置。

(4)操纵齿耙疏松工作面。

(5)能开挖路槽。

(6)用刮土侧移法和刮土直移法粗平路基。

课题一　施工作业准备

模块一　识读操纵控制台仪表、信号、操作控制装置

平地机驾驶室操纵控制台主要分为操纵部分、监控部分、辅助部分。操纵控制台上设有各种开关、按钮、手柄、仪表、信号灯，操作人员应掌握其功能和作用、识读方法和使用方法。

操纵控制台上的仪表和信号灯是为监控发动机、液压系统、安全装置等是否处于正常工作状态，并提示操作人员机械工作异常或正常信息，因此操作人员必须能辨别。下面就以 PY180 平地机(图 3-1-1)为例，介绍主要仪表、信号灯的识读方法。

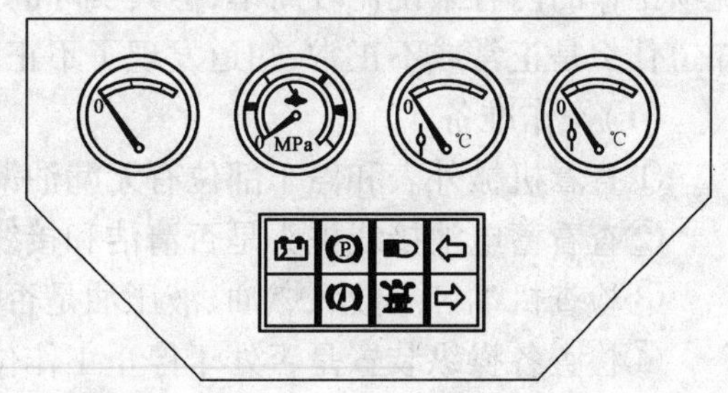

图 3-1-1　PY180 平地机主仪表盘示意图

1. 平地机操纵控制台仪表、信号识读(表 3-1-1)

平地机驾驶室操纵控制台上的开关、按钮、手柄等操控装置，可分为工作装置操作、发动机启动与熄火操作、照明与转向灯操作、制动与行驶操作四大部分。

平地机操纵控制台仪表、信号识读 表3-1-1

类别	名 称	功 能	识读方法
仪表	机油压力表	指示柴油机润滑系统是否工作正常	量程为0~1MPa,正常显示数值为0.05~0.5MPa
	换挡油压压力表	指示变速器换挡油压是否达到规定值	量程为0~2.5MPa,标准显示压力值为1.6~1.8MPa
	变矩器温度表	指示变矩器油液温度	量程为0~140℃,正常显示温度为60~110℃
	水温表	指示发动机冷却液温度	量程为0~115℃,正常显示温度为60~90℃
	电流表	指示发电机是否正常工作	量程为0~10A,正常显示为1~6A充电电流
	燃油表	指示燃油箱燃油数量	表针所指位置为燃油箱所存燃油量,计量单位为L(升)
	计时表	记录柴油机累计运转时间	记录本机累计工作小时,为对机械实施保养及台班核算提供数据
指示灯	蓄电池充电指示灯	指示充电系统是否工作正常	正常情况下,打开启动开关时,指示灯亮,当发动机启动后,指示灯熄灭。否则,说明充电系统出现故障
	制动指示灯	提示制动系统是否工作正常	正常情况下,当机械行走时,灯熄灭,当停车制动时,灯亮
	制动油压指示灯	提示制动油压是否正常	正常情况下,灯熄灭;当制动液压过低时,灯亮,表明制动系有故障,应停车检查
	工作装置液压系统回油滤清器指示灯	提示回油滤清器是否堵塞	正常情况下,灯熄灭
	前照明指示灯	提示照明灯正常工作	闭合照明灯开关,此灯红色显示
	行车转向指示灯	闪光提示转向信号灯正常工作	闭合转向灯开关,此灯黄色闪光显示

2. 平地机的启动与检查

按操作规程对机械进行启动前检查、启动操作和启动后检查,是操作人员应养成的一个良好的工作习惯,其意义在于预测机械技术状况,减少故障,避免发生机械事故和安全事故。就此项工作的内容来说比较简单,但其实际的意义却很大,要求操作人员规范进行检查和操作,知道什么是正常或不正常,知道发现了不正常情况应该采取什么正确措施。

(1)操作准备

①查看机械外表和停车部位有无漏油漏水现象。

②查看蓄电池接线桩头是否清洁和接线是否牢固。

③检查机油、冷却水、燃油、液压油是否需要添加。

④检查各操纵装置是否处于停止工作位置。

⑤环境温度过低时,要对发动机预热40~50s。

(2)启动操作

①将油门放置规定位置,打开启动开关,使其处于工作位置,查看各指示灯和仪表是否显示正常。

②将启动开关转动到启动位置启动发动机。

③发动机启动后,松开启动开关,并查看各指示灯和仪表是否显示正常。

④发动机启动正常后,应怠速运转3～5min预热,期间不可猛轰油门。

(3)注意事项

①为防止长时间大电流放电损坏蓄电池,每次启动不得超过10s。连续启动,其间隔时间应超过30s。如连续三次不能启动成功,应查明原因,排除故障后再启动。

②启动涡轮增压柴油机时禁止连续猛轰油门,以防因润滑不良而损坏涡轮增压装置。

③为提高发动机使用寿命,当发动机温度升至60℃以上时方可带负荷工作。

④当发现机油压力指示不正常时,要立即熄火检查。

模块二　驾驶平地机转场作业

平地机转场作业是指将机械从停机地点运送到施工作业地点操作人员所应做的工作。平地机长距离转场一般是用拖运平板运输车,通过公路运输的方式进行拖运的。其过程是操作人员将机械开到拖运平板车上,平板拖运车拖运机械到指定地点,操作人员将机械从平板运输车开下,并行驶到作业地点。整个过程需要操作人员驾驶机械沿双轨道上坡和下坡行驶。转场作业时,要防止机械超宽、超高和倾覆。平地机短距离转场,需要有大货车驾驶证的操作人员驾驶,机械上安全装置齐全完好,并严格遵守交通法规。

1. 准备工作

(1)机械性能检查

①提升铲刀和松土器至最高点,铲刀置于规定的运输位置,宽度不能超过车轮。

②检查机械转向操作的灵敏性。

③检查机械制动操作的可靠性。

④选择合适的上爬或下爬平板拖运车地点,防止刮刀拖地。

(2)作业准备

①明确施工作业任务、地点、工期。

②检查随车携带的附件、工具和润滑油料。

2. 操作步骤

(1)上爬拖运车前检查与操作

①检查拖运车双轨爬道是否放置牢固、平行于车箱中心线、间隔宽度与车轮间隔宽度相同。

②检查前后车轮是否位于同一直线。

③检查刮刀距离地面高度和轨道坡度,以避免上爬过程出现拖地现象。

(2)上爬拖运车操作

①操作机械低速直线倒车行驶,沿轨道爬上拖运车。

②机械爬上拖运车后,微调方向使车体位于车箱中部位置,避免偏载。

③将平地机刮刀放置于拖车平板上,并保持在平地机宽度内。

④将发动机熄火,关掉电源总开关。

⑤检查机械最高点相对地面高度,做到运输过程心中有数。

(3)下爬拖运车操作

①确定下爬拖运车地点是否符合要求。

②提升刮刀至最高位。

③确认轨道放置位置牢固,且前、后轮与前轮中心线相重合。

④操作机械低速直线行驶沿轨道爬下拖运车。

3. 操作注意事项

操作平地机上下拖运车的过程中主要防止机械滑落发生翻车事故和机械过载损伤事故。因此，要求操作人员杜绝疏忽大意、心存侥幸、冒险、试图走捷径的不良操作行为和心理，认真和规范做好上下拖运车前的各项准备工作，做到低速行驶，尽量避免急转向操作，减少人为失误。

当平地机在工地上需要自行转场时，必须遵守交通法规和行驶安全操作规程，选择宽度合适的平坦道路，严禁超速行驶和紧急制动。

模块三　试运转平地机工作装置

为了避免或减少平地机在作业过程中的故障，要求操作人员应在作业前对机械进行认真检查和试运转，及早发现问题，并将问题解决在施工作业之前。

1. 操作步骤

(1)检查制动、转向、刮水器、反光镜、喇叭、信号灯等安全装置是否工作正常。

(2)检查轮胎气压是否正常。

(3)操纵铲刀升降、左右引出、回转、倾斜等手柄，让各工作装置连续动作，观察是否处于正常的工作状态。

(4)操纵前轮倾斜、松土器升降、铰接转向等手柄，让各工作装置连续动作，观察是否处于正常的工作状态。

2. 操作注意事项

(1)机械处于试运转状态下禁止进行各种保养作业。

(2)操作人员与检查人员要协调配合，避免发生意外安全事故。

(3)试运转过程中如发现问题应查明原因。

(4)试运转工作装置前，要清除残余泥土等杂物，并按规定加注润滑脂，防止出现卡滞。

课题二　路基处理

路基是路面的基础，必须稳定坚实。根据路基高程和原地面关系，一般分为路堤和路堑两种，低于天然地面的挖方路基称为路堑，高于天然地面的填方路基称为路堤，介于这两者之间的称为半填方半挖方路基。

填方路段应将路基范围内的树根全部挖除并将坑穴填平压实。填土范围内原地面表层的种植土、草皮等应予清除，清除深度一般不小于15cm，主要施工工序为翻松、打碎、整平、压实。

模块一　操纵齿耙疏松工作面

1. 准备工作

(1)根据路面宽度和齿耙宽度，确定疏松方式。

(2)检查齿耙磨损程度，必要时更换。

(3)检查疏松工作面土层坚硬程度，清理土层中的大石块和树根。

2. 操作步骤

(1)平地机低速行驶,下降齿耙逐步切入土层。

(2)保持低速直线行驶,根据发动机负载和工作面凸凹情况,调整齿耙切入土层深度。

(3)平地机行驶接近终点前,提升齿耙,并沿原路倒车返回。

(4)返回接近起点前,根据第一幅齿耙疏松工作面宽度,向右或向左调整车位。

3. 技术要求与注意事项

(1)行驶过程中下落齿耙,使其逐步切入土层,防止过载。

(2)严禁用齿耙疏松坚硬土层或路面。

(3)严禁用齿耙疏松埋入土层中的石块。

模块二 开挖路槽

路基施工开挖路槽的常用方式有两种:一是将路基中间的土壤铲出挖成路槽,土壤就地抛弃;二是利用挖出的土壤在路基两侧堆起两条路肩,筑成中间的一条路槽。比较两种方法,其中第二种方法更经济合理。

平地机一般用刮土侧移法开挖路槽,基本工序为:刮土侧移—堆起路肩—平整路槽底部。

1. 准备工作

(1)了解开挖路槽的形状。

(2)了解开挖路槽的宽度、深度。

(3)查看路基边线和路槽边线,确定路肩宽度及用土量。

2. 工作步骤

(1)平地机先从路面的右半幅开始开挖路槽,刮土左侧移,逐次刮至路肩上并摊平,直至刮到路槽深度。

(2)平地机从路面的左半幅开挖路槽,刮土右侧移,逐次刮至路肩上并摊平,直至刮到路槽深度。

(3)路槽达到深度要求时,将路槽底面进行平整。

3. 技术要求与注意事项

(1)刮土侧移时将刮刀的一端切入原土层中,另一端与原地面保持接触。

(2)刮土侧移时将刮刀的刮土回转角调至50°~60°。

(3)在刮土中注意切土角(角位器)的调整。

(4)沟槽倾斜度不能过大,防止平地机侧翻发生事故。

模块三 用刮土侧移法和刮土直移法粗平路基

由于平地机的结构特点,当操作平地机在路基上往复作业时,通过"高削低垫",可实现精度较高的平整精度和断面形状。

平地机粗平是指原凸凹不平的路基上或由其他机械将物料散开后的路基上,用平地机首次平整作业。

1. 平地机刮土侧移法工作步骤

(1)将平地机刮刀的铲土角和刮土回转角调整好,将刮刀落地,挂入一挡行走作业。

(2)从路面的一侧将物料逐步侧移至路面的另一侧。

(3)铲刀刮起的物料随着刀面侧移,卸于一侧,留成土埂置于平地机外侧。

(4)用此方法,操作平地机在路基上往复作业,以达到粗平效果。

2. 平地机刮土直移法操作步骤

(1)将平地机刮刀的铲土角和刮土回转角调整好,将刮刀落地,挂入一挡行走作业。

(2)铲刀刮起的物料堆积于刀前,大部分物料向前推送,少量溢于刮刀两侧,形成土埂。

(3)挂上二挡,在刮刀不切入原土层的情况下,快速前进,将溢于刮刀两侧物料土埂铺开。

(4)用此方法,操作平地机在路基上往复作业,以达到粗平效果。

3. 注意事项

(1)平地机在刮土时,根据路面高低调整刮刀提升与下降,每次调整幅度不能过大,并保证刮刀前的土量适中,确保“高削低垫”,达到粗平的目的。

(2)使用二挡前进时,平地机刮土量不能过大,防止过载。

1. 平地机启动后应检查哪些仪表?这些仪表的作用是什么?

2. 平地机转场前应做好哪些准备工作?

3. 为了保证平地机的平整精度高于其他机械,平地机在结构上有哪些特点?

4. 如何达到“高削低垫”效果?

单元二　平地机保养作业

学习目标

本单元的主要学习内容是平地机日常保养基本作业方法和技术要求。

知识要求

了解平地机日常保养内容，掌握各项保养的目的和技术要求。

技能要求

①检查、清洁发动机外表；②检查机油、燃油油量和冷却液液位；③检视皮带外观和调整皮带张紧度；④检查和清洁蓄电池外表；⑤检查线路连接、绝缘和锈蚀缺陷；⑥检查照明设备；⑦检查液压油油箱油量；⑧检查液压油管和接头部位有无漏油；⑨清洁主要液压元件外表；⑩检查变速箱、后桥壳、平衡箱润滑油油位；⑪在行驶中检查制动性能；⑫识别传动系统、转向装置、制动装置及工作装置总成部件；⑬检查轮胎外观及气压。

课题一　发动机保养

尘土黏附在机械上，产生划痕，容易腐蚀；紧固逐渐松动，继而又造成振动，这就是机械劣化的开始。图 3-2-1 所示两个杯子（干净明亮、一尘不染；开裂脏污、痕迹斑斑），代表了两种做法和两种结果。

平地机的技术保养一般分日常保养、周期性保养、特殊性保养和一次性保养（故障处理）。日常保养是在每日工作前和工作后进行的保养，其内容包括清洁、检查、紧固、润滑四项作业。周期性保养指平地机累计工作 50h、100h、200h、500h、1 000h 定期保养，每个周期的保养都有具体作业内容，且必须重复上一级保养的作业内容。特殊保养是指走合期保养、换季保养、长期停放保养等，每类保养都有不同的特殊作业要求。

图 3-2-1　两种不同做法的结果示意图

模块一　检查、清洁发动机外表

1. 检查、清洁发动机外表的内容

（1）检查三漏（水、油、气）

①检查并消除燃油、机油管路接头等密封面的漏油现象。

②检查并消除冷却液管路接头等密封面的漏油现象。

③检查并消除进排气管、汽缸盖垫、涡轮增压器各密封面的漏气现象。

(2)清洁发动机表面

①用抹布揩去机身、涡轮增压器、汽缸盖罩壳、空气滤清器等表面上的油渍、水和尘埃。

②清除蓄电池、发电机、散热器、风扇等表面上的尘埃或杂物。

(3)检查发动机各附件的安装情况

①检查消除喷油泵传动连接盘连接螺钉是否松动。

②检查消除发动机地脚螺钉是否松动。

③检查消除进排气管固定螺钉是否松动。

④检查消除散热器地脚螺钉是否松动。

2. 注意事项

(1)检查和清洁前必须将发动机熄火,并断开电源总开关。

(2)应在发动机表面温度较低时进行检查和清洁作业。

(3)正确使用紧固工具,并按规定要求(扭力、方法)紧固螺钉。

(4)必须在热车状态下检查时,要防止机械伤害和烫伤事故。

模块二 检查机油、燃油油量和冷却液液位

每天出车前检查发动机机油、燃油油量和冷却液液位,是操作人员必须养成的一个良好的工作习惯。其目的是保持发动机固有工作条件,预防发动机发生故障。人的观念和行动改变了,能使机械故障为零。

1. 准备工作

(1)技术参数准备

①本机型加注机油的标号,加注的总容量。

②本机型加注燃油的标号,加注的总容量。

③本机型加注冷却液的要求,加注的总容量。

(2)加注器具准备和检查标准

①准备好加注器具。

②正常情况下机油、燃油油量和冷却液消耗标准。

2. 检查机油、燃油油量和冷却液液位

(1)机油的检查

①将量油尺拉出后,检查所黏附于油尺上的油液。

②正常情况下,在量油尺上,机油量应达到油尺上的 F 线(静满),如果低于此线,则应补足以达到此线为止。

③当检查出机油油位异常(过高或过低)或颜色异常(红色或灰白),应查找原因。

④检查注意事项:车应停在水平位置;发动机熄火之后至少 5min 之后才可以检查。

(2)燃油检查

①通过燃油油量表检查或油量尺检查油箱实际储油量。

②记录起始运转小时或运转里程。

(3)检查冷却液

①打开水箱盖,观察液面高度(正常情况下,达到距进水口下约 20mm),如果不足应补足。

②检查出液面异常(过低)和冷却液颜色异常,应查找原因。

③检查注意事项:要分清水箱中是防冻液还是冷却水;加注时要保持清洁。

模块三　检视皮带外观和调整皮带张紧度

带传动是靠皮带与皮带轮相接触后二者间产生的摩擦力而转动的,摩擦力的大小又与接触压力、摩擦表面状态和接触面积有关。当长时间使用后,上述影响摩擦力大小的因素发生变化,会造成带打滑,影响被传动的发电机、水泵和风扇正常工作。因此,要定期对带传动机构的技术状态进行检查。

1. 检视带传动皮带外观

(1)视觉检查带传动机构是否有缺陷

①皮带开裂。

②皮带变形。

③皮带延伸或磨损。

④染有油迹。

⑤皮带与皮带轮的接合状态是否良好。

⑥主动皮带轮与从动皮带轮中心是否位于同一平面。

(2)检视步骤

①了解或查看上次检视时间及检视情况或记录,准备好同类型号的皮带。

②将发动机熄火,断开电源总开关。

③视觉检查带传动机构的缺陷。

④更换有缺陷的皮带。

(3)皮带张紧度的检查与校正

①用100N力摁压皮带,皮带的伸张度为8~13mm。

②当皮带张度不符合要求时(过紧或过松),通过调节装置进行调整(图3-2-2)。

图3-2-2　发动机传动皮带张紧度检查调整示意图

2. 操作注意事项

(1)检查和调整前必须将发动机熄火,并断开电源总开关。

(2)不应只检查皮带的表面部分,也应检查其内面部分。

(3)禁止用手试图拉动皮带转动,防止手指被挤压。

(4)试运转前将发动机上的各种工具放置好,防止因发动机运转造成事故。

课题二　电气系统保养

模块一　检查和清洁蓄电池外表

蓄电池是储存电能的一个容器,主要用作起动电动机的直流电源。为了延长蓄电池的使用寿命,保持其电量充足,以备起动时提供大电流(500A),必须定期对蓄电池进行检查与保养。

1. 准备工作

(1)准备:紧固扳手、密封胶带、砂纸、毛刷子、水桶。

(2)添加工具的准备:蓄电池补充液、吸管、密度计、漏斗。

2. 清洁检查步骤

(1)取下正、负极接头,用砂纸清刷接头和极桩,清除所有腐蚀物。

(2)用胶带密封通气孔,将蓄电池倾斜放置,用清水清洗蓄电池外表,清洗完毕后将胶带取下,使蓄电池正常通气。

(3)检查蓄电池注液盖盖上通气孔是否通畅,然后用吸管法检查电解液液面高度(标准为高于极板10~15mm),不足时用补充液补足。

(4)用密度计检查电解液密度(电量充足时密度为1.28~1.30g/cm^3),并判断蓄电池储电量。

(5)检查完毕后将注液盖盖好并拧紧。

(6)检查蓄电池连接线有无破损,并安装正负极连接线。

(7)按要求安装固定蓄电池。

3. 注意事项

(1)蓄电池中的电解液为有腐蚀性酸性溶液。一定不要让酸液溅到衣服或皮肤上。如果酸液不慎溅到皮肤或眼睛里,马上用清水冲洗至少15~20min,然后立即就医。

(2)一定不要将工具放到蓄电池顶部,防止工具将极桩短路,产生电火花加热工具,导致人身伤害。

(3)蓄电池充电和放电时会产生大量爆炸性强的氢气。充电室要通风并放置灭火器;操作蓄电池时要戴防护镜,并禁止吸烟和产生电火花。

(4)因为蓄电池很重,搬动时要用合适的搬动工具,防止腰部受伤。

(5)清理蓄电池极桩时,一定不要把极桩上的腐蚀物弄到皮肤或衣服上。

(6)蓄电池酸液是危险废物。不要随意丢弃蓄电池,以避免污染环境。

(7)正确安装蓄电池连接线,防止因正负极接反而损坏硅整流交流发电机。

(8)拆卸和安装蓄电池时要轻搬轻放,安装牢固并防振,防止壳体破损和电极桩头烧蚀。

模块二　检查线路连接、绝缘和锈蚀缺陷

检查线路连接松动、绝缘层破损和锈蚀缺陷,是防止电路出现短路或断路故障的重要措施,必须定期对外露线路进行检查。

1. 检查步骤

(1)清洁发电机、起动机等电气元件外表。

(2)检查外露导线绝缘状态和接线点是否牢固。

(3)检查仪表信号工作的准确性和可靠性。

(4)检查电气壳体有无破损。

2. 注意事项

(1)当电路出现短路故障时,要立即将发动机熄火,并断开总电源开关。

(2)进行保养和检修作业时,要将发动机熄火,并切断电源,禁止带电作业。

(3)禁止用易燃油液擦洗电气元件。

(4)禁止用"短路"试火的方法检测电路故障。

(5)禁止用导线替代熔断丝。

(6)禁止随意拆卸更换电气元件和连接导线。

(7)检测电子元器件时,要使用数字万用表,并按规定检测。

(8)扑救因电路故障引起的火灾时,要首先切断总电源,然后用灭火器灭火。

模块三 检查照明设备

车上的照明设备是夜间或光线不足时行驶和作业的安全保障装置,必须保证其工作状态良好,因此,在出车前要检查照明设备是否工作良好,以备需要时发挥其安全保障作用。

1. 检查步骤

(1)发动机运转状态下,闭合前后主照明大灯开关,检查其亮度和照射位置。

(2)发动机运转状态下,闭合铲刀照明灯开关,检查其亮度和照射位置。

(3)发动机运转状态下,闭合操作和仪表盘照明大灯开关,检查其亮度和照射位置。

(4)发动机运转状态下,闭合其他安全信号警示灯开关,检查其工作状态。

2. 注意事项

(1)发现照明灯有故障后,要及时排除,以使车上安全装置完好。

(2)更换照明灯时,要切断总电源开关,禁止带电更换。

(3)禁止用"短路"试火的方法检测灯线是否有电。

课题三 液压系统保养

模块一 检查液压油油箱油量

定期检查液压油油箱中液压油液位和颜色,是操作人员必须养成的一个良好的工作习惯。其目的是保证液压系统正常工作及早期发现液压系统存在的故障隐患。

1. 检查步骤与内容

(1)车上有几个液压油箱,安装在什么位置。

(2)本机种液压系统使用的液压油是什么牌号。

(3)检查液压油液位的工具是油尺、观察孔和油量表。

(4)识读液压油液位的极限位置和不正常状态的油液颜色。

(5)检查液压油液位的规范方法。

2. 注意事项

(1)检查过程中要采取措施,保持液压油清洁,防止任何污物(灰尘、碎屑、棉丝等)进入到油箱中。

(2)禁止在尘土较大的环境下检查和加注液压油。

(3)禁止机械在运转状态下检查或加注液压油。

(4)严禁将未经过滤的液压油倒入油箱;严禁不同牌号的液压油混加。

模块二 检查液压油管和接头部位有无漏油

注意检查液压油管和接头部位有无渗漏或漏油,并及时消除,是保持机械完好、防止污染、避免故障扩大或发生突发性故障的一项有效的预防措施。

1. 检查步骤与内容

(1)选择检查的最佳路线。

(2)按检查路线检查各外露油管和油管接头是否有渗油。

(3)紧固或更换渗油的油管或油管接头。

(4)分析经常发生渗漏油管的故障原因,确定根除方法。

2. 注意事项

(1)发动机停止运转状态下进行上述检查作业。

(2)更换液压油管时采取防污染措施,以避免油管流出油液脏污车体。

(3)更换油管时要保持接头清洁,避免污物混入液压系统中。

(4)更换油管前要使工作装置处于自由落地或固定物支承状态,防止发生伤人事故。

模块三 清洁主要液压元件外表

清洁是机械保养工作中最重要的一项基础工作。

1. 准备工作

(1)清洁工具:毛刷、刮泥铲、棉丝。

(2)选择最佳清洁路线。

(3)将发动机熄火,断开电源总开关。

2. 清洁步骤与内容

(1)清洁油箱外表和通气阀。

(2)清洁液压油泵外表。

(3)清洁液压油缸或液压马达外表。

课题四 底盘、工作装置保养

模块一 检查变速器、后桥壳、平衡箱润滑油油位

保持平地机变速器、后桥壳、平衡箱等传动装置总成的正常润滑条件(油品、油质、油位、通风、清除渗漏),对于延长机械的使用寿命、降低维修成本具有决定性的意义。

PY180 平地机变速器使用 8 号液力传动油;平衡箱与后桥使用 80W/90-GL-5 齿轮油,累计工作 1 000h 后,更换新油。为了检查润滑油液面高度和质量,在变速器、后桥壳、平衡箱上设有检查孔,以方便检查。

1. 准备工作

(1)将平地机停放在平坦的地面上,落下各工作装置,将发动机熄火,并切断电源。

(2)准备好工具及润滑油。

(3)查看变速器、后桥壳、平衡箱油位检查部位,并清洁检查部位周围污物。

2. 检查步骤

(1)检查变速器、后桥壳、平衡箱外表,观察是否有渗漏油痕迹。

(2)打开油位检测孔,查看润滑油液面高度。

(3)当液位较低时,添加润滑油至规定高度。

3. 注意事项

(1)发动机熄火后不能马上检查液面,应过 10 ~ 15min 后检查。

(2)检查过程中,要注意清洁,防止污物掉入减速器中。

(3)检查时,如发现油面过高或过低,应查明原因。

(4)检查时,如发现油液颜色发白或发黄,应更换润滑油。

模块二 在行驶中检查制动性能

平地机制动系统制动性能的好坏,关系着运行安全,每天出车前及经过拆修后的机械,必须检验制动性能是否处于良好状态。用制动距离作为检验制动性能的指标,在平直干燥的水泥或沥青路面上,以 30km/h 速度行驶,进行制动,检验是否存在制动距离过长或失效、制动跑偏、制动拖滞。

1. 检查步骤

(1)停车状态下,检查制动液液位和制动压力是否异常。

(2)停车状态下,进行制动,检查有无漏油或漏气等异常现象。

(3)提升工作装置,并将其放置于运输位置,低速行驶状态下,进行制动试验,检查制动性能。

(4)当上述工作完成后,确认无异常,将车速提高到 30km/h,进行制动试验,检验是否存在制动距离过长或失效、制动跑偏、制动拖滞。

2. 注意事项

(1)检查前,必须保证制动信号灯工作正常。

(2)必须选择在安全、合适的路段上检查制动性能。

(3)为了防止机械损坏,尽量不采取紧急制动的方式检查制动性能。

模块三 识别传动系统、转向装置、制动装置及工作装置总成部件

1. 传动系统总成部件识别

平地机的传动系统可分为液力机械传动、液力传动、全液压传动三种形式,目前多采用液力机械传动和液力传动。

PY160 平地机采用液力机械传动,主要由液力变矩器、离合器、手动挡变速器、传动轴、后桥、平衡箱等组成。PY180 平地机采用液力传动,主要由液力变矩器、定轴式动力换挡变速器、传动轴、后桥、平衡箱等组成。

2. 转向装置总成部件识别

平地机采用独立的全液压前轮偏转转向系统,主要由转向液压泵、全液压转向器(内装有溢流阀、缓冲阀)、转向盘、转向液压缸组成。

3. 制动装置总成部件识别

平地机的制动装置可分为气—液综合制动和静压制动。PY160 平地机采用气—液综合制动,主要由气泵、油水分离器、气压安全阀、储气罐、制动控制阀、气—液助力式制动总泵、鼓式制动器等组成。PY180 平地机采用静压制动,主要由制动液压泵、制动控制阀、蓄能器、钳盘式制动器等组成。

4. 工作装置总成部件识别

平地机的工作装置主要由铲刀、松土器等组成,通过液压执行元件的油缸或马达的驱动,

铲刀可实现升降、回转、引出、倾斜等动作。

模块四 检查轮胎外观及气压

轮胎是平地机上的重要部件，正确使用、合理保养，减少轮胎非正常磨损，对于延长机械使用寿命，降低运行成本，安全行车，具有重要意义。

PY180 平地机上的轮胎型号为 17.5-25PR12/PR14 工程宽基轮胎，标准配置型为无向花纹，无安装方向要求。PR12 轮胎充气气压为：前轮 0.15MPa、后轮 0.175MPa。PR14 轮胎充气气压为：前、后轮 0.20～0.23MPa。

轮胎气压异常和不正常操作，会造成轮胎早期损坏。

(1)轮胎气压过低：胎肩磨损；胎侧变形；胎圈与轮辋连接处相对移动；滚动阻力增大。

(2)气压过高：胎面中部磨损；内应力增大。

(3)超载与偏载：温度升高；接地面压力增大，胎面磨损加剧；

(4)非正常操作：急速起步、紧急制动、急剧转弯、超速行驶。

1. 检查步骤

(1)检查轮胎外表面有无割伤、裂纹。

(2)检查轮胎表面有无尖锐坚硬物。

(3)检查前后车轮位置是否处于同一条直线上。

(4)冷却状态下，使用胎压表测量轮胎充气气压。

(5)检查轮胎外表有无异常磨损痕迹。

2. 注意事项

(1)防止燃油、机油和润滑脂侵蚀轮胎。

(2)充气阀必须上网帽，阀芯漏气必须更换。

(3)定期调换轮胎位置。

(4)长期停放，应支垫起车轮。

(5)更换充气阀芯时，应防止阀芯弹出伤人。

1. 什么是日常保养？其主要内容是什么？
2. 平地机日常保养的具体内容有哪些？
3. 平地机作业前保养的内容有哪些？
4. 平地机传动系统的类型和组成是什么？

单元三　平地机故障判断

学习目标

本单元的学习内容是平地机常见故障判断方法和技术要求。

知识要求

了解平地机各机构或系统的组成和工作原理，掌握常见故障判断基本方法和技术要求。

技能要求

①判断燃油供给系统低压油路堵塞或密封不严故障；②判断冷却系管路渗漏故障；③判断离心式机油滤清器不工作故障；④判断蓄电池电量不足引起的启动困难故障；⑤判断启动线路断路或接触不实引起的启动困难故障；⑥识别液压系统液压元件；⑦判断液压缸内漏故障；⑧判断离合器分离不彻底故障；⑨判断离合器打滑故障；⑩判断制动气压过低故障。

课题一　发动机故障判断

模块一　判断燃油供给系统低压油路堵塞或密封不严故障

柴油机燃油供给系统低压油路主要由燃油箱、油管、输油泵和滤清器组成。当油路堵塞或密封不严，会造成供油不足或不供油，故障现象使发动机加速不良且功率下降，或使发动机熄火启动不着。判断此故障的关键是确定输油泵是否工作正常，找出油路中的不密封和堵塞的具体部位。

1. 准备工作

(1)检查油箱是否有燃油。

(2)备好开口扳手、梅花扳手、螺丝刀。

(3)备好备用的油管、油管接头密封垫、橡胶密封圈、滤芯、盛油容器。

2. 工作步骤

(1)进行输油泵的手泵实验：当手泵向上提时感觉有吸力，松手后手泵自动复位，说明来自油箱的油管堵塞。

(2)进行输油泵的手泵实验：当手泵向下压时感觉阻力很大，说明滤清器堵塞。

(3)松开输油泵出油管接头，扳动输油泵的手泵实验：手泵时感到无力且出油管无燃油冒出，则说明输油泵有故障或来自油箱的油管不密封。

(4)输油泵进油管卸下，更换一根新油管，其一端放入盛有燃油的油容器内，扳动输油泵的手泵实验，输油泵出油管有燃油冒出，说明输油泵工作良好，而来自油箱的油管不密封。

3. 注意事项

(1)有确定故障点前不要随意拆卸油路元件。

(2)判断故障前要先确定油箱有燃油。

(3)判断故障过程中要做好防止燃油漏出腐蚀和污染车体的措施。

(4)拆卸下的密封垫要进行更新。

(5)确定是否更换滤清器，保证滤清器工作有效。

模块二 判断冷却系管路渗漏故障

当发现水箱经常需要补充冷却液或停车点地上有水迹，则说明冷却系管路有渗漏故障，应及时检查与根除，以预防发动机处于不正常工作状态。

1. 检查步骤

(1)将发动机熄火并断开电源总开关，沿冷却液循环路线检查渗漏点。

(2)发动机运转，水温处正常温度，沿冷却液循环路线观测渗漏点。

(3)确定出渗漏点后，将发动机熄火并断开电源总开关，根据渗漏部位采取紧固、更换水管、夹子或密封垫等方法，消除渗漏故障。

2. 注意事项

(1)发动机运转状态检查渗漏点时要特别注意安全，原则上只能观测，不能用手触摸。

(2)排除渗漏故障时必须要将发动机熄火并断开电源总开关，必要时要将水箱中冷却液放出，防止冷却液腐蚀或污染车体。

(3)排除渗漏故障后要补足水箱中的冷却液。

模块三 判断离心式机油滤清器不工作故障

发动机工作时，由于机油喷射的反作用力，使转子高速旋转(当机油压力大于0.39MPa，转子转速为5 500r/min)，转子内的机油在离心力作用下，油中杂质被甩向四周，沉积在转子内壁上，而由喷嘴喷出后流回油底壳的机油则是经过离心滤清过的清洁机油。转子式滤清器的滤清效果与转子的转速有关，其转速又和机油压力、转子的密封状况及转子的转动平衡等因素有关。

1. 准备工作

(1)启动发动机中速运转，且机油压力正常。

(2)发动机温度达到70℃以上。

2. 工作步骤

(1)发动机熄火。

(2)迅速到机油滤清器前听其响声。

(3)正常情况下，发动机熄火后，能持续听到转子转动声响。

(4)当发动机熄火后，不能听到转子转动声响，离心式滤清器失效。

课题二　电气系统故障判断

模块一　判断蓄电池电量不足引起的启动困难故障

由蓄电池电量不足引起的启动困难故障，一般表现出两种故障现象：一是蓄电池电量严重不足，启动机不转；另一个是蓄电池电量不足，使启动机转速缓慢和无力。故障原因一是蓄电池本身故障电量不足；另一个是蓄电池电量较足，可能是由于连接线电阻过大，提供给启动机的电量不足。

1. 判断步骤

(1)扭动启动开关到启动位置，观察发动机是否转动、启动电磁开关有无咔嗒声响。

(2)查看大灯和仪表盘上的仪表是否工作。

(3)检查蓄电池连线是否牢固和有无腐蚀现象。

(4)用放电计触接蓄电池两端，检测蓄电池放电电压(正常情况下大于10V)。

(5)用电压表负极导线搭接发动机缸体，另一端触及蓄电池正极，观测电压表读数。

(6)启动过程中用电压表跨接蓄电池两端，观察电压表在启动前后显示的读数。

(7)根据上述检测结果判断故障部位。

2. 注意事项

(1)蓄电池连接线断路和蓄电池严重电量不足时，大灯和仪表盘上的仪表不工作。

(2)如果检查结果都正常，则说明是由于启动电路断路引起的故障。

(3)如果检查结果都正常，而启动前后电压表显示电压差很大，说明启动机内部短路。

(4)用电压表测量时要选择好量程、挡位和正负极，防止损坏电表。

(5)判断时，必须将行驶挡操作手柄放置于空挡，并制动。

模块二　判断启动线路断路或接触不实引起的启动困难故障

启动线路断路或接触不实引起的启动困难故障，是指启动控制电路断路或接触不良引起的启动机不工作，而蓄电池和启动机工作正常。

1. 判断步骤

(1)扭动启动开关到启动位置，观察发动机是否转动、启动电磁开关有无咔嗒声响。

(2)接通大灯开关，扭动启动开关到启动位置，查看大灯是否变暗。

(3)将一个按钮开关接在电源正极与启动机电磁开关之间，接通开关，观察启动机是否转动。

(4)用试灯测试启动开关是否工作正常。

(5)根据上述检测结果判断故障部位。

图3-3-1为用电表检测电路断路方法示意图。

2. 注意事项

(1)接通大灯开关，扭动启动开关到启动位置，大灯没有变暗，说明蓄电池及连接线良好。

(2)将一个按钮开关接在电源正极与启动机电磁开关之间，接通开关，启动机转动，说明启动机及电磁开关良好。

(3)用试灯测试启动开关，可判断其是否通电。

(4)判断故障时必须将行驶挡位置于空挡并制动。

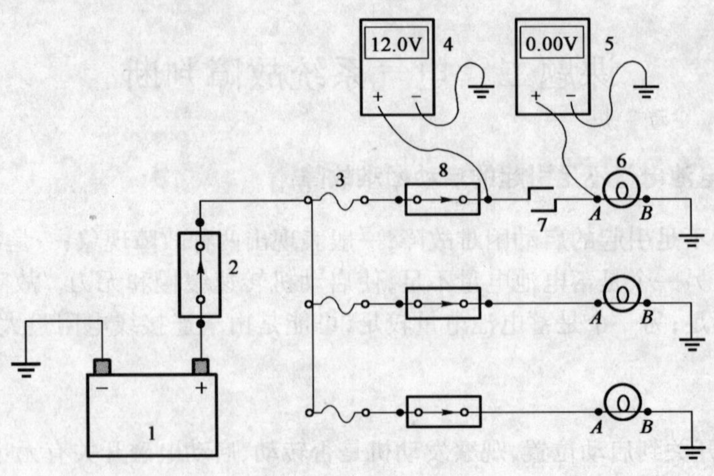

图 3-3-1　用电表检测电路断路方法示意图

课题三　液压系统故障判断

模块一　识别液压系统液压元件

1. 识别液压系统液压元件的意义

由于筑路机械的施工特点及社会化售后服务体系不完备，要求操作人员除了会正确操作外，还应了解结构和原理，这种能力是使用与维护好机械，准确判断机械故障，保持机械固有的可靠性，降低机械故障率的基础。

PY180 平地机的液压传动系统，可分为工作装置液压传动系统、转向液压传动系统、动力换挡液压传动系统、制动液压传动系统四大部分。每个液压传动系统都由基本的液压元件所组成（动力元件、执行元件、控制元件和辅助元件），平时工作过程中对照实物和技术资料，注意识别这些元件的名称、功用、型号、技术参数、基本工作原理及在机械上的安装位置，对提高操作人员业务水平具有很大的实际意义。

2. 液压系统液压元件的识别方法

(1)准备工作

①了解液压传动基本原理。

②了解平地机基本结构与组成。

③了解平地机液压传动系统的各个子系统。

④准备一份平地机液压传动系统原理图。

(2)识别步骤

①对照液压系统原理图，指出工作装置液压传动系统中的主要液压元件（液压泵、液压马达、液压油缸、主要液压控制阀）名称、功用，及在机械上的安装位置。

②对照液压系统原理图，指出转向液压传动系统中的主要液压元件（液压泵、液压油缸、主要液压控制阀）名称、功用，及在机械上的安装位置。

③对照液压系统原理图，指出动力换挡液压传动系统中的主要液压元件（液压泵、主要液控阀）名称、功用，及在机械上的安装位置。

④对照液压系统原理图，指出制动液压传动系统中的主要液压元件（液压泵、主要液控

阀）名称、功用，及在机械上的安装位置。

（3）注意事项

①识别时要将发动机熄火并切断电源总开关。

②识别前将工作装置落下。

③识别液压传动系统主要液压元件名称、功用，及在机械上的安装位置，只是最简单的基本要求，要想不断提高专业水平和能力，应在此基础上结合实际继续学习液压传动理论知识，分析平地机液压传动系统工作原理，为提高专业水准打好基础。

模块二 判断液压缸内漏故障

1. 液压油缸内漏故障原因分析

筑路机械使用的液压油缸多是通用式双作用式单杠活塞液压油缸。所谓液压油缸内漏是高压油腔的高压油漏向低压油腔，造成液压油缸内漏是活塞上密封件老化失去弹性、破损或缸筒内壁严重磨损（沟槽、划痕）密封失效所致。当使用时间过长、液压油不清洁和维修不当，都会使液压缸发生内漏故障。

由于液压油缸是靠活塞两侧的压力差形成牵引力的，当高压油漏向低压油腔时，将使活塞两侧的压力差减小，活塞牵引力下降。又由于内漏而使高压腔有效流量降低，故活塞的移动速度也会变低。

2. 液压油缸内漏故障判断

（1）准备工作

①根据故障现象初步确定内漏液压油缸。

②将驱动液压缸卸载，工作装置处于自由落地状态。

③根据液压缸动作特点选择观测内漏低压腔油口，并准备好盛油容器。

④制定故障判断程序，选择好辅助人员，并交代好操作程序。

（2）判断步骤

①松开液压油缸低压腔油管，并将油口对准盛油容器。

②操作液压油缸控制阀，使高压油腔进油。

③观察液压缸低压油腔油口的油液泄漏量及油缸动作速度。

④如果观察到液压缸低压油腔油口油液大量泄漏且油缸动作速度缓慢，表明液压油缸内漏。

（3）注意事项

①判断前必须使液压油缸处于卸载状态，以保证安全。

②必须根据具体结构选择好液压缸低压油腔油口。

③必须按事先规定操作方向操作液压缸控制阀。

④液压油缸泄漏出的油液必须放入盛油容器，防止造成环境污染。

课题四 底盘、工作装置故障判断

模块一 离合器打滑故障判断

PY160 平地机上装有弹簧压紧摩擦式主离合器，它是利用在很大的压力下产生的静摩擦力，使两个工作盘（主动部分、从动部分）紧密结合在一起传递扭矩的。弹簧压紧式主离合器中飞轮和压盘为主动部分，压盘在转动的同时，还能做轴向移动。从动盘和离合器轴（也称变速器输入轴或变速器一轴）为主离合器的从动部分，从动盘的花键毂与离合器轴的花键相连接。离合器盖固定在飞轮上，盖与压盘之间沿圆周均匀分布有压紧弹簧，在弹簧压紧力的作用下，压盘、从动盘和飞轮紧压在一起，发动机的动力通过它们之间的摩擦力，由主动件传给从动件，并经离合器轴传给变速器。

从结构角度来分析，造成离合器打滑故障的主要原因就是主动盘和从动盘之间的摩擦力不足以用来克服压路机的载荷，在离合器传递动力的过程中，主动盘与从动盘之间发生相对滑转，即所谓的离合器打滑。表现为压路机挂挡起步后，车速很慢，且有焦糊味。

造成离合器打滑的原因很多，下面介绍比较常见的几种故障原因及判断方法。

1. 弹簧弹力不足

离合器主、从动部分依靠沿离合器圆周均布的弹簧弹力紧紧地压在一起，正常情况下，弹簧的弹力可以保证主、从动部分在压路机工作中不发生相对滑转。但是，经过长时间的使用后，特别是因离合器摩擦产生的热量会使弹簧受热造成弹力减弱。而离合器主、从动部分之间的摩擦力大小与弹簧的弹力（提供正压力）成正比。弹簧弹力减弱直接造成摩擦力降低而导致离合器打滑。

还有一种比较特殊的情况，在压路机使用过程中出现个别弹簧折断而直接丧失弹力，造成离合器打滑。

出现这种现象的解决办法是更换新的压盘弹簧，以解决弹簧弹力降低的问题。

2. 摩擦片间有油污

离合器主从、动部分之间的摩擦力大小，一方面取决于弹簧弹力提供的正压力的大小，另一方面还与两者之间的摩擦系数成正比，摩擦系数越大，产生的摩擦力也越大。一旦摩擦片被油污染（比如黄油——润滑脂），油的润滑效果大幅降低主、从动片之间的摩擦系数，使主离合器出现打滑现象。

解决办法是将离合器主、从动盘拆卸下来后，将摩擦片表面的油污清理干净，再重新装复。

3. 离合器踏板自由行程过小（图 3-3-2）

离合器主、从动部分的分离是依靠分离轴承对分离杠杆施加一个压力，拉动压盘克服弹簧的弹力而使主、从动部分失去弹簧的正压力，摩擦力消失而分离。在压路机正常工作过程中，分离轴承与分离杠杆之间留有一定的间隙，这个间隙值所对应的就是离合器踏板的自由行程。

如果离合器踏板行程过小或没有自由行程，在踏板的自重作用下，相当于对分离轴承、分离杠杆施加了一个压力，这个压力的作用结果使压盘存在一定程度的分离趋势，从而降低了主、从动部分之间的正压力（弹簧力），使摩擦力减小而出现打滑故障。

可以通过调节离合器踏板到分离轴承之间传动杆件的长度的方法来调整踏板自由行程至规定的数值。

4. 离合器摩擦片因长期使用而磨损变薄、铆钉外露

从结构原理可知，摩擦片磨损变薄的结果是使分离杠杆向分离轴承方向移动，减小了分离轴承与分离杠杆之间的间隙，效果与离合器踏板自由行程过小是一样的。

解决方法是更换新的离合器片。

5. 离合器摩擦片受热变质

离合器摩擦片及飞轮表面因受热而使材料性质发生改变，改变的结果是摩擦系数下降，导致主、从动部分之间摩擦力变小而打滑。

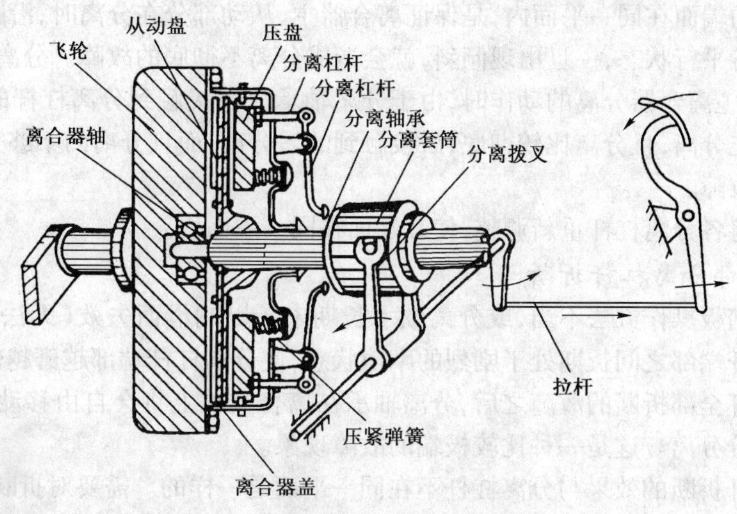

图 3-3-2　离合器工作原理示意图

解决方法是更换摩擦片。

上述五种原因是比较常见的造成离合器打滑的原因。初级驾驶员要逐渐学会通过构造知识对故障的原因进行分析，以便为修理工作提供准确的判断依据。

模块二　离合器分离不彻底故障判断

与离合器打滑故障不同，离合器分离不彻底是指驾驶员尽管已经将离合器踏板踩到最大值，但是在挂挡及变挡时仍会有变速器打齿的现象或摘挡困难现象出现。究其原因是，尽管做了切断发动机动力的动作，但是由于离合器主、从动部分未能完全分离而使发动机的动力依然向变速器内传递，使挂挡及变挡工作不能顺利进行。表现为挂挡时，未松开离合器压路机即自行起步；换挡时摘挡困难，挂挡时有打齿现象。

离合器分离不彻底的主要原因有以下几个方面。

1. 离合器踏板自由行程过大

离合器踏板自由行程过大，其结果是有效行程（用来分离主、从动部分）变小，因为在驾驶室内，从踏板的最高位置到最低位置，其偏转角度是固定的，自由行程过大会使分离轴承与分离杠杆之间的间隙过大。当踩下离合器踏板时，有很大的偏转角度用来抵消这个过大的间隙值。而真正用来分离主、从动部分的有效行程太小而使离合器主、从动部分不能完全分离，造成离合器分离不彻底故障。

解决办法是通过调节离合器踏板至分离轴承间传动杆件的长度，将踏板自由行程调整至规定值。

2. 换新后的摩擦片过厚

新摩擦片过厚，从结构角度来讲会使分离杠杆端部远离分离轴承，从而使分离轴承至分离杠杆之间的间隙变大，其作用效果同离合器踏板自由行程过大一样。

调整方法是将摩擦片厚度打磨至符合要求为止。

3. 分离杠杆不在同一平面上

按照离合器安装的技术要求，各分离杠杆的端面应该在同一平面内，且与摩擦片之间的距离应符合要求。

各分离杠杆的端面在同一平面内，是保证离合器主、从动部分在分离时，沿圆周方向上主、从动部分之间保持平行状态，一旦出现倾斜，就会造成分离不彻底的故障。分离杠杆不在同一平面内，那么在实施离合器分离的动作时，由于分离轴承表面接触到分离杠杆的时间不一致，先接触到的部分先分离，且分离比较彻底，后接触到的后分离，而且分离的不够完全，形成离合器分离不彻底的故障。

解决方法是将各分离杠杆重新调整，使其端面在同一平面内。

4. 个别或全部分离杠杆折断

由于离合器踏板操作方法不当，或分离轴承长期未予以润滑而失效（无法转动），会使分离轴承与分离杠杆端部之间长期处于剧烈的摩擦状态，使分离杠杆端部越磨越薄，最后折断。

出现分离杠杆全部折断的故障之后，分离轴承在离合器轴上将会自由移动而根本不会使离合器主从动部分分离。这是一种比较极端的故障现象。

个别分离杠杆折断的效果与分离杠杆不在同一平面是一样的。需要对折断的分离杠杆进行更新，然后再将各分离杠杆调整在同一平面内。

5. 压盘弹簧弹力不均

压盘弹簧弹力不均会使离合器在分离时，压盘出现歪斜，进而导致分离不彻底的故障，需更换新的弹簧，且弹簧长度要一致。

上述五种故障原因是离合器分离不彻底时比较常见的，具体到每一台压路机上，出现故障时，要仔细对其进行分析和判断，找出准确的故障原因。

模块三 判断制动气压过低故障

PY160 平地机采用气—液综合制动，主要由气泵、油水分离器、气压安全阀、储气罐、制动控制阀、气—液助力式制动总泵、鼓式制动器等组成。制动时，驾驶员操作制动控制阀上踏板，由气泵提供的储气罐中的压缩空气进入气—液助力式制动总泵中的助力器，助力器通过推杆推动液压活塞，从而产生高压油，使车轮制动。

正常情况下，制动气压应大于 0.45MPa。当制动气压过低时，会造成制动性能降低，影响行车安全。制动气压过低的主故障原因是气泵故障、气压管路漏气、气压管路阻塞。

1. 判断步骤

(1) 发动机高速运转，观察气压上升情况，并查看气泵至制动控制阀之间管路有无明显漏气。

(2) 如果压力很小，检查气泵进气、出气单向阀密封状况。

(3) 当气压上升至大于 0.45MPa 时，将发动机熄火，如果气压表显示气压缓慢下降，用水气泡的办法，检查管路漏气。

(4) 踏下制动踏板，观察气压表下降情况，如果气压下降，则表明制动控制阀至制动助力器之间的管漏气。

(5) 根据上述检测结果判断故障部位。

2. 注意事项

(1) 检查前，应将工作装置落下，并拉紧驻车制动。

(2) 禁止在高压下，拆卸气管接头。

(3) 发动机运转状态下检查时，应特别注意安全。

思考题

1. 柴油机燃油供给系的组成及防止出现故障的措施是什么？
2. 减少蓄电池出现非正常故障的措施有哪些？
3. PY180 平地机上安装有多少液压泵和液压马达？
4. 离合器打滑的主要原因及预防措施是什么？

第四部分　平地机操作工(中级)工作要求

单元一　平地机施工作业

学习目标

掌握修整路拱、平整路基、拌和路基材料三种平地机施工作业方法和技术要求。

知识要求

了解路拱、路基、路基材料等道路施工专业术语，掌握施工作业工序和技术要求。

技能要求

能根据路基宽度和施工要求，操作平地机修整路拱、平整路基、拌和路基材料。

课题一　修　整　路　拱

为了迅速地将路面雨水排到路两侧边沟，路面必须设置有一定的横向坡度。一般是将路面中心作为最高点，往两边按一定的坡度低下去，直到路面边缘，高起的部分就叫做路拱。

采用全路幅修筑路基和路面基层时，用平地机修整路拱。根据路面宽度和平地机刮刀长度，采取“五刀制”或“九刀制”作业工序，使路拱的位置和坡度达到施工要求。所谓“五刀制”或“九刀制”是每一作业循环应用刮土侧移（偶数）和刮土直移（奇数）的次数和。

应当采用几刀制的方法施工，应根据路基宽度来确定。一般5～7m，采用五刀制，8～10m，采用九刀制，路基宽度超过10m，采用半幅施工方法（单面坡）。

模块一　用“五刀制”施工作业法修刮路拱

1.准备工作

（1）设定路面宽度为7m，并确定路中心。

（2）沿作业路段查看测量人员用白灰粉画出路面宽度边缘线和高程标记。

2.工作步骤

（1）第一刀：从路面的右侧往路中心侧移土料，刮刀角度为30°～40°。

（2）第二刀：从路面的左侧往路中心侧移土料，刮刀角度为30°～40°。

（3）第三刀：将第一刀和第二刀刮到路中心的物料用第三刀直移摊铺平，刮土角为90°。

（4）第四刀：将第三刀直移后剩余在左侧的土梗使用二挡前进快速向左侧移摊铺并刮平，刮土角为15°左右。

（5）第五刀：将第三刀直移后剩余在右侧的土梗使用二挡前进快速向右侧移摊铺并刮平，

刮土角为15°左右。

3. 注意事项

(1)在刮平过程中,第一、二刀必须将足够的土料移送到路中心,路中心面高于两侧路面形成路拱。

(2)在刮第三刀的时候注意刮刀不能切入原地面层,只是将第一、二刀刮到路中心的物料摊铺开。

(3)第四刀左侧移完成后,第五刀刮土时,要与第四刀在路中心面留下的刀痕重叠10~20cm 。

模块二 用"九刀制"施工作业法修刮路拱

1. 准备工作

(1)设定路面宽度为10m,并确定路中心线位置。

(2)沿作业路段查看测量人员用白灰粉画出路面宽度边缘线和高程标记。

(3)计算路面半幅宽度为5m,刮刀侧移宽度为2.5m,用两刀侧移可以到路中心,相同路的另一半幅也是两刀侧移到路中心。这样整幅路宽左右侧移到路中心用四刀,第五刀摊铺路中心物料,六、七刀从路中心向左侧路边缘侧移,八、九刀从路中心向右侧路边缘侧移。

2. 工作步骤

(1)第一刀:从路面的右侧往路中心侧移土料,刮刀宽度为2.5m,刮刀角度为30°~40°。第二刀:重叠第一刀留下的土埂从路面的右侧继续往路中心侧移土料,刮刀角度为30°~40°。

(2)第三刀:从路面的左侧往路中心侧移土料,刮刀宽度为2.5m,刮刀角度为30°~40°。第四刀:重叠第三刀留下的土埂从路面的左侧继续往路中心侧移土料,刮刀角度为30°~40°。

(3)第五刀:将第一、二刀和第三、四刀刮到路中心的物料用第五刀直移摊铺平,刮土角为90°。

(4)第六刀:将第三刀直移后剩余在左侧的土埂使用二挡前进快速向左侧移摊铺并刮平,刮土角为15°左右。

(5)第五刀:将第三刀直移后剩余在右侧的土梗使用二挡前进快速向右侧移摊铺并刮平,刮土角为15°左右。

3. 注意事项

(1)在刮平过程中,第一、二刀必须将足够的土料移送到路中心,路中心面高于两侧路面形成路拱。

(2)在刮第三刀的时候注意刮刀不能切入原地面层,只是将第一、二刀刮到路中心的物料摊铺开。

(3)第四刀左侧移完成后,第五刀刮土时,要与第四刀在路中心面留下的刀痕重叠10~20cm。

课题二 路基整平

用土壤和路面基层材料填筑路基时,采取运输机械运料—推土机摊散料堆—平地机平整路基—压路机压实施工工序。

平地机平整路基可分为粗平、精平和修整路形三环节,平地机以较小的刮土角调整在30°~40°范围内,将刮刀部分伸出机外,用一挡速度从路的一侧用刮土侧移法进行作业,通过"高削低垫"使路基平整度和填筑材料厚度达到规定要求,并使填筑材料得到平地机初压实,为修整路形和有效压实打下基础。

根据土料堆方位置，从一侧驶回起点，侧移进的土料必须摊平，不能留过高的土埂，要给下一个行程打好基础，整幅摊平一遍。在摊平第二遍时，平地机的行驶方向要与第一遍的方向相反。因为刮头遍时，由于操作不当将部分土料刮送到前方，因过载而留下土埂，所以方向相反刮土，易于补足上述不足。

如果料堆比较大，首先把料堆前后左右的料铺散开，侧移摊铺时，车身必须倾向料堆一侧，提高附着牵引力，当满幅路基大致摊平后，再平整路型。刮路型时，先从路一侧边线用刮土侧移法把土埂侧移到另一侧，这样来回几个工作循环即可成型。最后修整路拱时，要掌握路拱的百分比、路基的宽度等。这些数据必须做到心中有数。

模块一 用刮土侧移法和刮土直移法精平直线路段路基

1. 准备工作

(1)精平之前，查看路基上高程标记(灰点法中埋砖法)和边线位置。

(2)检查路面的物料量是否足够，必要时借助其他机械向路基上运送物料。

(3)查看路面中心线的位置。

2. 刮土侧移法精平步骤

(1)根据路面的宽度调整好刮土角及切削角。

(2)从路面中心开始向左侧移，逐次刮至路边缘为止，依据标示出的路面高度进行精平。

(3)从路面中心开始向右侧移，逐次刮至路边缘为止，依据标示出的路面高度进行精平。

(4)反复操作2~3遍达到路面高程为止。

3. 刮土直移法精平步骤

(1)根据直移法要求将刮土角及切削角调整好。

(2)从路面中心的左侧开始直移刮土，在刮土过程中刮刀要与上一刀重叠20~30cm，逐次刮至路边缘，在左侧路面上剩下的小土埂用二挡前进将其摊铺平。

(3)从路面中心的右侧开始直移刮土，在刮土过程中刮刀要与上一刀重叠20~30cm，逐次刮至路边缘，在右侧路面上剩下的小土埂用二挡前进将其摊铺平。

(4)反复操作2~3遍达到路面高程为止。

4. 注意事项

(1)在刮土直移、侧移中，根据路基的松软程度调整刮刀切削角度。

(2)在刮土行进中刮刀的升降量随着路基的高程标记调整。

(3)刮土中切忌在路基高程标记处提升或下降，要提前调整刮刀上升或下降。

模块二 用刮土侧移法和刮土直移法修刮单曲线弯道

直线路段向曲线路段过渡时，由于直线路段的断面形状为路拱，而曲线路段的断面形状为单面超高坡度，且路面宽度也会发生变化。因此，修刮单曲线弯道作业时，为保证从直线路段驶入到曲线路段和从曲线路段驶出到直线路段的路拱与单面超高坡度过渡平缓，要求在修刮过程中保持适当的路形断面形状，尤其是当采用全路路幅方式修刮作业时，此种情况更加明显。

修刮单曲线弯道一般采用两种方式。一种是将车停在弯道始点内侧，用刮土侧移的方法沿内侧边线把铲刀放下；平地机起步后，缓慢左右下降铲刀，让车身向内侧倾斜，并符合弯道超高要求，进行作业。第二刀骑着被侧移出的小土堤刮土，这样连续刮土作业直到外侧边线。如此反复作业，达到技术标准为止。第二种是同样的作业方法从弯道始点外侧自内侧修刮。

1. 准备工作

(1)查看测量人员所标出的直线段与曲线弯道的过渡距离。

(2)查看用“灰点法或埋砖法”等方法所标示出的曲线弯道(内、外)高程。

(3)查看路基边线位置。

2. 工作步骤

(1)用刮土直移法或侧移法，从直线路段一侧起始刮土作业。

(2)机械进入曲线路段时，参照曲线高程调整刮刀提升或下降，沿路的一侧进行刮土侧移或直移。

(3)机械驶出曲线路段时，参照高程调整刮刀提升或下降，使路拱与单面超高坡度过渡平缓。

(4)下一刀重叠 20 ~ 30cm，依次向内边缘刮送物料。

(5)按照曲线高程要求，反复操作 2 ~ 3 遍，直至达到高程为止。

3. 注意事项

(1)在路外缘刮土行走时，平地机不能靠近路肩太近，保持 50cm 宽度(或将路肩进行压实之后)，应将刮刀多伸出一段沿路肩行走。

(2)修刮作业时，应当从曲线弯道外侧向内侧刮平作业或从内侧向外侧刮平作业。

(3)在曲线弯道半径比较小的路段，需要平地机铰接装置(后轮转向)，依据弯道大小而调整其铰接角度。

课题三 路基材料拌和

路基施工铺填水泥稳定土、石灰稳定土、级配砾石等路面基层时，如果采用路拌法施工，常用平地机完成摊铺堆置物料、混合材料拌和、初步整平、修整路形等工序。路拌法施工分为拌和堆置在路中心的混合料、拌和堆置在路边的混合料、直接拌和散铺在路基上的石灰或水泥三种方式。

模块一 拌和堆置在路基中线上的路基材料

1. 准备工作

(1)询问现场施工技术人员，弄清堆置在路基中心处拌和材料的土方量、铺填厚度、铺填长度。

(2)查看所标出的路基边线及路边桩标示出的填铺路基材料的高度。

2. 操作步骤

(1)将平地机移至路基左侧或右侧，调整好刮刀回转角(50° ~ 60°)，将刮刀向外侧引出 20 ~ 30cm。

(2)用刮土侧移法，逐刀将路基中心物料向左边或向右边侧移物料。

(3)每次侧移物料时，所移物料量不能太大，尽量分几刀去完成，并摊铺均匀。

(4)将路基中心堆置物料的一半均匀移至路基左边，另一半均匀移至路基右边。

(5)用松土器或刮刀将路面进行翻松，然后将拌和材料与路基土壤进行混合。具体的作业工序为：

①翻松土壤 2 ~ 3 遍。

②使用刮刀将拌和好的物料进行整平。

③修整路拱。

3. 注意事项

(1)侧移物料时,一次所移物料量不能太大,以防止过载使平地机车轮原地打滑。

(2)刮刀的刮土回转角调整在 50° ~ 60°,过小会造成刮刀的磨损或变形。

(3)用刮刀翻松土壤时,刀角切入不要过深,防止刮刀造成变形或损坏。

模块二 拌和堆置在路基两侧的路基材料

1. 准备工作

(1)询问现场施工技术人员,弄清堆置在路基两侧处拌和材料的土方量、铺填厚度、铺填长度。

(2)查看所标出的路基中线及中线桩标示出的填铺路基材料的高度。

2. 操作步骤

(1)将平地机移至路基左侧或右侧,调整好刮刀回转角(50° ~ 60°),将刮刀向外侧引出 20 ~ 30cm。

(2)用刮土侧移法,逐刀将路基两侧的物料侧移至路中。

(3)每次侧移物料时,所移物料量不能太大,尽量分几刀去完成,并摊铺均匀。

(4)将路基两侧堆置的物料均匀摊铺在路基的左半幅或右半幅上。

(5)用松土器或刮刀将路面进行翻松,然后将拌和材料与路基土壤进行混合。具体的作业工序为:

①翻松土壤 2 ~ 3 遍。

②使用刮刀将拌和好的物料进行整平。

③修整路拱。

3. 注意事项

(1)侧移物料时,一次所移物料量不能太大,以防止过载使平地机车轮打滑。

(2)刮刀的刮土回转角调整在 50° ~ 60°,过小会造成刮刀的磨损或变形。

(3)用刮刀翻松土壤时,刀角切入不要过深,防止刮刀造成变形或损坏。

1. 什么是路拱和超高?

2. 影响平地机平整精度的主要操作因素有哪些?

3. 调整平地机刮刀回转角的主要依据是什么?

4. 平地机修整路形的基本施工作业工序是什么?

单元二　平地机保养

学习目标

本单元的学习内容是平地机日常保养和一级保养方法和技术要求。

知识要求

了解平地机一级保养内容，掌握各项保养的目的和技术要求。

技能要求

①更换空气、燃油和机油滤清器；②按规定更换机油和冷却液；③检查蓄电池液面高度及添加补充液；④检查、清洁启动机和发电机；⑤检查、清洁电磁阀和熔断器；⑥更换液压油管；⑦清洁液压油散热器；⑧清洁液压油箱通气阀；⑨检查调整主离合器踏板自由行程；⑩加注变速器、后桥箱、平衡箱润滑油；⑪按照润滑图表及润滑周期对各润滑点加注润滑脂；⑫紧固万向节传动轴连接螺栓。

课题一　发动机保养

为保证机器的无故障运行，并减轻磨损，延长使用寿命，必须按照规定的时间间隔对机器进行维护保养作业。机器保养可分为日常保养（作业前保养和作业后保养）、周期性保养（根据机器累计工作小时，分一级、二级和三级保养）、特殊保养（换季保养、走合期保养、长期停驶保养），机器的保养工作可分为四个要素：什么时间保养、谁来保养、保养的内容是什么、如何保养，机器生产厂商的使用保养手册中对此方面的内容有详细说明，掌握了这四个要素，才能及时、正确和有效地对机器实施保养。

模块一　更换空气、燃油和机油滤清器

空气滤清器、燃油滤清器、机油滤清器起着阻止磨料或杂质进入发动机中作用，定期对其进行保养，维持它的功能有效性，对减少发动机零件磨损，延长发动机的使用寿命，起着至关重要的作用。发动机制造厂商的保养手册中，对上述滤清器的保养时间间隔和保养方法都有详尽的说明，操作者在实施保养前应阅读保养手册中有关方面的内容。

1.准备工作

（1）查看上一次保养滤清器至今，发动机累计运转多少小时。

（2）查看保养手册，确定滤清器保养周期。

（3）准备好更换用的工具和滤芯、密封垫。

（4）将发动机熄火，切断电源开关，清除滤清器表面污物。

2. 工作步骤

(1)松开空气滤清器盖,取出滤芯,换装新滤芯。

(2)拆卸燃油滤芯,换装新滤芯,用手泵油方式排除低压油路空气。

(3)拆卸机油滤清器,换装新滤清器,换装前新滤清器内要注满机油。

(4)启动发动机检查是否有外漏现象,并检查机油油量。

(5)填写保养记录。

3. 注意事项

(1)更换滤清器过程中要保持清洁。

(2)拆卸时应准备盛油容器,防止泄漏油液污染机体。

(3)换装新滤清器前,应检查滤芯和密封垫质量,并正确安装,避免因安装不当造成滤清器"短路",使滤清器失去作用,发动机出现"隐性"故障,造成严重后果。

模块二 按规定更换机油和冷却液

机油和冷却液经长时间使用,会逐渐变质,使工作性能下降,因此要根据保养手册的规定,定期对其进行更换,以保持发动机正常的润滑和冷却工作条件。

1. 准备工作

(1)查看上一次更换机油和冷却液至今,发动机累计运转多少小时。

(2)查看保养手册,确定机油和冷却液型号、更换周期、加注容量。

(3)准备好更换用的工具和盛油容器、加注容器。

(4)将发动机熄火,切断电源开关,清洁加注口表面污物。

2. 更换步骤

(1)趁热放尽油底壳内的机油,按规定型号和数量加注新机油。

(2)松开水箱盖,打开放水开关,放尽冷却液,然后按规定型号和数量加注新冷却液。

(3)清除加注口残留液体,并盖好加注盖。

(4)填写保养记录。

3. 注意事项

(1)更换时,车应停在水平的位置,并驻车制动。

(2)加注时,要防止油液溅溢,污染车体。

(3)妥善处理废旧机油和冷却液,防止污染环境。

课题二 电气系统保养

模块一 检查蓄电池液面高度及添加补充液

蓄电池在充放电过程中和受温度的影响,电解液中的水会蒸发析出,造成电解液液面高度下降,电极板外露,长时间会使蓄电池容量下降,因此要定期检查蓄电池液面高度及添加补充液。

1. 准备工作

(1)准备好空心玻璃管、直尺、补充液、漏斗。

(2)切断电源开关,拆除蓄电池负极搭铁线。

2. 工作步骤

(1)清洗蓄电池外表,并擦拭干净。

(2)打开加液孔盖,用空心玻璃管和直尺检查电解液液面高度(标准液面高度高于极板10~15mm)。

(3)向液面较低的蓄电池单格内添注补充液,至达到标准高度。

(4)盖好加液孔盖,并将残留物擦拭干净。

3. 注意事项

(1)蓄电池内的溶液为硫酸,检查要特别注意安全,防止硫酸溶液溅溢到身体上。

(2)当发现蓄电池电解液异常损耗,应及时排除充电电流过大故障,避免因长时间过充电而损坏蓄电池。

(3)一定不要将工具放到蓄电池顶部,防止工具将极桩短路,产生电火花加热工具,导致人身伤害。

模块二 检查、清洁起动机和发电机

1. 准备工作

(1)将发动机熄火,并切断电源开关。

(2)准备好毛刷、工具、万用表。

(3)拆除导线接头,并做上记号。

2. 工作步骤

(1)清洁起动机和发电机外表污物。

(2)用万用表测量发电机磁场线圈和电枢线圈电阻值。

(3)用万用表测量起动机磁场线圈和电枢线圈电阻值。

(4)检查导线接头绝缘和接触是否良好状态。

3. 注意事项

(1)严禁用易燃液体清洗发电机和起动机。

(2)正确连接导线,防止发生短路故障。

模块三 检查、清洁电磁阀和熔断器

1. 准备工作

(1)将发动机熄火,并切断电源开关。

(2)准备好毛刷、工具、万用表。

(3)拆除导线接头,并做上记号。

2. 工作步骤

(1)清洁电磁阀和熔断器外壳污物。

(2)用万用表测量电磁阀和熔断器电阻值。

(3)检查导线接头绝缘和接触是否处于良好状态。

3. 注意事项

(1)严禁用可易燃液体清洗发电机和起动机。

(2)正确连接导线,防止发生短路故障。

(3)禁止通电状态下检查。

课题三　液压系统保养

模块一　更换液压油滤清器滤芯

定期更换或清洗液压油滤清器是保养液压系统的一项常见工作,意义在于保证液压油清洁,防止因滤清器过脏,造成液压泵吸油阻力过大,影响液压系统正常工作。

1. 准备工作

(1)查看机械保养与运转记录,确定机械累计运转小时及上次更换滤清器的日期。

(2)将发动机熄火,切断电源开关。

(3)清洁滤清器外表污物,如需要放出油箱内液压油。

(4)准备好新滤清器和更换工具。

2. 更换步骤

(1)拆除旧滤清器。

(2)换装新滤清器。

3. 注意事项

(1)更换新滤清器时,要避免在灰尘较大环境下进行。

(2)更换滤清器过程中,要特别注意保持液压系统清洁,防止灰尘、碎屑、棉丝等混入液压油中或管路中。

模块二　清洁液压油散热器

液压油散热器经长期使用,外表会黏附很多污物,导致散热效果下降,因此必须定期清洗液压油散热器,防止油温升高。

1. 工作步骤

(1)拆下液压油散热器,并封堵好进出油口。

(2)用刮铲清除黏附在外表的油泥,然后用高压水枪向空气流通的相反方向进行冲洗。

(3)按拆卸相反的程序安装散热器,并接好油管。

2. 注意事项

(1)拆装时,应采用正确方法操作,防止损坏,造成油液渗漏。

(2)拆装过程中,要保持油管接头清洁,防止污物混入油液中。

(3)拆装过程中,要防止油液污染机体。

模块三　清洁液压油箱通气阀

1. 工作步骤

(1)清除通气阀表面及周围污物。

(2)拆下通气阀,并封堵座孔。

(3)分解、清洗、疏通气阀。

(4)组装和安装通气阀。

2. 注意事项

拆装过程中,要保持座孔周围清洁,防止污物掉入油箱中。

课题四　底盘、工作装置保养

模块一　检查调整主离合器踏板自由行程

所谓离合器踏板自由行程是指踩下离合器踏板,从没有任何阻力的自由位置到开始感觉到有阻力时踏板所移动的距离。从离合器的结构可以知道,离合器踏板自由行程所对应的实际上是离合器分离轴承到分离杠杆之间的间隙,如图 4-2-1 所示。

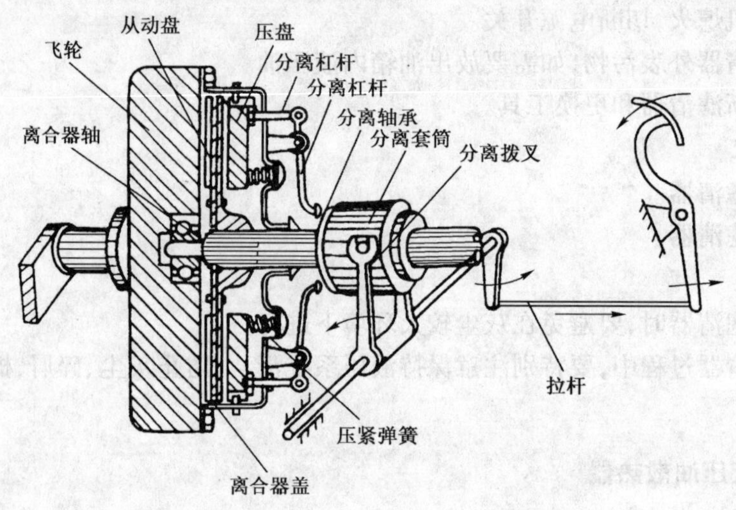

图 4-2-1　弹簧压紧式主离合器工作原理示意图

1. 离合器踏板自由行程的检查

检查离合器踏板自由行程是为了保证分离轴承与分离杠杆之间的间隙值符合设计规定的要求。由主离合器的工作原理可知,为了使离合器可靠地工作,顺利地将发动机的动力传递给变速装置,在离合器踏板处于自由状态时(未踩下离合器踏板),通过分离轴承与分离杠杆之间一定值的间隙来保证压盘弹簧不被意外压缩,对压盘保持最大压紧力,使离合器主、从动部分之间的摩擦力达到最大值,彼此之间不会发生相对滑转(通常所说的离合器打滑故障)。

但是在压路机实际使用过程中,由于离合器的频率操作,及驾驶员操作不当,离合器主、从动部分之间会因相对滑转而使摩擦片的厚度逐渐变薄。由离合器的结构原理可知,由于摩擦片变薄,导致压盘弹簧伸张,压盘带动分离杠杆向分离轴承方向移动,结果导致其间隙值逐渐变小。对应到离合器踏板上,是踏板自由行程逐渐变小。一旦这个自由行程完全消失,就会引起离合器部分或全部打滑,压路机无法正常行驶。所以在对压路机进行保养时,需要对离合器踏板的自由行程进行检查。

2. 离合器踏板自由行程的调整

离合器踏板自由行程的调整,一般可通过调整踏板到分离轴承拨叉之间传动杠的长度来进行。压路机根据其结构设计不同,在具体的调整方法上会有所差别,但是对这项调整内容的掌握与操作,应该是中级压路机驾驶员具备的基本技能之一。一般情况下,如果检查时发现自由行程的数值小于规定值,可以将传动杠的长度适当增加,若大于规定值,减小传动杠的长度。

模块二 加注变速器、后桥箱、平衡箱润滑油

润滑油经长时间使用后,会因机械零件磨损产生的杂质、油质的氧化以及外部杂质的进入等因素品质变差,影响其正常的润滑功能。

平地机的保养间隔、内容、技术要求都是由制造厂商规定的,不同制造厂商生产的平地机,其保养规定是不完全相同的。使用者要根据机器累计工作小时和制造厂商保养手册中的规定,对机器进行保养。一般当平地机累计运转 1 000h 以上时,则需要更换变速器、后桥箱、平衡箱内的润滑油。

1. 准备工作

(1)查看上一次更换润滑油至今,机械累计运转多少小时。

(2)查看保养手册,确定润滑油型号、更换周期、加注容量。

(3)准备好更换用工具和盛放废油容器、加注容器具。

(4)将平地机停放在平坦的地面上,落下各工作装置。

(5)将发动机熄火,切断电源开关,清洁加油口表面污物。

2. 更换步骤

(1)清洁变速器、后桥箱、平衡箱外表和通气阀。

(2)松开放油油塞,趁热放尽变速器、后桥箱、平衡箱内的润滑油。

(3)检查放油塞上金属屑含量和粒径大小。

(4)按规定的型号和数量加注新油。

(5)安装或旋紧好加油塞、放油塞,清除加注口残留液体。

(6)填写保养记录。

3. 注意事项

(1)更换时,车应停在水平的位置,并驻车制动。

(2)加注时,要防止油液溅溢,污染车体。

(3)妥善处理废旧润滑油,防止污染环境。

(4)润滑油的牌号和加注后润滑油的液面高度要符合要求。

(5)如果发现放出的废旧润滑油中的金属屑含量较大或有粒径较大的金属,应拆卸检查。

模块三 按照润滑图表及润滑周期对各润滑点加注润滑脂

平地机上需要定期加注润滑脂的润滑点较多,主要分为工作装置铰接轴承、行走装置各轴轴承及万向节传动轴、操作装置各活动节等,所需润滑脂的牌号为 2 号极压锂基润滑脂。使用者要根据平地机累计工作小时和制造厂商保养手册中的规定,完成加注润滑脂工作。

润滑是机械保养工作中最重要的内容之一,其工作简单,但对保持机械固有的技术完好状况,所起到作用非常重要。

1. 准备工作

(1)将平地机停放在平坦的地面上,落下工作装置。

(2)将发动机熄火,切断电源。

(3)准备好润滑脂、加注油枪、工具。

(4)查看上一次加注润滑脂至今,机械累计运转多少小时。

(5)制订加注润滑脂最佳路线，防止遗漏润滑点。

2. 加注步骤

(1)按照加注润滑脂最佳路线，顺序加注。

(2)加注前和加注后，将油嘴表面擦拭干净。

(3)加注润滑脂数量，以旧润滑油脂刚好被挤出为准。

3. 注意事项

(1)保持润滑脂清洁，防止混入杂质。

(2)高处加注时，应注意安全，防止跌落伤人。

(3)加注时，要及时清理废旧润滑油脂，防止污染。

(4)加注时，如感到加注阻力过大，说明油道阻塞，应及时清通。

模块四　紧固万向节传动轴连接螺栓

平地机变速器与后桥之间装有万向节传动轴如图4-2-2所示，由于长期使用，连接螺栓可能会松动，应定期检查紧固。

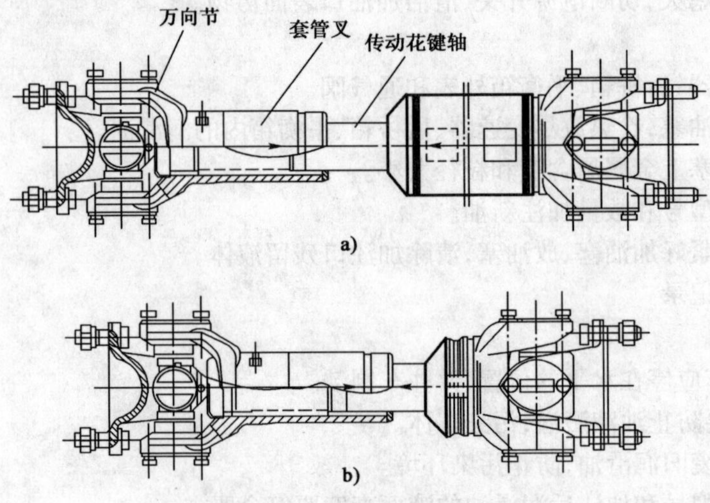

图4-2-2　万向节传动轴

1. 准备工作

(1)将平地机停放在平整的地面上，将各工作装置落地。

(2)将发动机熄火，切断电源，并拉紧驻车制动。

(3)准备好拧紧工具和润滑脂及加注油枪。

2. 操作步骤

(1)检查“万向节”外观，是否有严重磨损或松旷等缺陷。

(2)用紧固扳手拧紧各连接螺栓。

(3)用润滑脂加注枪，向十字轴、花键轴上的油嘴注润滑脂。

3. 注意事项

(1)如果是重新安装万向节传动轴，应注意下列事项：

①传动轴花键与套管叉应对准记号装配，使传动轴两端的万向节叉处于同一平面内；

②传动轴管上的平衡片,不得随意变动或去掉;
③各万向节油嘴应在一条直线上,且均朝向传动轴。
(2)为了保证安全,紧固前,必须将发动机熄火,切断电源,并拉紧驻车制动。
(3)紧固时,应扭矩紧固,如果紧固螺栓有缺陷,应更换新的。

思考题

1. 机械保养的分类及目的是什么?
2. 更换机油、空气、燃油滤清器的依据和注意事项是什么?
3. 为什么要定期检查蓄电池液面高度和添加补充液?
4. 安装万向节传动轴的技术要求是什么?
5. 清洁液压油散热器的目的是什么?

单元三　平地机故障判断

学习目标

本单元的学习内容是平地机常见故障判断方法与技术要求。

知识要求

了解平地机各机构或系统的组成和工作原理，掌握常见故障判断方法和技术要求。

技能要求

①判断柴油发动机“单缸”不工作故障；②判断润滑系油压过高、过低故障；③判断柴油发动机水温过高、过低故障；④判断发电机不发电故障；⑤判断照明装置、信号装置断路故障；⑥判断液压缸自由下沉故障；⑦判断液压转向沉重故障；⑧判断制动液异常损耗故障；⑨判断平衡箱异响故障；⑩排出制动液压管路中的空气；⑪判断变速器乱挡、掉挡故障。

课题一　发动机故障判断

模块一　判断柴油发动机“单缸”不工作故障

1. 准备工作

(1)准备好工具。

(2)启动发动机，并处于怠速运转状态。

2. 判断步骤

(1)在发动机怠速运转状态下，逐个松开高压油管接头，观察松开前后发动机转速变化。

(2)当进行(1)操作时，发动机转速下降明显，说明此缸工作良好。

(3)当进行(1)操作时，发动机转速无明显变化，说明此缸工作不良，可能的原因是气缸密封不严，喷油器不喷油或雾化不良。

3. 注意事项

(1)判断故障前，应进行驻车制动，变速器处于空挡位置。

(2)发动机运转过程中，要特别注意安全，禁止乱放工具，禁止身体接触转动部件或排气管。

(3)检查后，要拧紧高压滑油管接头并擦拭干净残留柴油。

模块二　判断润滑系油压过高、过低故障

1. 准备工作

(1)准备好油压测表及管路接头。

(2)检查油底壳机油油量,更换新机油滤清器。

(3)启动发动机,让发动机温度升至正常温度。

(4)查看发动机运转记录,确定发动机累计工作小时。

(5)查看相关资料,确定机油压力标准值。

2. 判断步骤

(1)将油压表接入到油压传感器座孔上。

(2)启动发动机,测量发动机在怠速状态、中速状态和高速状态下油压表指示读数,并记录。

(3)当测量值与标准值相符,说明机油压力传感器或显示器有故障。

(4)当测量值与标准值不相符,说明润滑系有故障。

3. 注意事项

(1)发动机运转过程中,要特别注意安全,禁止乱放工具,禁止身体接触转动部件或排气管。

(2)拆下的油压传感器接头应进行绝缘处理,防止搭铁短路。

模块三　判断柴油发动机水温过高、过低故障

冷却液散热器经长期使用,外表会黏附很多污物,内部形成水垢,导致散热效果下降,水温过高;当节温器损坏,冷却液不能进行大小循环转换,会造成水温过低或过高。

1. 判断步骤

(1)当发动机水温过低时,打开水箱盖,查看水箱上水管是否有大水流流入水箱,如果有水流流入,说明节温器可能有故障,应拆下节温器检查。

(2)当发动机水温过高时,进行下列检查:检查水箱内冷却液液面高度、检查水箱外表是否过脏、检查风扇皮带张紧度、检查上下橡胶水管有无变形、检查水箱上部与下部温度差、检查节温器是否损坏、检查水泵是否性能良好。根据上述检查结果,确定故障原因。

2. 注意事项

(1)检查时,将发动机熄火,切断电源开关。

(2)如需要在发动机运转时检查,应特别注意安全,禁止身体接触任何转动部件。

(3)当发动机温度过高时,严禁用冷水急剧注入水箱或用冷水浇泼内燃机强制降温。需要开启水箱盖时,应戴手套,并注意躲开水箱盖口,谨防烫伤。

课题二　电气系统故障判断

引起电气设备发生故障的因素主要有电器零件损坏或调整不当、电路断路或短路、电源设备损坏。判断电气系统故障是在懂得电气系统工作原理基础上,合理运用检测与判断基本方法,通过分析判断故障部位(表 4-3-1)。

电气系统故障判断　　表 4-3-1

序　号	基 本 方 法	特　点
1	感觉诊断法	通过观察电器元件或线路发热、产生火花、冒烟、工况突变直观情况,可直接发现故障部位
2	试灯检查法	用于检测某一电路是否断路
3	置换法	用一质量合格的元件,替换被怀疑有故障的元件,然后试运转检查故障是否消除或仍然存在
4	仪表检测法	用万用表检测电器件或电路的电阻、电压降和电流,用实际检测值与标准参数值比较,判断故障
5	导线短路法与断路试验法	用于判断某一段电路是否存在短路或断路
6	顺序查找法	由电源至用电设备逐段正向或逆向检测或检查
7	熔断器诊断法	通过检查某一电路的熔断器判断电路短路或断路
8	条件改变法	通过附加条件和去除条件观察故障变化,如振动、加热或冷却、加大负荷或减少负荷、工作模拟试验等方法判断故障
9	逻辑分析法	根据工作原理和工作逻辑关系分析故障可能的原因

模块一　判断发电机不发电故障

电源电路主要由电源开关、蓄电池、发电机、调节器(内藏于发电机中)、充电指示装置等组成。发动机熄火状态下,蓄电池向用电设备供电;发动机运转状态下,发电机和蓄电池向用电设备联合供电;蓄电池充电指示装置,可显示发电机发电或向蓄电池充电信息;当发动机转速升高,发电机电压高于规定值时,调节器起到调节电压的功能。

1.准备工作

(1)准备好试灯、万用表及工具。

(2)拆下发电机电枢接线柱、磁场接线柱,并做绝缘处理。

(3)启动发动机并逐渐将转速增加到 1 800 r/min 左右。

2.检查步骤

(1)用试灯连接发电机电枢端头和磁场端头,进一步确定发电机是否有故障。

(2)将发动机熄火,并切断电源开关,用万用表测量电枢线圈是否短路或断路。

(3)将发动机熄火,并切断电源开关,用万用表测量磁场线圈是否短路或断路。

(4)检查电刷磨损程度。

3.注意事项

(1)发动机运转状态下进行检测时,应防止导线和身体与发动机任何部位接触。

(2)禁止用“短路”试火的方法检测发电机是否充电。

(3)拆下的导线应作上记号,防止连接时错误,导致人为故障。

模块二　判断照明装置、信号装置断路故障

照明电路主要由电源、熔断丝、控制开关(装有指示灯)、左右前照明灯、左右作业照明灯组成。控制开关闭合,电路通电,照明灯亮。控制开关上指示灯是表示照明电路是否正常的一种监控装置。

信号电路主要由电源、熔断丝、控制开关、左右前后示宽信号灯、左右前后转向信号灯、制动信号灯等组成。控制开关闭合，电路通电，灯亮发生信号。控制开关上指示灯是表示信号灯电路是否正常的一种监控装置。

1. 准备工作

(1)准备好试灯、万用表及工具。

(2)将发动机熄火，并接通电源。

2. 检查步骤

(1)用万用表检测熔断丝是否熔断。

(2)用试灯检测其控制装置是否通电和接触良好。

(3)用试灯检测控制装置至照明装置、信号装置的连接导线是否断路。

(4)用试灯检测照明装置、信号装置搭铁部位是否接触良好。

(5)根据检测结果确定故障部位。

3. 注意事项

(1)应防止导线与机体任何部位接触。

(2)禁止用“短路”试火的方法检测。

(3)拆下的导线应作上记号，防止连接时错误，导致人为故障。

课题三　液压系统故障判断

模块一　判断液压缸自由下沉故障

所谓液压油缸自由下沉是在静止状态下，液压缸在重力作用下自行伸长或缩进。造成液压油缸自由下沉的原因主要是液压缸内漏，其次可能是液压缸换向阀内漏和液压锁内漏所致。

所谓液压油缸内漏是高压油腔的高压油漏向低压油腔，造成液压油缸内漏是活塞上密封件老化失去弹性、破损或缸筒内壁严重磨损(沟槽、划痕)密封失效所致。当使用时间过长、液压油不清洁和维修不当，都会使液压缸发生内漏故障。

1. 准备工作

(1)根据故障现象初步确定自由下沉液压油缸。

(2)将液压缸卸载，工作装置处于自由落地状态。

(3)根据液压缸动作特点选择观测内漏低压腔油口，并准备好盛油容器。

(4)制订故障判断程序，选择好辅助人员，并交代好操作程序。

2. 判断步骤

(1)首先按判断液压油缸内漏故障步骤，判断液压油是否内漏。

(2)如果液压液缸不内漏，可在静止状态下，沿选择好的液压油缸低压腔回油管路，依次观察方向控制阀和液压锁低压油口是否内漏。

(3)如果观察到液压缸、换向阀和液压锁低压油腔油口有油液泄漏，表明液压油缸自由下沉是上述原因所致。

3. 注意事项

(1)判断液压缸内漏前必须使液压油缸处于卸载状态，以保证安全。

(2)判断液压换向阀和液压锁内漏,必须在静止状态下进行。

(3)必须选择好不会造成工作装置自由下落的低压油腔油口。

(4)泄漏出油液必须放入盛油容器,防止造成环境污染。

模块二　判断液压转向沉重故障

平地机采用全液压前轮偏转转向系统,主要由转向液压泵、全液压转向器(内装有溢流阀、缓冲阀)、方向盘、转向液压缸、转向节、前轮等组成。转向沉重的主要原因是液压系统压力和流量不足,例如:油箱油量不足、吸油管路不密封、油泵磨损内漏、压力管路阻塞、液压油缸内漏、溢流阀损坏等。

1.准备工作

(1)询问了解故障发生前后有关使用、维修、故障现象等信息。

(2)查看有关技术资料,确定系统额定工作压力。

(3)准备好压力表和工具。

2.判断步骤

(1)检查液压油箱油位,检查滤清器是否堵塞,检查吸油管路是否密封。

(2)检查液压泵表面温度。

(3)用千斤顶将前轮支起,无负载状态下操作转向,观察转向沉重是否减轻。

(4)将压力表安装在测压接口上,负载状态下测量系统工作压力。

(5)用检查液压油缸内漏的方法检查转向液压缸是否内漏。

(6)检查全液压转向器上的溢流阀和缓冲阀是否不密封。

(7)检查液压泵是否磨损内漏(PY160 平地机转向与工作装置液压系统共用一个液压泵,如工作装置工作正常,说明液压泵良好无故障)。

(8)根据上述检测结果判断故障原因。

3.注意事项

(1)发动机运转状态下进行检查时,应防止身体与任何转动部位接触。

(2)安装压力表和拆装液压管时,将发动机熄火,以防止发生安全事故。

(3)检测液压缸内漏时,应确定好压力管和回油管,回油油液应注入容器中,防止污染环境。

课题四　底盘、工作装置故障判断

模块一　判断制动液异常损耗故障

PY160 平地机采用气—液综合制动,制动总泵上安装有制动液罐。正常情况下,储液罐中的制动液消耗量很小,如果检查时发现制动液液面很低,则说明制动液异常损耗。制动液异常损耗故障原因主要内漏和外漏。

1.准备工作

(1)发动机高速运转充气至 0.45MPa 以上。

(2)落下各工作装置。

(3)将发动机熄火,并切断电源开关。

2. 判断步骤

(1)检查制动管路是否漏油。

(2)检查各车轮制动器上制动分泵处是否漏油。

(3)检查制动助力器室内有无制动液。

(4)根据上述检测结果判断故障原因。

3. 注意事项

(1)运转状态下进行检查时,应防止身体与任何转动部位接触。

(2)检查时可踏下制动踏板进行检查。

模块二 判断平衡箱异响故障

1. 平衡箱异响现象及原因分析

平地机的平衡箱装有链条、链轮轴、轴承等部件。

机械行驶时,平衡箱内发出较大响声,且车速越高响声越大,而低速行驶时响声减弱或消失,当起步或改变车速时响声沉重,这都说明平衡箱内出现异响故障。异响说明平衡箱内某个转动总成的工作状态发生了变化,主要原因为滚动轴承有损伤,链条与链轮有损坏,啮合不正常,润滑油不足或润滑油中有较大的金属颗粒。

2. 平衡箱异响判断方法

(1)准备工作

①分析本机型平衡箱的结构特点。

②根据外观检查及异响特点和方位分析,初步确定异响可能发生的重点部位。

③确定机械操作人员、异响听诊人员、指挥人员和指挥手势。

④选择机械行走路线和听诊程序。

⑤做好机械行走前的准备工作。

(2)判断步骤

①机械沿选择的路线行走,听诊人员判断出异响发出的部位。

②听诊断人员进一步听诊出异响特征和规律。

③发出停车指挥手势。

④分析听诊所得到的信息,查看有关技术资料,确定异响具体的原因。

(3)安全注意事项

①听诊前要制订避免可能发生安全事故的措施。

②严禁听诊人员违章冒险操作。

③驾驶人员、听诊人员和指挥人员协调配合,禁止擅自行动。

④当异响较大应立即停车拆卸检查,以防止故障扩大,造成机械事故,加大维修成本。

模块三 排出制动液压管路中的空气

1. 准备工作

(1)发动机高速运转充气至0.45MPa以上。

(2)落下各工作装置。

(3)将发动机熄火,并切断电源开关。

(4)准备好制动液,并将制动液罐注满制动液。

2. 判断步骤

(1)松开制动器上放气嘴,踏下制动踏板,直到从放气嘴中流出无气泡的连续制动液后,拧紧放气嘴,然后松开制动踏板。

(2)按照上述方法,对各车轮上的制动器排气。

(3)按照上述方法排气时,如不能一次性将空气排除干净,应反复操作,并在排气过程中往储液罐中添加制动液,保持制动液数量充足。

3. 注意事项

(1)运转状态下进行检查时,应防止身体与任何转动部位接触。

(2)排气时,要防止制动液喷在皮肤上和眼睛里。

(3)将排出的制动液接放入容器中,防止其污染环境和车体表面。

模块四　判断变速器乱挡、掉挡故障

以 PY160 平地机手动挡变速器为例,手动挡变速器从其结构设计上,为了避免同时挂上两个变速挡(变速器乱挡),其操纵机构设置有互锁装置。比较常见的互锁装置有球销式和锁销式两种结构形式。以锁销式互锁装置为例,如图 4-3-1 所示。

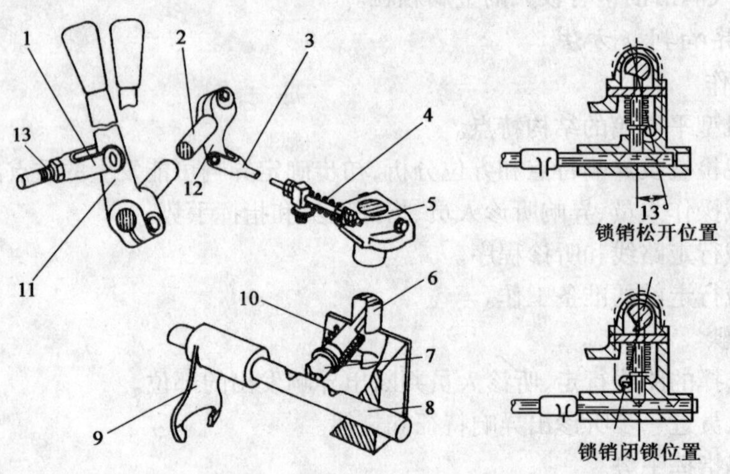

图 4-3-1　锁销式互锁装置示意图

1-连接叉;2-操纵杆横轴;3-连接杆;4-弹簧;5-摇臂;6-锁销轴;7-锁销;8-拨叉轴;9-拨叉;10-锁销弹簧;11-离合器操纵杆;12-摇臂;13-拉杆

互锁装置的作用是防止在机械行驶中变速器齿轮自由移动而引起跳挡,同时保证齿轮能正确地啮合。联锁装置包括锁销 7、锁销弹簧 10、锁销轴 6、摇臂 5、12 和连接杆 3 等。

锁销共有 3 ~ 4 个,其结构相同。锁销装在各拨叉轴后端一侧,其上套装有弹簧,弹簧一端顶在锁销的凸缘上,另一端压在锁销导板上。锁销导板与壳体固定在一起,其上有 4 个导向孔,锁销在弹簧作用下内(左)端的楔头能可靠地顶入拨叉轴的"V"形槽内。锁销的外端装有锁销轴,锁销轴沿轴向开有"L"形槽,为防止锁销轴上下窜动,在轴的下部制有径向环槽,固装在外盖上的卡铁卡在其槽内。锁销轴通过摇臂、拉杆和横轴受主离合器操纵杆控制。

摇臂固定在锁销轴上端。拉杆后端穿过摇臂上的拉杆接头,其尾部装有弹簧和弹簧座,拉杆被拉动时,通过弹簧带动摇臂转动,这样弹簧可起到缓冲作用。

联锁装置的工作情形是当分离主离合器时,通过操纵杆横轴、拉杆和摇臂的联动作用,锁销逆时针转一角度，使“L”形槽对正锁销末端，如图4-3-2a）所示。此时，移动拨叉轴可将锁销从拨叉轴的“V”形槽内挤出，进行换挡。被挤出的锁销压缩弹簧，换挡后，锁销在弹簧的作用下又可进入另一“V”形槽内。

当结合主离合器时，锁销轴顺时针转过一个角度，“L”形槽越过锁销，轴的圆柱面部分将锁销顶紧，如图4-3-2b）所示。锁销的另一端被压紧在拨叉轴上的“V”形槽中，拨叉轴不能移动，此时不能换挡，行驶或作业时也不会自动跳挡。

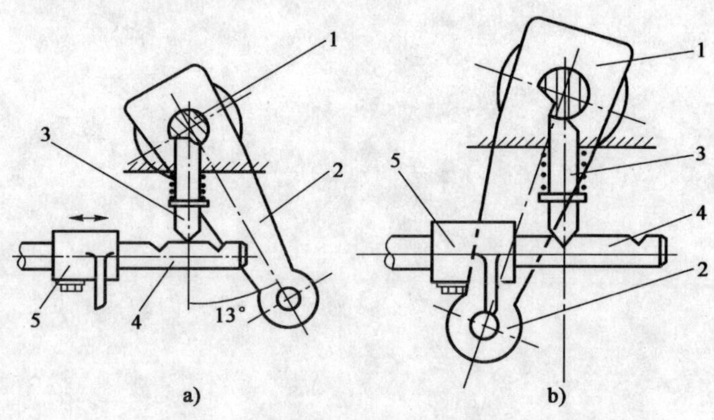

图4-3-2 联锁装置工作原理

a）离合器分离；b）离合器结合

1-联锁轴；2-摆动杠杆；3-锁定销；4-换挡轴；5-换挡拨叉

变速器乱挡主要有以下几方面的原因：①变速杆球部过度磨损或球形座固定螺钉松脱；②变速杆下端和拨叉臂缺口过度磨损或弯曲；③内杠杆与其横轴的固定螺钉松动或横轴端挡盖脱落，使横轴窜动移位。变速杆挂入某一挡位，松开离合器，平地机无法行驶时，可从以上三个方面来分析故障出现的原因。

平地机以某一挡位运行过程中，变速杆自动回到空挡位置，导致平地机无法正常行驶，这时即可判断变速器出现了自动掉挡故障。

从变速器的结构原理可知，变速器自动掉挡可能的原因有以下几个方面：①联锁机构调整不当；②拨叉固定螺钉松动；③锁销、锁销轴和拨叉轴“V”形槽磨损过甚。可由专业维修人员对具体故障原因进行判断和排除。

思考题

1. 造成柴油机“单缸”不工作的主要原因是什么？

2. 柴油机润滑系统的组成和作用有哪些？

3. 造成柴油机水温过高的主要原因是什么？

4. 造成液压系统执行元件动作缓慢或无力的主要原因是什么？

5. 平地机制动系统类型、组成及常见故障有哪些？

第五部分　平地机操作工(高级)工作要求

单元一　平地机施工作业

学习目标

本单元的学习内容是平地机的施工作业方法。

知识要求

了解复杂路基路段特点，掌握平地机在复曲线弯道、交叉路口、坡道等路段的施工作业方法和技术要求。

技能要求

①用前轮倾斜、后轮转向功能修刮复曲线弯道；②修刮纵坡道；③修刮交叉路口；④修刮高速公路匝道；⑤开挖路缘石沟槽；⑥开挖边沟土壤修整路形。

课题一　路 基 整 平

模块一　用前轮倾斜、后轮转向功能修刮复曲线弯道

平地机具有前轮倾斜、后轮转向或铰接转向功能，其主要作用是减少转弯半径、增加在横向坡道上行驶和作业的横向稳定性、减小作业侧向力、防止前轮侧移等，以增大平地机行驶通过能力或作业范围。

复曲线弯道俗称连续弯道，为了保证汽车在小半径上安全行驶，弯道上设有“超高”，也就是在弯道上将路面做成向弯道中心倾斜的单向坡。修刮复曲线路形时，为保证路宽、路形符合施工要求，应用平地机前轮倾斜、后轮转向或铰接转向功能，采取修整弯道作业基本作业方法修刮复曲线弯道。

1. 准备工作

(1)将转向前轮调整15°左右倾斜角。

(2)根据弯道半径大小调整后轮转向或铰接转向。

(3)沿修刮作业路段，观察弯道路面的测量高程和用“灰点或埋砖法”所标示的断面高差，做到心中有数。

2. 操作步骤

(1)首先将平地机停放在弯道外侧作为作业始点，由高处往低处下坡刮送物料。

(2)沿弯道的外侧向里侧逐刀移送物料。

(3)根据弯道的形状调整转向轮朝向路面中心或朝向路边缘。

(4)反复操作2~3遍，达到弯道曲线高程要求。

3. 技术要求与注意事项

(1)前轮倾斜角度不易过大。

(2)后轮转向的调整随弯道的大小而改变角度。

(3)在刮送物料过程中防止刮刀过载而造成平地机侧滑。

(4)平地机要与路边缘保持安全距离。

模块二 修刮纵坡道

修刮纵坡道分为上坡修刮和下坡修刮两种情况。上坡修刮作业,机械的运行阻力较大,作业前应考虑平地机最大爬坡能力和最大牵引力,防止过载;下坡修刮作业应主要考虑行驶安全和工作装置的强度,防止工作装置机械损坏和冲击。

1. 准备工作

(1)根据路面宽度调整刮土角度。

(2)确定纵坡路面是否有路拱。

(3)观察路面的测量高程和用"灰点或埋砖法"所标示的断面高差,做到心中有数。

2. 操作步骤

(1)将刮刀放入地面,从路面一侧上坡往下坡进行刮土作业到终点,平地机倒车驶回到起点位置。

(2)重叠上一刀1/3,再进行刮土作业到终点。

(3)如此反复作业2~3遍,达到纵坡度高程要求。

3. 技术要求与注意事项

(1)在下坡时要使用一挡前进,禁止中途换高挡。

(2)平地机与路肩保持1m的安全距离。

(3)从下坡往上坡倒车时使用低速挡,速度不易过快。

模块三 修刮交叉路口

这是讲的交叉路口是指公路与公路形成的平面交叉,主要有三岔路口和四岔路口。修刮交叉路口应保证设计高程和断面形状达到施工技术要求,使道路之间的联结处过度平缓和排水通畅。作业方式一般是先修整主路路形,然后自主路与支路的联结处修整支路路形。

1. 准备工作

(1)调整平地机直移或侧移刮土角度。

(2)路口内有足够的物料。

(3)测量交叉路口的路面高程,并用灰点或埋砖法标示出。

(4)设定被刮交叉路口的方向(东西方向、南北方向两条路)。

2. 操作步骤

(1)先将路口东西方向的路面按宽度进行刮平作业,并按路面高程修整刮平完成。

(2)从东西路面接口处向南方向刮送物料,并修整路口弯道,反复刮平作业2~3遍,达到路面高程为止。

(3)从东西路面接口处向北方向刮送物料,并修整路口弯道,反复刮平作业2~3遍,达到路面高程为止。

3. 注意事项

(1)刮平作业时注意各路口的路拱,各个路口有不同的路拱高度,要与测量出的高程为准。

(2)修刮路口时先对主路修刮路型,再对支路修刮路型。

模块四 修刮高速公路匝道

匝道为主要道路同相交公路互相通连而专门设置的联系通道。高速公路匝道的主要用途是进、出高速公路,具有单行线、路宽较窄、弯道、坡道等特征。修刮高速公路匝道,应采用修刮弯道和坡道综合方法作业,使匝道的超高、坡度达到施工技术要求。

1. 准备工作

(1)调整平地机直移或侧移刮土角度。

(2)匝道内有足够的物料。

(3)观察匝道路面的测量高程和用"灰点或埋砖法"所标示的断面高差,做到心中有数。

2. 操作步骤

(1)用一挡前进,刮刀逐步下降切入物料层,按匝道路面高程调整刮刀上升、下降,刮送物料至终点返回。

(2)重叠第一刀的1/3,进行相同的刮送物料作业。

(3)反复操作2~3遍,刮平作业达到路面高程为止。

3. 注意事项

(1)匝道两边的构造物要保持距离。

(2)在高填方处的匝道要与路边缘保持安全距离。

课题二 沟槽开挖

使用平地机开挖沟槽,一般采用刀角铲土侧移法。刀角铲土侧移法可分为铲刀一端下倾铲土、铲刀引出后下倾铲土及外移土和内移土等方式,采用哪种方式应视施工要求而定。

模块一 开挖路缘石沟槽

1. 准备工作

(1)查看白灰粉画出被刮沟槽的边线。

(2)将刮刀刮土端调整好倾斜角度。

(3)刮刀要伸出平地机车轮外侧,贴近中间驱动轮,与白灰线重叠。

2. 操作步骤

(1)用一挡前进保持直线行驶,刮刀一端提升至最高点,另一端刮刀逐步下降切入土层与路缘石边沟线平齐。

(2)当刮刀一端切入沟槽达到深度要求时,停止刮刀下降,前进至终点抬升刮刀。

(3)当一刀不能完成开挖路缘石沟槽深度时,分几刀重复作业,直至达到深度要求。

3. 注意事项

(1)当刮刀伸出车轮外侧时,注意中间车轮与切入土层刮刀的距离,不能相碰。

(2)刮刀的刮土角随着车边走边下降,不能一次下降完成,防止因过载而造成平地机刮刀损坏。

(3)当刮刀开挖路缘石沟槽时遇有树根、石头等物体,人工清理或其他机械清理完毕后,再进行开挖作业。

模块二 开挖边沟土壤修整路型

1. 准备工作

(1)查看开挖边沟长度。

(2)刮刀的刮土角度调整,角度为50°~60°。

(3)刮刀的切土角度调整,角度为10°~15°。

2. 操作步骤

(1)首先从路一侧的边沟开始挖土,再进行刮土侧移,把侧移剩下的土埂逐步侧移运送至路面之上,进行摊平。

(2)根据路面需要的用土量,反复从边沟内挖土,并侧移刮送到路面之上,直至达到需要的用土量。

(3)初步进行平整,然后根据施工员测量出的路面高程,修整路面路型达到要求。

3. 注意事项

(1)在进入边沟时需要注意车速,不能过快。

(2)注意边沟的坡度,坡度太大时不能作业。

(3)当刮刀开挖沟槽取土时遇有树根、石头等物体时,人工清理或其他机械清理完毕后,再进行开挖作业。

思考题

1. 平地机前轮倾斜、铰接转向的作用是什么?

2. 什么叫公路交叉路口? 用平地机修刮交叉路口的主要技术要求是什么?

3. 什么叫匝道?

4. 平地机的主要技术参数有哪些?

5. 为保证平地机平整精度,应避免哪些操作失误?

单元二　平地机保养

学习目标

本单元的学习内容是沥青混凝土摊铺机保养。

知识要求

了解平地机一级和二级保养的主要内容，掌握各项保养的目的和技术要求。

技能要求

①检查喷油器喷油质量；②调整喷油器喷油压力；③检查、调整气门间隙；④检查节温器性能；⑤检查蓄电池电解液密度和端电压；⑥更换发电机电刷；⑦更换起动机电刷；⑧检查调整制动踏板自由行程；⑨检查调整回转圈的导向间隙；⑩检查铲刀刀片的磨损并更换；⑪检查液压泵进油管路密封状况；⑫目测检查液压油品质，更换液压油；⑬更换组合换向阀油封。

课题一　发动机保养

模块一　检查喷油器喷油质量

1. 准备工作

(1)清除喷油器安装部位周围的脏物，然后将喷油器从发动机上拆下。

(2)清洗喷油器外表，清洗前用专用护盖密封高压油管接头。

(3)准备好喷油器试验器和密封垫片，将喷油器安装在试验器上。

(4)查看有关技术资料，确定本型号发动机的喷油器标准喷射压力和喷射质量要求。

2. 检查步骤

(1)以 60 次/min 以上的速度均匀地揿动试验器手油泵柄，直至喷油器喷油。

(2)读取喷油器试验器上压力表在喷油器喷射瞬间时的压力值。

(3)观察喷油器是否出现滴漏现象。

(4)观察喷油器喷射雾化质量(图 5-2-1)和油束角度。

(5)确定喷油器的密封性、喷油压力、雾化质量是否达到要求。

(6)将喷油器从试验器上拆下，并用护盖密封好高压油管接头。

3. 注意事项

(1)喷油器试验器中的柴油必须保持清洁。

(2)安装喷油器时，应将管接头部位清洗干净。

(3)检查过程中要防止强力碰撞喷油器喷嘴和高压油管接头。

(4)将喷油器装回发动机之前,要清洁安装孔内脏物,并更换新的密封垫,以确保密封。

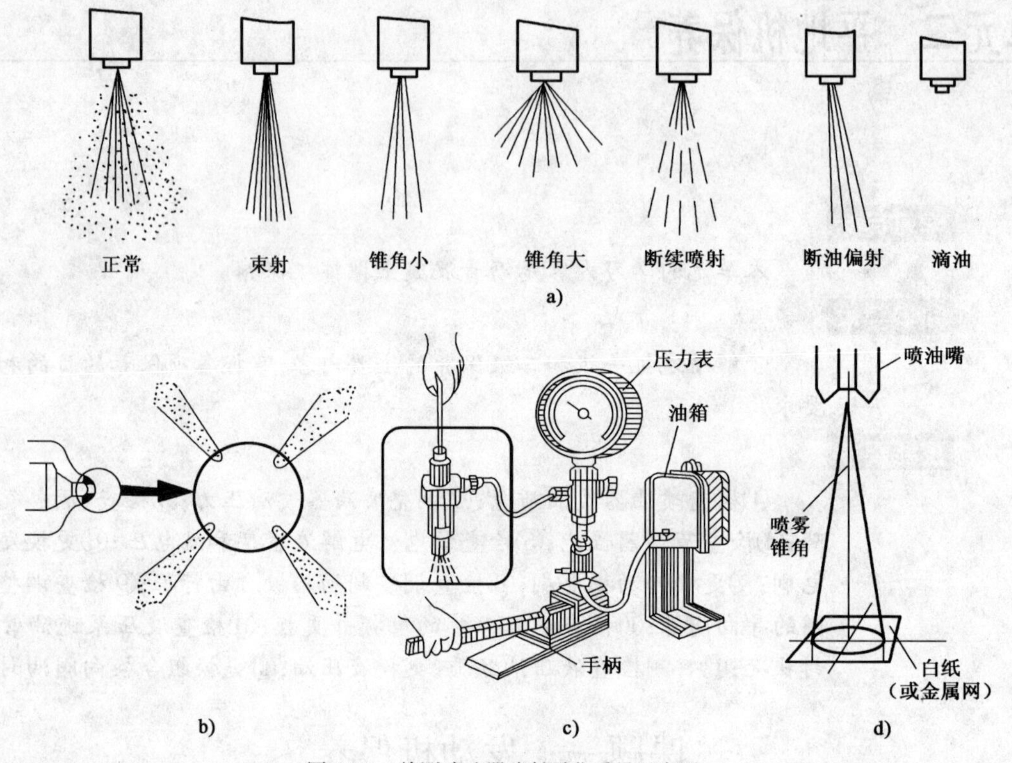

图 5-2-1 检测喷油器喷射雾化质量示意图

模块二 调整喷油器喷油压力

当检查喷油器的喷射质量达不到规定要求时,需更换喷油嘴偶件,并将喷油器喷射压力调整到规定值。

1. 准备工作

(1)清洗喷油器和试验器管接头。

(2)拧松喷油器喷射压力调整螺栓的上锁紧螺母。将喷油器安装在试验器上。

(3)查看有关技术资料,确定本型号发动机的喷油器标准喷射压力和喷射质量要求。

2. 调整步骤

(1)以 60 次/min 以上的速度均匀地揿动试验器手油泵柄,直至喷油器喷油。

(2)读取喷油器试验器上压力表在喷油器喷射瞬间时的压力值。

(3)标准喷射压力与实际喷射压力相比较,通过拧动压力调整螺塞行进行调整。

(4)喷射压力达到标准喷射压力时,将压力调整螺栓的上锁紧螺母拧紧,然后重新按上述方法验证。

(5)从试验器上拆下喷油器,并安装好护盖。

3. 注意事项

(1)喷油器试验器中的柴油必须保持清洁。

(2)安装喷油器时,应将管接头部位清洗干净。

(3)检查过程中要防止强力碰撞喷油器喷嘴和高压油管接头。

模块三 检查、调整气门间隙

发动机经长时间使用,配气传动机构零件磨损,造成原有气门间隙发生变化,影响发动机正常工作,因此,要定期检查调整气门间隙(图5-2-2)。检查调整气门的条件是冷车状态下及进排气门处于完全关闭状态下。

图5-2-2 气门间隙调整示意图

1.准备工作

(1)查看机械保养与运转记录,确定发动机累计运转小时及上次检查调整气门间隙的日期。

(2)查看相关技术资料,确定本型号发动机冷状态下进排气门标准间隙、发动机工作旋向、各缸工作次序、进排气门排列顺序。

(3)准备好检查调整工具,打开气门室盖。

2."逐缸法"检查调整气门间隙步骤(以直列6缸,工作次序为1、5、3、6、2、4柴油机为例)

(1)按发动机工作旋向扳转飞轮,观察第6缸进排气门叠开状态,使1缸活塞处于压缩上止点位置。

(2)检查调整第1缸进、排气门间隙。

(3)按发动机工作旋向继续扳转飞轮,依次将第5、3、6、2、4缸活塞处于压缩上止点位置,检查调整进排气门间隙。

3.注意事项

(1)检查调整时应切断发动机电源开关。

(2)验证某缸活塞是否处于压缩上止点位置,应在扳转飞轮的过程中,观察其相对应气缸的进排气门是否处于叠开状态(排气上止点)。

模块四 检查节温器性能

节温器可根据冷却液温度,限制冷却液流入散热器的流量,低温下其阀口关闭,高温下阀口全部开起。

1. 准备工作

(1)将发动机内的冷却液放出后,从出口水管拆下节温器。

(2)查看有关技术资料,确定本型号发动机节温器的形式、开启温度、全开温度、阀门最大开启高度。

(3)准备好盛水容器、温度为95~100℃的热水、温度表、钳子、直尺。

2. 检查步骤

(1)将节温器浸入温度为95~100℃的热水中大约6min。

(2)用钳子将节温器夹出,检测节温器是否开启和开启高度。

(3)将节温器浸入75℃热水中约6min,然后检查节温器阀门是否关闭。

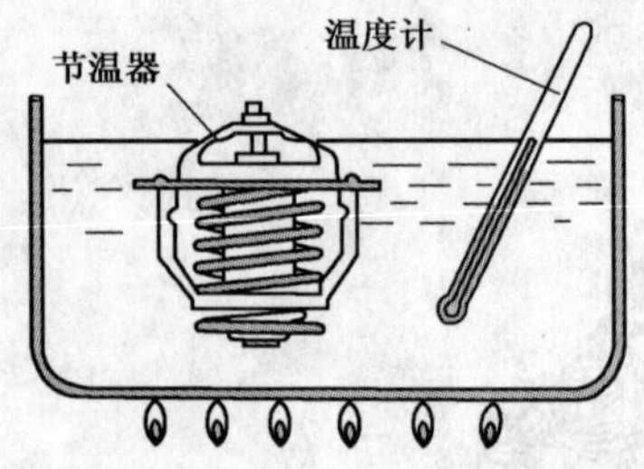

图5-2-3 检测节温器工作性能示意图

(4)根据检测结果分析节温器技术状况。

(5)按拆卸相反的程序安装节温器。

图5-2-3为检测节温器工作性能示意图。

3. 注意事项

(1)安装节温器时,要注意安装方向,安装后要保证密封不漏水。

(2)检查时应切断发动机电源开关。

课题二 电气系统保养

模块一 检查蓄电池电解液密度和端电压

1. 准备工作

(1)准备好高率放电计和密度计。

(2)切断电源开关,拆下蓄电池搭铁线。

(3)清洗蓄电池外表,并擦拭干净。

(4)打开加液孔盖,根据需求添加补充液。

2. 工作步骤

(1)用密度计测量蓄电池各单格内电解液密度,正常情况由解液密度为1.25~1.26g/cm^3(环境20℃时),各单格电解液密度差值不超过0.025~0.030。

(2)用高率放电计测量蓄电池端电压,正常情况下端电压应高于9.6V。

(3)分析测量结果,确定蓄电池电量是否充足。

3. 注意事项

(1)蓄电池内的溶液为硫酸,检查要特别注意安全,防止硫酸溶液溅溢到身体上。

(2)读取密度时,应水平观测,以保证数值准确。

(3)用高率放电计检测时,应在5s之内实施,防止高率放电计损坏。

模块二 更换发电机电刷

发电机经长期运转,电刷磨损造成接触不良,影响发电机正常工作,因此,要定期更换电刷。

1. 准备工作

(1)将发动机熄火,切断电源开关。

(2)准备好新电刷及所用工具。

(3)查看机械保养与运转记录,确定发动机累计运转小时及上次更换电刷的日期。

2. 更换步骤

(1)拆除激磁导线接头,取下电刷支座上盖。

(2)取出旧电刷,并换装新电刷。

(3)按拆除相反程序安装。

(4)启动发动机运转,验证发电机是否工作正常。

3. 注意事项

(1)换装后要保证密封,不渗透雨水。

(2)拆卸时注意导线连接位置,必要时做好记号,防止导线接错。

模块三　更换起动机电刷

起动机经长期运转,电刷磨损造成接触不良,产生火花,烧蚀整流器,影响起动机正常工作,因此,要定期更换电刷。

1. 准备工作

(1)将发动机熄火,切断电源开关。

(2)准备好新电刷及所用工具。

(3)查看机械保养与运转记录,确定发动机累计运转小时及上次更换电刷的日期。

2. 更换步骤

(1)拆除起动机防尘罩。

(2)逐个取出旧电刷,并换装新电刷。

(3)按拆除相反程序安装。

(4)启动发动机运转,验证起动机是否工作正常。

3. 注意事项

(1)换装后要保证密封,不渗透雨水。

(2)拆卸时注意导线连接位置,必要时做好记号,防止导线接错。

(3)换装时要注意导线绝缘情况,防止出现内部搭铁短路故障。

课题三　液压系统保养

模块一　更换组合换向阀油封

平地机工作装置液压系统的组合换向阀为多片滑阀式换向组合阀,通过操作手柄,使阀杆在阀体内轴向移动,而改变液流方向。

漏油是液压系统经常发生的问题,密封是防止漏油最有效的方法,根据密封原理可分为间隙密封和接触密封两大类。

换向阀中的阀杆与阀体两端密封采用间隙密封和接触密封，阀杆与阀体之间的配合精度及O形密封圈技术状况，决定着密封效果。由于阀杆与阀体之间存在着相对运动，O形密封圈内圈与阀杆发生磨损，因此，为防止油液外漏，应定期更换O形密封圈。

1. 准备工作

(1)查看机械保养与运转记录，确定机械累计运转小时及上次更换O形密封圈的日期。

(2)选择一个洁净且无灰尘的环境和天气，将机器停放在一个水平的地面上，将各工作装置落下。

(3)将发动机熄火，切断电源开关。

(4)查看技术资料，确定O形密封圈规格和准备更换工具。

2. 更换步骤

(1)拆除单片换向阀两端油封盖。

(2)检查阀杆与阀体之间的配合表面有无明显磨损缺陷。

(3)拆下所要更换的旧油封。

(4)检查新油封尺寸和外面质量有无缺陷。

(5)安装新油封和油封盖。

(6)操作换向阀手柄，检查阀杆运动是否灵活。

3. 注意事项

(1)更换时，要避免在灰尘较大环境下进行。

(2)更换过程中，要特别注意保持液压系统清洁，防止灰尘、碎屑、棉丝等混入液压油中或管路中。

(3)安装油封时，必须防止油封扭曲、刮伤。

(4)禁止用汽油或柴油清洗油封。

模块二　目测检查液压油品质，更换液压油

油液是否清洁，对液压元件的寿命有很大的影响。由于行走系统的泵、马达及液压转向系统中的转向阀等元件精度高，因此对油的纯洁情况特别敏感，使用维护时必须特别注意。液压系统的管道、油箱应定期清洗，更换新油，油的规格要符合厂家要求；加入新油必须经10μm滤油器进行过滤，严禁将未经过滤的液压油倒入油箱；严禁不同牌号的液压油混加。严禁向液压油箱内添加柴机油、机械油之类非液压油；油箱应该是密封的，不允许随便打开，以免灰尘进入。

摊铺机的保养间隔、内容、技术要求都是由制造厂商规定的，不同制造厂商生产的摊铺机其保养规定是不完全相同的。使用者要根据机器累计工作小时和制造厂商保养手册中的规定，对机器进行保养。一般更换液压油的周期为1 000h以上。

1. 准备工作

(1)查看机械保养手册与运转记录，确定机械已累计运转小时、更换液压油周期及上次更换液压油的日期。

(2)按规定要求准备好新液压油及加注容器。

(3)准备好松脱油堵工具和适当的盛放废油的容器。

(4)选择一个洁净且无灰尘的环境和天气。

(5)将机器停放在一个水平的地面上，并使液压油具有一定的温度，并锁止各工作装置。

2. 工作步骤

(1)将发动机熄火,切断电源开关。

(2)清洁加注盖表面脏物,松开加注口盖。

(3)从油箱内取出一少量的旧液压油,并将旧液压油和同牌号的新液压油滴放在一张白纸上,观察两油之间的颜色差别,如果差别很大说明需要更换。

(4)拧松放油堵,趁热排空油箱内液压油。

(5)更换滤清器,清洗油箱,检查放油塞上沉淀物后,拧紧放油堵。

(6)使用漏斗通过过滤器将新液压油加入油箱内,直到液位显示器上的液位达规定位置。

(7)清除加注口周围残留油液,并密封好加注油口。

(8)启动发动机并将液压油预热到工作温度,将发动熄火,重新检查液压油液位高度,必要时加满。

3. 注意事项

(1)更换液压油过程中,要按规定牌号和数量加注液压油,且特别注意保持油液清洁,防止脏物进入油箱内。

(2)更换液压油的过程中,如发现油箱内的旧油颜色发白或有粒径较大金属和非金属杂物,要查明原因。

(3)放出的旧液压油要妥善处理,防止造成环境污染。

模块三 检查液压泵进油管路密封状况

液压油泵至液压油箱之间的吸油管路要保持密封,以防止吸入空气,影响系统正常工作。

1. 检查步骤

(1)检查吸油管及接头有无渗漏痕迹。

(2)检查吸油管有无破损、凹陷。

(3)紧固油管接头螺栓或油管卡箍。

(4)清洁油管接头外表油污,将试漏液涂在油管接头连接处,并在运转状态下检查有无气泡,如发现密封不严,应更换接头油封和油管。

2. 注意事项

(1)运转状态检查时,要特别注意安全。

(2)运转状态下,应注意检查油管是否出现凹陷。

(3)更换接头油封或油管时,要保持油液清洁,防止杂质混入油液中。

(4)更换过程中,要防止油液污染机体和环境。

课题四 底盘、工作装置保养

模块一 检查调整制动踏板自由行程

制动踏板的自由行程,是指制动踏板踏下而制动总泵或制动控制阀尚未工作的一段距离,其目的在于保证制动蹄片在回位弹簧作用下与制动鼓能彻底分离。为此,推杆与制动总泵或制动控制阀之间应留有一定间隙。此间隙反映到制动踏板上就是自由行程,自由行程过小,可能引起制动不能完全解除,发生拖滞现象;自由行程过大,会引起制动不灵或制动迟滞。

制动踏板自由行程的检查方法,是用手向下按制动,踏板感到受力时的距离,即为自由行程。调整自由行程的方法是松开锁紧螺母,改变其长度,自由行程过小时,缩短长度,反之增长。

模块二　检查调整回转圈的导向间隙

铲刀回转圈径向间隙超过3.5mm,轴向间隙超过2.5mm,会造成回转阻力增加和平整作业精度降低。因此,当累计运转250h后,应检查调整回转圈导向间隙。

1. 检查调整步骤

(1)用塞尺测量齿圈同四块导板之间的间隙。

(2)拆下螺母,取下四个导板,增减垫片,使间隙为0.6~0.8mm,然后重新安装好导板。

(3)松开锁紧螺母,用调整螺栓调整导板,使回转圈的径向间隙达规定要求。

(4)拧紧所有螺栓,进行回转试验,回转圈必须能自由旋转360°。

2. 注意事项

(1)运转状态下检查时,要特别注意安全。

(2)检查调整后,应加注润滑脂,确保其能得到良好的润滑。

模块三　检查铲刀刀片的磨损并能更换

平地机主要工作装置是铲刀,铲刀主要由铲刀体、侧刀片、主刀片、固定螺栓螺母等组成。侧刀片、刀片是消耗易损件,磨损到一定程度必须更换新件。主刀片有普通型和重型两种,随主机配置的是重型刀片,用高锰合金钢经专门热处理制成,耐磨寿命长。侧刀片若磨损到一定程度,可以左右互换继续使用,再磨损到使用极限时才更换新件。

1. 准备工作

(1)检查铲刀刀片的磨损程度。

(2)查看保养手册,确定铲刀刀片的规格型号。

(3)准备好更换用工具和铲刀刀片。

(4)将平地机停在平坦地面上,下落铲刀,垫入垫木。

(5)将发动机熄火,切断电源开关。

(6)用机油浸透铲刀固定螺栓。

2. 更换步骤

(1)有扭力扳手和套管等工具拧松固定螺母。

(2)拆下螺母和旧铲刀刀片,并清除铲刀体的杂物。

(3)检查铲刀体及螺孔有变形和磨损后,安装新铲刀刀片。

(4)检查左右两刀片底边是否平齐,刀片与刀片体有无缝隙。

(5)拧紧固定螺栓。

(6)填写保养记录。

3. 注意事项

(1)更换时,应戴上手套,防止旧刀片锋利处伤手。

(2)严禁用手锤敲击铲刀体、侧刀片、主刀片,防止迸出铁屑伤人。

(3)紧固螺母时,要站稳,方法正确,防止拧空跌倒。

思考题

1. 柴油机喷油器喷油质量合格的标准是什么？
2. 气门间隙变化的原因及对发动机正常工作的影响有哪些？
3. 保持液压系统油液清洁的主要措施有哪些？
4. 检查液压泵进油管路密封状况的目的是什么？
5. 铲刀刀片磨损到极限后，不及时更换的后果是什么？

单元三　平地机故障判断

学习目标

本单元的学习内容是平地机常见故障判断方法与技术要求。

知识要求

了解平地机各机构或系统的组成和工作原理，掌握发动机、电气系统、液压系统和底盘及工作装置典型故障的判断方法和技术要求。

技能要求

①判断柴油机燃油供给系高压油路故障；②判断涡轮增压器工作异常引起的发动机功率下降故障；③判断起动继电器故障；④判断发电机电压调节器故障；⑤使用数字万用表检测电磁阀参数；⑥判断铲刀引出液压缸工作无力的支路故障；⑦判断液压系统所有工作油缸动作缓慢和工作无力故障；⑧判断动力挡变速器换挡油压过低故障；⑨判断制动拖滞故障。

课题一　发动机故障判断

模块一　判断柴油机燃油供给系高压油路故障

柴油供给系高压油路是指喷油泵低压油室的燃油从通过喷油泵加压，经高压油管到喷油器，当压力达到设计压力时，喷油器开启，将燃油喷射到燃烧室。高压油路常见故障主要是不喷油或喷油量小、喷油时间不正确、喷油质量太差等，使发动机出现功率下降、启动困难、运转不平稳等故障现象。判断高压油路故障的关键是确定故障是否是高压油故障，然后再判断高压油中的具体故障部位。

1. 判断步骤

(1)当发动机启动不着，排气管无烟排出，确定低压油路工作正常后，松开喷油泵高压油管接头，并将油门放到最大供油位置，用起动机带动发动机转动，观察喷油泵出油阀是否有燃油排出，若油量很小或无油排出，说明喷油泵柱塞磨损严重或供油拉杆卡死在不供油位置。

(2)当发动机功率下降，运转不平稳，冒黑烟，确定低压油路工作正常后，将发动机处于怠速状态，用“断缸法”判断出是哪一缸工作不良，然后，外接一个新喷油器，进一步确定是此缸的喷油器故障或是喷油泵故障。

图 5-3-1 所示为判断燃油供给系高压油路故障示意图。

2. 注意事项

(1)判断故障前，应进行驻车制动，变速器处空挡位置。

(2)发动运转前和运转过程中，要特别注意安全，禁止乱放工具，禁止身体接触转动部件或排气管。

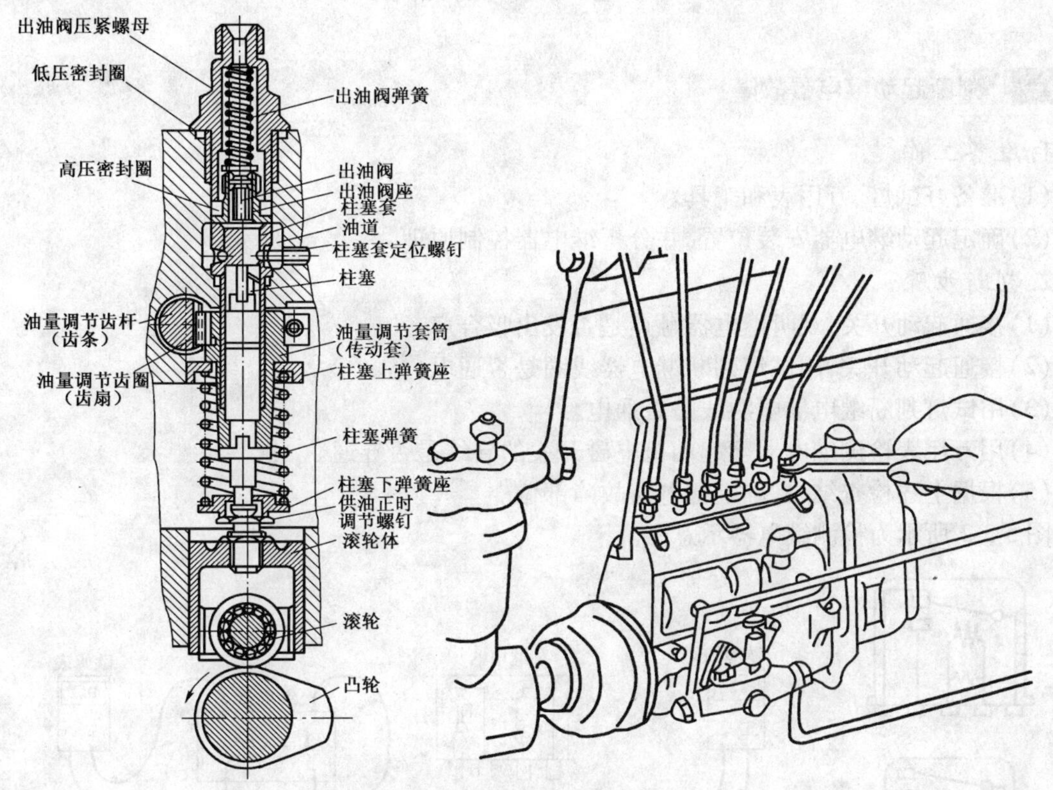

图 5-3-1 判断燃油供给系高压油路故障示意图

模块二 判断涡轮增压器工作异常引起的发动机功率下降故障

增压是一个将空气压入发动机，获得更多功率和转矩的过程。涡轮增压器利用热排气中的能量转动涡轮，并随后转动一个压气机将空气压入发动机。损坏的涡轮增压器转速减小，使发动机进气量不足，出现发动机功率不足、排气冒黑烟等故障现象。

1. 准备工作

(1)将发动机熄火，并切断电源开关。

(2)确定不是因为燃油不足或空气滤清器堵塞等其他原因，造成发动机功率不足、排气冒黑烟。

2. 判断步骤

(1)拆除同涡轮增压器连接的进气管和排气管。

(2)检查压气机叶轮是否转动灵活、叶轮轴是否径向或轴向松旷、叶片是否损坏。

(3)根据检查结果，确定涡轮增压器故障部位。

3. 注意事项

(1)操作时，应避免意外碰到热排气管，造成烫伤。

(2)判断涡轮增压器故障前，应先检查进气管和排气管连接处是否密封，并确定燃油供给系工作正常，避免随意拆卸涡轮增压器。

课题二　电气系统故障判断

模块一　判断起动继电器故障

1. 准备工作

(1)准备好试灯、万用表和工具。

(2)确定起动继电器安装位置,并分析继电器控制原理。

2. 判断步骤

(1)接通起动开关,观听继电器触点是否发出吸合声。

(2)接通起动开关,用试灯判断继电器线圈是否通电。

(3)用试灯判断继电器电源线是否通电。

(4)用万用表检测继电器至起动机电磁开关的导线是否导通。

(5)根据上述检查结果,确定继电器故障部位。

图 5-3-2 所示为检测继电器示意图。

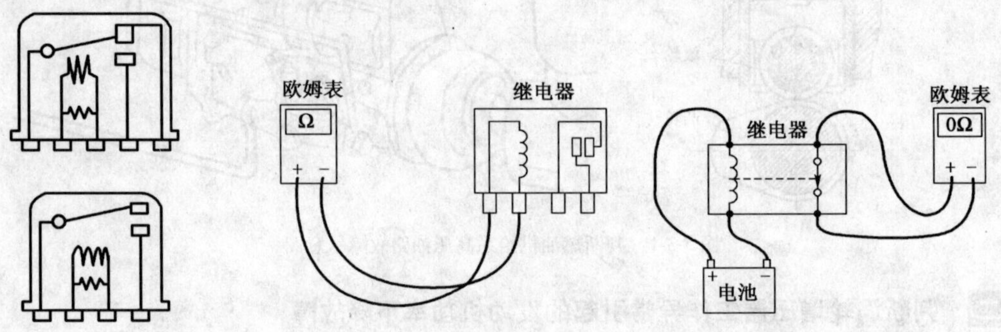

图 5-3-2　检测继电器示意图

3. 注意事项

(1)检查前,应进行驻车制动,并将变速器置于空挡。

(2)检查过程中,禁止身体接触任何运转部件。

(3)禁止用“短路”试火的方法检测电路故障。

(4)禁止随意拆卸更换电气元件和连接导线。

模块二　判断发电机电压调节器故障

1. 准备工作

(1)准备好试灯、万用表和工具。

(2)确定电压调节器型号及安装位置,并分析电压调节器控制原理。

2. 判断步骤

(1)将发动机熄火,在交流发电机上连接电压表,负极表笔接搭铁,正极表笔接发电机电枢端。

(2)启动发动机并逐渐将转速增加到 1 800 r/min,观察电压表上的读数。

(3)当电压表指针指示读数逐渐增加,并在 27 ~ 28V 之间停止,说明调节器工作正常。

(4)当电压表指针指示读数逐渐增加,并在 26V 以下停止,说明调节器可能有故障。

(5)当电压表指针指示读数逐渐增加，并在27～28V以上，说明调节器有故障。

(6)当电压表指针指示读数保持24V不动，说明充电系统不充电。

3. 注意事项

(1)检查前，应进行驻车制动，并将变速器置于空挡。

(2)检查过程中，禁止身体接触任何运转部件。

(3)禁止用"短路"试火的方法检测发电机是否充电。

(4)禁止随意拆卸更换电气元件和连接导线。

模块三　使用数字万用表检测电磁阀参数

液压系统用的电磁阀有开关式和比例式两种。开关式电磁阀主要用于换向控制阀的换向；比例式电磁阀主要安装在各类比例阀上，用来控制油液的方向、压力、流量，例如：比例压力阀安装在电控变量泵上，以控制泵的流量和供油方向。用万用表在断电状态下检测电磁阀线圈电阻，判断其内部断路或短路。通电状态下可用万用表测量端电压或工作电流(比例电磁阀一般要求电流达到某一范围，如：175～360MA，其位移的大小与电流成比例变化)。

1. 准备工作

(1)查看有关资料，确定电磁阀标准电阻参数。

(2)准备数字万用表。

2. 检查步骤

(1)拆下电磁阀导线接头，用万用表检测电磁阀电阻值。

(2)用万用表检测电磁阀绝缘性能。

(3)在电磁阀接头与电磁阀之间串联接入电流表，闭合开关，测量电磁阀工作电流。

(4)用万用表检测电磁阀电压降。

图5-3-3所示为检测电磁阀示意图。

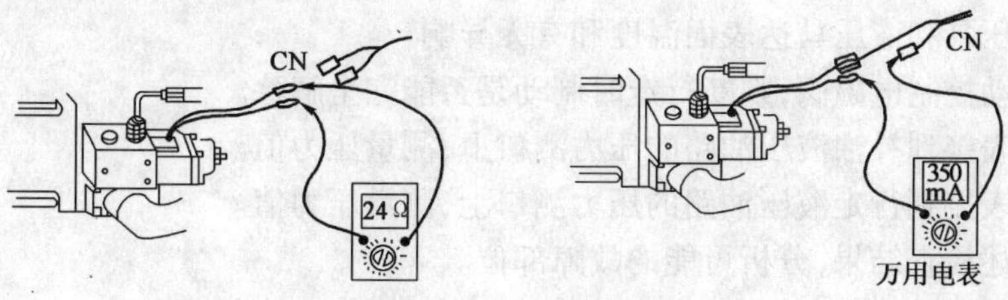

图5-3-3　检测电磁阀示意图

3. 注意事项

(1)禁止用"短路"试火的方法检测电磁阀是否通电。

(2)检测电磁阀电阻值时应在不通电状态下进行。

课题三　液压系统故障判断

模块一　判断铲刀引出液压缸工作无力的支路故障

平地机工作装置液压系统可分为单泵单回路液压系统和双泵双回路液压系统。执行元件工作无力或动作缓慢，其主要故障原因是液压油流量和压力不足。当只发生铲刀引出液压缸工作无力时,则故障在相应的换向阀和液压油缸之间,油箱油位、液压泵、溢流阀无故障。

1. 判断步骤

(1)检查换向阀位移行程是否过小。

(2)检查铲刀引出是否存在卡滞,引出阻力是否过大。

(3)将液压表接在液压缸进油管路上,检测负载下管路压力,若中油压过小,则说明液压油缸或换向阀内漏。

(4)将液压缸处于全部缩进状态,松开假定回油管,继续操作换向阀,使液压缸缩进,观察回流接头处,如有大量油液喷出,则说明液压缸内漏。

(5)检查换向阀是否存在内漏。

2. 注意事项

(1)判断前必须使液压油缸处于极限缩进状态,以保证安全。

(2)必须根据具体结构选择好液压缸回油口。

(3)必须按事先规定操作方向操作液压缸换向阀。

(4)液压油缸泄漏出油液必须放入盛油容器,防止造成环境污染。

模块二　判断液压系统所有工作油缸动作缓慢和工作无力故障

1. 准备工作

(1)确定两侧履带张紧度相同。

(2)用万用表检查电磁阀电阻和绝缘情况及左右电磁阀工作电压等,确定电控系统工作正常。

(3)准备好两块相同量程的压力表和工具。

(4)查看有关技术资料,确定行走液压系统标准工作压力值。

2. 判断步骤

(1)检查液压泵和液压马达表面温度和有无异响。

(2)检查制动控制电磁阀,判断行走时制动是否能完全解除。

(3)将压力表接到补油液压油路的压力测口上,测量压力值。

(4)将压力表接到行走液压油路的压力测口上,测量压力值。

(5)根据上述检查结果,分析可能的故障部位。

3. 注意事项

(1)运转状态下检查时,禁止身体接触任何运转部件。

(2)选择合适量程的压力表,并在发动机熄火状态下安装或拆卸。

(3)由于左右两侧液压回路相同,检查可采用对比法或逻辑分析法进行判断。

(4)检测过程中,应采取有效措施,保持油液清洁,并防止油液污染。

课题四　底盘故障判断

模块一　判断动力挡变速器换挡油压过低故障

平地机上发动机的输出动力经过液力变矩器、变速器、传动轴传给后驱动桥,再经平衡箱链传动驱动四个后车轮。变速器分为手动挡和动力挡两种类型,动力挡变速器一般采用定轴式动力挡变速器。

PY180 平地机采用定轴式动力挡变速器,设有六液压控制的离合器,能在带负荷状态下接合和分离,可实现 6 个前进挡和 3 个倒退挡。换挡压力油由一个齿轮泵提供,压力为1.60 ~ 1.80MPa。

动力挡变速器换挡油压过低会使离合器打滑磨损,造成行车困难。换挡油压过低分为两种情况:一是所有挡位油压都低,二是某个挡或某些挡油压低。由于定轴式变速器的换挡过程是两个以上离合器接合的不同组合,且共用一个液压系统,两种情况的故障原因是不相同的。

1. 判断动力挡变速器所有挡位换挡油压低故障

(1)准备工作

①了解故障发生过程及现象。

②查看有关技术资料,分析动力挡变速器结构特点和换挡原理。

③准备好压力表和拆装工具。

④根据故障现象,对照液压原理图,用逻辑分析的方法,分析故障可能的原因。

⑤根据分析后可能的故障原因,制订检测项目和程序。

(2)判断步骤

①询问本台机械已累计运转小时,故障发生前是否进行过检修、调整。

②检查油箱油位和滤清器。

③检查吸油管路及接头密封状况。

④检查换挡操纵阀密封垫是否被冲断损坏。

⑤检查换挡操纵阀上溢流阀阀芯是否被卡死或不密封。

⑥检查液压泵是否磨损发生内漏。

⑦根据上述检查结果,分析可能的故障部位。

(3)注意事项

①运转状态下检查时,禁止身体接触任何运转部件。

②选择合适量程的压力表,并在发动机熄火状态下安装或拆卸。

③根据故障现象,采取先易后难逐步检查判断,禁止盲目拆卸。

④检测过程中,应采取有效措施,保持油液清洁,并防止油液污染。

⑤发动机运转状态下检查时,要特别注意安全。

2. 判断动力挡变速器某挡位换挡油压低故障

(1)查阅有关技术资料,分析此挡位状态下,是哪个电磁阀工作。

(2)将压力表接到离合器压力测量接口上,测量压力,判断离合器是否漏油。

(3)检查换挡操纵阀密封垫是否被冲断损坏。

模块二 判断制动拖滞故障

平地机制动系统可分为气—液综合制动系统和单回路液压泵蓄能器静压制动系统。气—液综合制动系统主要由气泵、油水分离器、压力安全阀、储气罐、制动控制阀、气推油制动总泵、制动器等组成。单回路液压泵蓄能器静压制动系统主要由液压油箱、液压泵、溢流阀、蓄能器、制动阀、制动器等组成。

所谓制动拖滞,是当制动解除后,制动器的制动不能立即消除,造成制动器剧烈磨损发热,行车困难,其主要原因是制动摩擦片或蹄片卡在制动位置不能回位。

1. 准备工作

(1)了解故障发生过程及现象。

(2)查看有关技术资料,分析制动系统的结构特点和工作原理。

(3)准备好压力表和拆装工具。

(4)根据故障现象,对照制动系统原理图,用逻辑分析的方法,分析故障可能的原因。

(5)根据分析后可能的故障原因,制订检测项目和程序。

2. 判断步骤

(1)询问本台机械已累计运转小时,故障发生前是否进行过检修、调整。

(2)检查各车轮制动器表面温度,确定是个别车轮制动拖滞,还是所有车轮制动拖滞。若所有车轮制动拖滞,说明故障在制动总泵至制动控制阀之间;若个别车轮制动拖滞,说明故障在制动器或其附近的管路上。

(3)如果所有车轮制动拖滞,检查制动总泵或制动控制阀是否回位灵活。

(4)如果个别车轮制动拖滞,检查制动器制动分泵活塞是否卡死、回油管路是否阻塞、回位弹簧是否失效。

3. 注意事项

(1)运转状态下检查时,禁止身体接触任何运转部件。

(2)发动机熄火状态下,进行安装或拆卸作业。

(3)根据故障现象,采取先易后难逐步检查判断,禁止盲目拆卸。

(4)检测过程中,应采取有效措施,防止制动油液污染。

(5)发动机运转状态下检查时,要特别注意安全。

1. 用"断缸法"可判断柴油机什么故障?

2. 废气涡轮增压器的作用和工作原理是什么?

3. 发电机调节器的作用是什么?

4. 继电器在控制电路中的作用是什么?

5. 比例式电磁阀和开关式电磁阀的区别有哪些?

6. PY180 平地机定轴式动力挡变速 1 挡换挡液压过低主要故障原因是什么?

第六部分　平地机操作工（技师）工作要求

单元一　平地机保养

学习目标

本单元的学习内容是平地机保养。

知识要求

了解平地机三级保养的主要内容，掌握各项保养的目的和技术要求。

技能要求

①检测气缸压力；②清洗冷却系水道；③清洗润滑系统油道；④检查、调整供油提前角；⑤拆检、润滑起动机；⑥拆检、润滑发电机；⑦蓄电池补充充电；⑧检查液压油温度传感器技术状况；⑨检查液压油泵技术状况；⑩检查液压马达技术状况；⑪检测液压系统工作压力；⑫检查调整前轮前束；⑬检查调整前轮轮毂轴承的轴向间隙；⑭检查平衡箱中传动链磨损及调整松紧度；⑮检查驻车制动性能。

课题一　发动机保养

模块一　检测气缸压力

用气缸压力表检测气缸压缩压力，是一种不解体检查发动机技术状况的重要方法，通过分析所检测出的气缸压力，间接确定气缸与活塞环、气门与气门座圈、气缸盖与气缸垫的密封技术状态，从而为确定维修方式和内容提供依据。

1. 准备工作

(1)查阅技术资料，确定所测发动机气缸压缩压力标准值。

(2)准备好压力量程合适的压力表。

(3)启动发动机预热，将发动机温度升到80℃以上。

(4)将发动机熄火，卸下各气缸的喷油器，并将压力表安装在所要检测气缸的喷油器孔内。

(5)检测蓄电池蓄电量，电量应充足。

(6)操作油门或熄火拉钮，使喷油泵处于停止供油状态。

2. 检测步骤

(1)用启动机驱动曲轴转动3～5s。

(2)待气缸压力表表针指示并保持最大压力读数后停止转动。

(3)记录压力表读数，取下压力表，按下单向阀使压力表指针回零。

(4)用同样的方法检测其他气缸压缩压力。

(5)将实际检测的压力值与检验标准相比较(极限压力和各缸压差),分析气缸密封性。

3. 注意事项

(1)清除干净喷油器孔周围脏物,防止脏物进入气缸。

(2)为了检测准确要保证驱动转速达到规定值。

(3)检测过程中要防止气缸高压气体喷出对人造成伤害。

(4)压力表安装要牢固和密封。

模块二 清洗冷却系水道

换季保养时应清洗发动机冷却系,以保持冷却系原有的冷却效果,确保发动机正常的工作条件。清洗的方法有两种:一种是当水垢过多,可用专用清洗液清洗;另一种是当水垢不多,可采用强力水流冲洗。

1. 准备工作

(1)查看保养记录,确定上一次清洗冷却系时间及发动机累计运转小时。

(2)准备好专用清洗液,并阅读使用说明书。

(3)冷车状态下将冷却系内冷却液放出。

(4)准备好冲洗水源。

2. 清洗步骤

(1)强力水流冲洗

①拆去节温器、分水管。

②用强力水流清洗发动机水道。

③安装分水管,用强力水流清洗散热器。

(2)用专用清洗液清洗

①拆下节温器。

②按使用说明要求配制好清洗液,并注到发动机冷却系中。

③启动发动机并怠速运转 20 ~ 30min,然后放出清洗液。

④用清水冲洗冷却系 2 ~ 3 次。

图 6-1-1 所示为冲洗冷却系示意图。

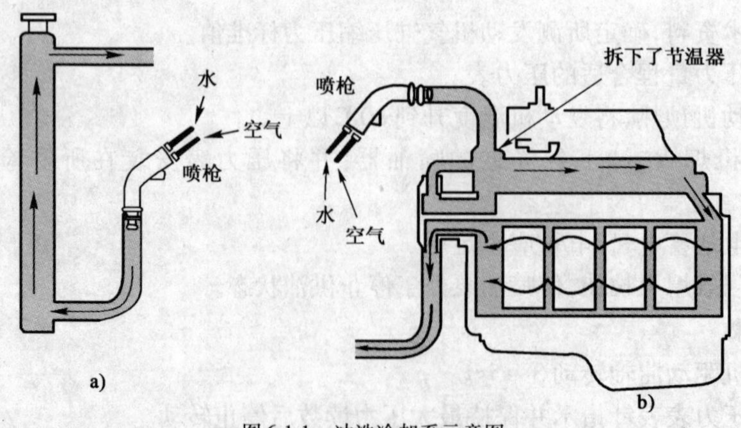

图 6-1-1 冲洗冷却系示意图

a)逆流冲洗散热器;b)逆流冲洗发动机

模块三 清洗润滑系统油道

1. 准备工作

(1)查看保养记录,确定发动机累计运转小时。

(2)准备好低黏度机油。

(3)热车状态下将油底壳机油放出。

2. 清洗步骤

(1)将清洗用的低黏度机油加入曲轴箱,加注量为润滑系容量的60% ~70%。

(2)启动发动机,低速运转(600 ~800r/min)3 ~4min。

(3)放出曲轴箱、滤清器和管路中的清洗油。

(4)清洗滤清器、油底壳、集滤器、曲轴箱通风滤网。

(5)加注符合规定要求的机油。

3. 注意事项

(1)清洗过程中禁止发动机高速运转。

(2)如果有专用清洗设备要用专用设备进行清洗作业。

(3)清洗后要将清洗油放干净。

模块四 检查、调整供油提前角

为了保证柴油机燃烧气体能在活塞到达上止点时产生最高压力,必须在压缩上止点前一定角度将柴油喷入气缸。随着发动机使用时间的增长,喷油泵中一些零件磨损,会造成供油提前减小,因此,要定期检查调整供油提前角。

1. 准备工作

(1)弄清发动机和喷油泵的实际工作转向。

(2)拆下喷油泵第一缸高压油管。

(3)用手动泵油方式,排除油路空气,让低压油路充满燃油。

(4)退回熄火拉钮,并将油门固定在中位。

(5)查看有关技术资料,确定本型号发动机规定的标准供油提前角是多少。

2. 检查与调整步骤

(1)按发动机工作转动方向扳转曲轴,使第一缸活塞处于压缩上止点位置。

(2)正反向往复扳转曲轴,使喷油泵第一缸高压油管接头内充满燃油。

(3)反向扳转曲轴 40°,然后开始缓慢正向扳转曲轴,并观察喷油泵第一缸高压油管接头燃油油面。

(4)当油面刚一上升时,立即停止扳转,并检查飞轮壳上指针或标记所指飞轮齿圈上标注的距离上止点的角度,此角度为发动机实际供油提前角(为了保证检查出的实际供油提前角精确,可重复检查 2 ~3 次,并取平均值)。

(5)将检查出实际供油提前角与标准供油提前角相比较,当供油提前角不符合规定时,应进行调整。

(6)扳转曲轴,使飞轮壳上指针或标记对准飞轮齿圈上所标注的标准供油提前角度。

(7)松开喷油泵前端联轴节上的连接螺栓,反向扳转喷油泵凸轮轴一定角度,然后再正向

(喷油泵实际工作转向)扳转喷油泵凸轮轴,同时观察喷油泵第一缸高压油管接头燃油油面。

(8)当油面刚一上升时,立即停止扳转,并原位置拧紧喷油泵前端联轴节上的连接螺栓。

(9)用上述第(3)、(4)条的方法重新验证调整后的供油提前角是否符合规定值,当不符合时可重新进行调整。

(10)安装第一缸高压管。

3. 注意事项

(1)检查调整时,为保证安全,应将电源总开关断开。

(2)检查调整时,为了保证供油提前角调整准确,应使油路充满燃油,同时注意发动机和喷油泵的实际工作旋向。

(3)调整后必须进行验证。

(4)检查调整过程中,应保持第一缸高压油管接头清洁,防止脏物混入高压油路中。

课题二　电气系统保养

模块一　拆检、润滑起动机

1. 准备工作

(1)将起动机从车拆下,并准备拆装工具。

(2)准备好万用表及润滑油。

2. 拆检、润滑起动机步骤

(1)拆除电磁开关。

(2)拆除后轴承端盖及电刷支座。

(3)拆除电枢。

(4)检查电枢轴与轴套之间的间隙,检查电枢轴是否有弯曲。

(5)检查整流器表面是否粗糙、烧蚀和有裂痕,检查整流器磨损度。

(6)检查电枢线圈和磁场线圈是否断路和短路。

(7)检查电刷支座的绝缘情况,检查电刷弹簧张力,检查传动小齿轮是否有磨损,检查起动机离合器性能。

(8)按拆除时相反的程序组装起动机。

3. 注意事项

(1)安装时注意在轴承、轴套、离合器、传动杆等活动处涂上润滑剂。

(2)组装后起动机应转动灵活,无卡滞现象。

(3)驱动小齿轮与止推垫片之间的间隙应符合要求(1 ~4mm)。

模块二　拆检、润滑发电机

目前车辆上使用的发电机多为硅整流三相交流发电机,发电机发出的三相交流电经发电机内的整流器,而完全改变成为直流电。为了保证发电机正常工作,一般三级保养时要求对发电机拆检和润滑。

1. 准备工作

(1)将发电机从车拆下,并准备拆装工具。

(2)准备好万用表及润滑油。

2. 拆检、润滑发电机步骤

(1)拆除传动端架。

(2)拆除转子。

(3)拆除后端盖轴承。

(4)拆除定子和整流器支座。

(5)拆除电刷支架。

(6)检查转子线圈是否有断路,检查转子线圈绝缘性,检查轴承是否有缺陷,检查滑环表面是否已粗糙和有裂痕。

(7)检查定子线圈是否有断路,检查定子线圈绝缘性。

(8)检查电刷长度,检查电刷在电刷支座上的运动是否滑动自如,检查电刷在电刷支座之间绝缘是否良好。

(9)检查整流器性能(整流器正极断路试验、整流器负极断路试验)。

(10)按拆除时相反的程序组装发电机。

3. 注意事项

(1)安装时注意在轴承上涂上润滑剂。

(2)组装后发电机应转动灵活,无卡滞现象。

模块三 蓄电池补充充电

一般柴油机都使用两块 12V 的蓄电池,当长时间停放或使用过程中发现蓄电池电量不足,应对蓄电池进行补充充电,以防止蓄电池损坏或因电量不足造成启动发动机困难。

1. 准备工作

(1)将蓄电池从车上卸下,并按规定清洗。

(2)拧开电液盖,检查电解液液面高度,并按规定添加补充液。

(3)用密度计或高率放电叉检测蓄电池实际电量。

2. 补充充电步骤

(1)将蓄电池串联连接,将充电机的正极接蓄电池的正极,负极接蓄电池的负极。

(2)将充电机的充电电流调整到最小。

(3)闭合充电机开关,将充电电流调整至 5 ~7A。

(4)按此公式推算充电时间:充电时间 = 额定容量(A · h)/充电电流(A),一般为19 ~20h。

3. 注意事项

(1)充电过程中,当电解液温度上升到 45℃时,应暂时中止充电。

(2)充满电时的电解液密度为 1.25 ~1.26g/cm^3(环境 20℃时),各单格电解液密度差值不超过 0.025 ~0.030。

(3)给蓄电池充电时会产生可燃气体,因此充电场所不能有火花或引火物质,并保持通风。

(4)充电完毕后,应将充电机与蓄电池的接线切断。

(5)充电完毕后,应用清水将蓄电池清洗干净,并擦干。

(6)充电时,电解液液面会逐步上升,应注意观察是否有液体从蓄电池流出。

课题三　液压系统保养

模块一　检查液压油泵技术状况

液压泵是利用密封容积大小交替变化进行吸油和压油，输油量与密封容积的变化率和变化次数成正比（结构尺寸及驱动转速），输油压力取决于外界负载。

液压泵可分为齿轮泵、柱塞泵和叶片泵等。液压泵的主要技术参数为额定转速、额定排量和额定压力。

液压泵经长时间使用，内部零件磨损油液泄漏量 ΔQ 变大，系统流量 Q 变小，压力 P 则达不到额定值，造成执行元件动作缓慢，且无力。

对于某一型号液压泵，当驱动转速一定时，泵的输出流量大小决定于实际容积效率；当输入转矩和转速一定时，泵的输出压力也决定于容积效率；而泵的实际容积效率决定于油泵内漏量的大小。另外，吸油滤清器堵塞和吸油管路不密封也会造成流量或压力不足的故障。

1. 准备工作

（1）准备好液压检测仪（流量和压力）及连接用油管和接头。

（2）查看所测液压油泵铭牌和技术资料，确定其额定流量和额定压力。

（3）确定油箱油量和吸油管路无异常。

（4）编写检测程序和记录表。

2. 检查步骤

（1）将液压检测仪串接在油泵上出油管路中（封堵 A、B 口，切断主油路），全部打开液压测试仪加载阀。

（2）启动发动机并调整到额定转速，在液压系统处于卸载工况下使油泵运转一定时间，升高系统中的油温。

（3）记录空载下流过测试仪的压力。

（4）逐渐改变液压测试仪上的加载节流阀开度，作为给液压泵施加的不同负载（开度小，负载大；开度大，负载小），对应测出各预测点的压力 P、流量 Q，并将测试结果记录在表中。

（5）根据测试结果作出 $Q=f(P)$ 曲线，根据从 0 压力到最大压力时泵的流量下降情况，分析泵的技术状况。

（6）根据 $Q=f(P)$ 曲线，将实际额压力下的流量与标准额定压力的标准流量相比较，如果差值很大，则说明泵内部零件磨损，内漏严重。

（7）一般齿轮泵的标准容积效率为 80%，柱塞泵标准容积效率为 95%。

图 6-1-2 所示为检测液压泵技术性能示意图。

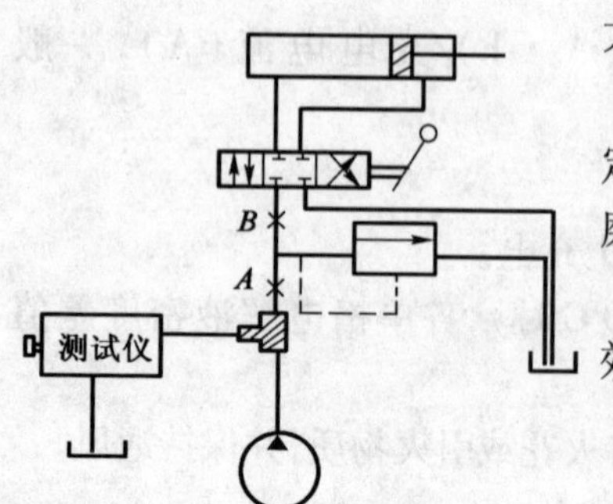

图 6-1-2　检测液压泵技术性能示意图

3. 注意事项

（1）加载检测时泵的压力不得大于油泵的标准额定压力。

（2）为了保证测量数值准确性，连接管路直径不宜过小，且发动机转速保持恒定。

(3)实际检测时,应先检查泵表面温度、有无异响、吸油管路是否通畅和密封等。

(4)安装或拆卸测试仪时,要保持油液清洁,避免脏物混入液压管路中。

模块二 检查液压马达技术状况

液压马达是液压系统中的执行元件,它是把油液的压力能转变为机械能,驱动工作机构转动。其主要工作参数是额定输入功率和输出功率。检测液压马达的主要目的为了检测液压马达内漏状态。检测的基本原理是负载下检测液压马达进油压力的变化。

1. 准备工作

(1)准备好液压检测仪(流量和压力)及连接用油管和接头。

(2)查看所测液压马达铭牌和技术资料,确定其额定流量和额定压力。

(3)确定油箱油量和吸油管路无异常。

(4)编写检测程序和记录表。

2. 检查步骤

(1)将液压检测仪串接在液压马达的进油管路中,全部打开液压测试仪加载阀。

(2)制动或锁死由液压马达驱动的机械装置。

(3)启动油泵并调整到额定转速,空转一定时间,升高系统油温。

(4)逐渐减小液压测试仪加载节流阀的开度,记录油压表读数。

(5)按空载、小负载、中负载和大负载,观察液压马达加载过程中进油管路压力和流量的变化,并记录测度数据于表中。

(6)当达到额定压力时,测试仪的流量即为液压马达的泄漏流量。

图 6-1-3 为检测液压马达技术性能示意图。

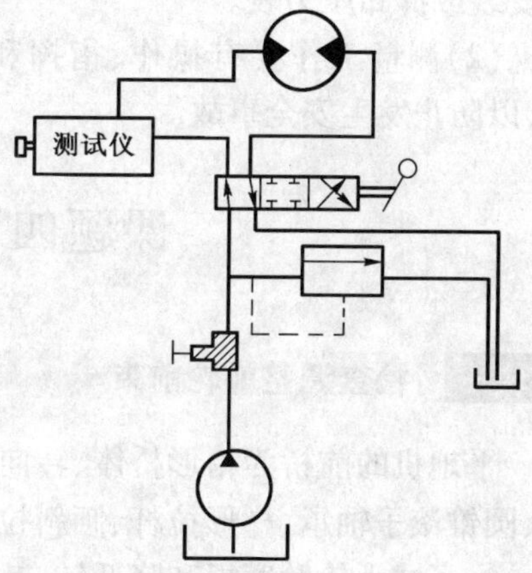

图 6-1-3 检测液压马达技术性能示意图

3. 注意事项

(1)检测时压力不得大于液压马达的额定压力。

(2)为了保证测量数值的准确性,连接管路直径不宜过小,且发动机转速保持恒定。

(3)实际检测时,应先检查液压马达表面温度、有无异响、吸油管路是否通畅和密封。

(4)检测时应将工作机构处于制动状态。

(5)安装或拆卸测试仪时,要保持油液清洁,避免脏物混入液压管路中。

模块三 检测液压系统工作压力

液压系统中压力的大小取决于外载荷,也就是取决于油液运动时所遇到的阻力。一般分为卸载工况压力、空载工况压力、负载工况压力(油缸的牵引力 $P \geq$ 负荷引起的工作阻力 + 运动副间的摩擦阻力 + 回油管路中的回油阻力)。实际工作中,最常用的就是通过检测压力判断液压系统故障和技术状况。沥青混凝土摊铺机液压传动油路中上布设了许多测点,可方便地测量液压系统中某个液压回路中的实际工作压力。

1. 准备工作

(1)熟知全车制造厂家预设的,检测压力用的各检测测点的位置。

(2)查看相关技术资料,确定各检测点规定的标准工况下的标准压力值。

(3)选择量程符合要求的压力表(选用比额定压力值大的压力表)及油管接头。

(4)编写测量程序和记录表。

2. 检测步骤

(1)找到要测量点的位置,清洁外观,避免安装测压表接头时脏物进入油路。

(2)将发动机熄火,并使工作装置处于自由落地或卸载工况状态。

(3)打开测量点外盖,接好压力表。

(4)启动发动机,控制油门,使发动机处于怠速、低速、中速和高速状态下,分别测量系统的卸载工况压力、空载工况压力、负载工况压力,并做好记录。

(5)将实际各工况下测量压力与标准压力进行比较,分析液压系统技术状况和故障。

(6)测量完成后,将发动机熄火,并使工作装置处于自由落地或卸载工况状态,把压力表卸下,并装好密封堵头,装好外盖。

图 6-1-4 为检测液压系统压力示意图。

3. 注意事项

(1)禁止在发动机运转状态下或工作装置处于负荷状态下安装或拆卸压力表。

(2)测量工作要有操作、指挥和测量三人协调配合来完成,以防止发生安全事故。

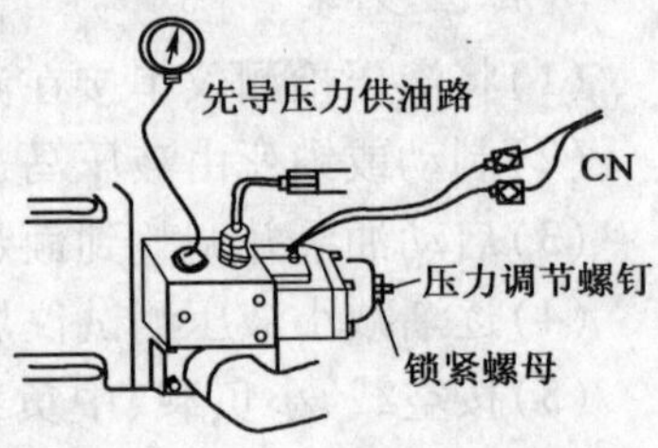

图 6-1-4 检测液压系统压力示意图

课题四 底盘、工作装置保养

模块一 检查调整前轮前束

平地机的前桥为箱形桥体、转向从动桥。其主要由桥体、转向节、转向节支承、车轮轴、轮毂、圆锥滚子轴承、梯形拉杆、倾斜拉、转向销、转向油缸、倾斜油缸滚针轴承、止推轴承等组成。

为了减小轮胎磨损和降低转向阻力,前轮设定有前束,PY180 平地机的前轮标准前束值为 5 ~ 10mm。

1. 准备工作

(1)查阅相关技术资料,确定轮标准前束值。

(2)准备好检测调整盒尺和工具。

(3)检查轮胎气压是否正常,不足应充气。

2. 检查步骤

(1)将机械停在平坦路面上,将前轮摆正(同后轮在同一直线上)。

(2)用盒尺在前轮中心高处测量轮胎胎面前后轮距,二者差值为实际前束值。

(3)将实际测量值与标准前束值相比较,确定实际前束是否符合规定要求。

(4)如果实际前束过大或过小,通过改变梯形拉杆长度进行调整,直至前束值达到规定要求。

(5)调整后,锁紧梯形拉杆螺母,重新测量前束值。

3. 注意事项

(1)检查前,发动机应熄火,并拉紧手制动。

(2)调整梯形拉杆长度后,应涂抹润滑油。

模块二　检查调整前轮轮毂轴承的轴向间隙

前轮轮毂通过两个圆锥滚子轴承支承在车轮轴上,轮毂轴承预紧度,可通过增减端盖与轴承内环之间调整垫片的数量实现。由于长时间使用,发生磨损,原有轮毂轴承的轴向间隙会增大,因此累计运转1 000h后,应检查调整轮毂轴承预紧度,并更换新润滑脂。

1. 检查步骤

(1)用千斤顶支起前桥,并用垫木支好,然后拆下前轮。

(2)用手轴向和径向搬动轮毂,检查轮毂轴承的轴向和径向间隙。

(3)拆下轴承端盖,清数调整垫片数量。

(4)用拉拔专用工具将轮毂拆下,然后将拆下的零件清洗干净。

(5)向轮毂内注入一号锂基质润滑脂,安装轮毂。

(6)通过每次减去一个垫片和按规定力矩拧紧端盖螺栓的办法,调整检查轮毂轴承的轴向间隙。

(7)调整检查标准为轴向间隙应小于0.1mm,能用0.5~1N·m的力矩转动轮毂,且无明显的轴向和径向跳动。

2. 注意事项

(1)禁止在灰尘较大的环境下,拆卸轮毂,以保持润滑脂清洁。

(2)检查前,发动机应熄火,并拉紧手制动,后轮用垫木掩住。

(3)禁止用千斤顶或砖头代替垫木支承前桥。

(4)调整后的前轮轮毂应转动灵活,没有明显卡滞现象,且轴向间隙合适。

(5)轮毂质量较重,拆卸时要特别注意安全,防止发生伤人事故。

模块三　检查平衡箱中传动链磨损及调整松紧度

为获得良好的越野性能和路面平整作业精度,平地机设有平衡箱后四轮驱动。平衡箱通过箱体中间的铜套支承在后桥支承装置壳体上,横向定位通过箱体中间外侧盖板上的双列球面滚子轴承实现,可前后摆动。平衡箱上装有两根车轮轴(也称链轮轴),为简支梁结构。动力由后桥支承装置的双排链轮轴输入给双排链轮,经链条传至车轮轴。

经长时间使用,链条会发生磨损和拉伸,因此累计工作1 000h后,应检查平衡箱中传动链磨损及调整松紧度,以防止啮合不良、松边抖动和咬链等正常磨损。平地机链传动的张紧调整方法是通过调整两轴的中心距来实现的。

传动链为滚子链,主要由内链板、外链板、销轴、套筒和滚子组成。由于传动过程中,链轮与链条的内链板和滚子接触,两零件磨损最大,检查传动链磨损时,应重点检查。一般通过检查平衡箱内润滑油中金属屑含量,也可定性确定传动链磨损程度。

1. 准备工作

(1)查阅相关技术资料,确定相关技术数据和调整部位。

(2)准备好放润滑油容器和拆装工具。

(3)准备好千斤顶、垫木。

2. 操作步骤

(1)用千斤顶支起平衡箱,使车轮离地,并用垫木支撑。

(2)拆下平衡箱上的两个盖板。

(3)转动车轮,使链条受拉,然后分别检查链条的下垂度,如果链条接近或接触到了平衡箱,则需要将链条重新张紧。

(4)链条松紧度调整

①放出平衡箱内的润滑油调整,拆下车轮、制动管路、制动器、制动毂等。

②拆下锁定螺塞,在原处换上调整螺栓。

③拆下轴连接盘和端盖上的螺栓。

④将轴连接盘和盖同方向转,直到链条张紧为止,二者的标记"0"的位置相一致。

(5)重新安装和调整好所拆卸下的所有零件。

3. 注意事项

(1)调整时应避免损坏O形密封圈。

(2)平衡箱内的两根链条,应同时检查调整。

(3)禁止在灰尘较大的环境下,拆卸调整,以保持润滑油清洁。

(4)检查前,发动机应熄火,并拉紧手制动,前后轮用垫木掩住。

(5)禁止用千斤顶或砖头代替垫木支撑平衡箱。

模块四　检查驻车制动性能

平地机上驻车制为毂式制动器,机械操纵,制动器安装在齿轮变速箱的输出轴上。驻车制动是平地机安全装置,必须随时保持制动性能良好,保证整机在坡度为20%的水泥、沥青路面上停车制动可靠,以确保行车和作业安全。

驻车制动时,上拉手柄,制动器制动力矩达到设计值,棘齿应卡在支座板的第3、4个齿槽内,若达到第6个齿槽,必须调整。

1. 检查调整步骤

(1)松开锁紧螺母,拆下销子,使连接叉与钳杆脱开。

(2)向上拧动连接叉若干圈,重新安装连接叉与钳杆,拉紧驻车制动试验,直至符合棘齿应卡在支座板的第3、4个齿槽内的要求,否则继续调整。

(3)如果调整前,拉紧驻车制动时,钳杆接近碰到上部挡板,则必须先更换制动器摩擦片,然后再调整驻车制动。

(4)调整后,将车开到坡度为20%的水泥或沥青路面上,进行停车制动试验。

2. 注意事项

(1)检查时发动机应熄火,前后轮用垫木掩住,断开电源。

(2)进行停车制动试验时,应低速平稳行驶,并特别注意安全。

思考题

1. 气缸压缩压力降低的主要原因是什么？
2. 冷却系的组成、作用和工作原理是什么？
3. 什么是“供油提前角”？其对发动机正常的影响有哪些？
4. 液压泵和液压马达技术性能变差的主要原因是什么？
5. 用压力表检测液压系统压力的主要目的是什么？

单元二　平地机故障判断

学习目标

本单元的学习内容是平地机发动机、电气系统、液压传动系统和工作装置典型故障判断方法与技术要求。

知识要求

了解机构或系统的组成和工作原理，掌握发动机、电气系统、液压系统和工作装置典型故障的判断方法和技术要求。

技能要求

①判断发动机功率不足故障；②判断发动机异响故障；③使用数字万用表检测阀用电磁铁参数；④判断雨刷器、油量表等辅助电器故障；⑤判断并排除铲刀回转液压马达故障；⑥判断液力变矩器工作温度过高故障；⑦判断传动轴动平衡失效故障；⑧判断动力挡变速器无前进挡故障。

课题一　发动机故障判断

模块一　判断发动机功率不足故障

1. 判断方法

(1)用断缸法判断各缸是否工作正常。

(2)更换空气滤清器和柴油滤清器。

(3)检查机油消耗量是否异常。

(4)打开机油加注口盖或曲轴箱通气孔观察是否有大量废气排出。

(5)检查供油提前角和气门间隙是否符合规定值。

(6)用油压表检测低压油路压力。

(7)检查涡轮增压器是否工作正常。

(8)根据上述检查结果，确定故障原因。

2. 注意事项

(1)发动机运转状态下检查时，禁止身体接触运转部件或排气管。

(2)判断时，应根据故障现象进行判断，做到每一项检查都应具有目的性，即对应着一个可能存在的故障原因。

模块二 判断发动机异响故障

发动机发生故障时，会发出异常响声，准确辨别各种异响，可早期发现故障并及时予以排除。异响是物体发生振动，产生声波而传播。在发动机上，不同机件、不同部位和不同工况（转速、负荷、温度和润滑条件），声源产生的振动是不同的，因而发出的异响在音调、音高、音频、出现的位置和次数等方面均不同。利用异响的这些特点和规律，在一定的判断条件下，即可将发动机异响判断出来。

1. 活塞敲缸异响判断方法

(1)气缸上部发出一种有节奏的“嗒嗒嗒”的金属撞击声。

(2)用断缸法判断是哪一缸异响。

2. 气门间隙过大的异响判断方法

(1)用听诊器或大螺丝刀接触气门室听诊，如在怠速及稍加大油门时响声明显，加大油门时响声杂乱，即为气门间隙过大的异响。

(2)拆下气门室盖，将厚薄规插入气门间隙处，如声音减小或消失，即为气门间隙过大。

3. 连杆轴承异响判断方法

(1)响声在气缸的下部，并随着转速的升高而增大，随着负荷的增大而增强。

(2)将油门置于怠速运转位置，逐缸进行断油试验，再由怠速往中速、由中速往高速抖动以及加大油门反复试验。此故障现象为：断油时声音变小，加速瞬时响声突出，恢复工作的同时，发出“当当”声，余音略带有木棒敲击铁桶的声音。

(3)柴油机的连杆轴承响声比汽油机的稍沉重些，发出“哐哐”撞击声。

课题二 底盘、工作装置故障判断

模块一 判断传动轴动平衡失效故障

传动轴是高速转动部件，存在着动平衡问题。由于维修、安装、磨损、开焊等原因，可能会使传动轴原有的动平衡关系损坏，出现传动轴动平衡失效故障，造成机械运行时传动轴振动和异响。

1. 准备工作

(1)了解故障发生过程及现象。

(2)查看有关技术资料、传动轴形式及安装技术要求。

(3)准备好检查和拆装工具。

(4)根据故障现象，用逻辑分析的方法，分析故障可能的原因。

(5)根据分析后可能的故障原因，制订检测项目和程序。

2. 判断步骤

(1)询问本台机械已累计运转小时，故障发生前是否进行过检修、调整、更换传动轴等信息。传动轴安装方向错误，是造成此故障的直接原因。

(2)检查传动轴是否弯曲。

(3)检查传动轴上的平衡片是否失落。

(4)检查传动轴伸缩节是否按标记安装。

(5)检查传动轴两端叉是否在同一平面上。

(6)检查固定螺栓是否松动。

(7)根据上述检查结果,分析可能的故障部位。

3. 注意事项

(1)为了保证安全,检查时,应落下工作装置,拉紧手制动,并将发动机熄火,断开电源开关。

(2)运转状态下检查时,要特别注意安全,禁止身体接触任何运转部件。

(3)根据故障现象,采取先易后难逐步检查判断,禁止盲目拆卸。

(4)检测过程中,由于平地机传动轴质量很大,应采取有效措施,防止伤人事故。

模块二　判断动力挡变速器无前进挡故障

PY180 平地机采用液力变矩器和定轴式动力换挡变速器的液力传动,可实现 6 个前进挡和 3 个倒退挡速度,其中变速器中设有 6 个液压控制的多片离合器,能在带负荷状态下接合和分离,实现动力换挡。换挡操纵系统主要由液压泵、挡位选择器、电液换向阀组成。驾驶员通过操纵挡位选择器,连通电磁阀电路,电磁阀控制液压换向滑阀打开油路,压力油使相应的换挡离合器接合,实现各挡位。表 6-2-1 和表 6-2-2 分别为液压系统组成及功能表、电磁阀通电和离合器接合工作状态表。

液压系统组成及功能表　　表 6-2-1

序号	名称	功用	特点
1	换挡齿轮泵	提供换挡压力油	换挡液压系统主要由动力元件、控制元件、执行元件组成
2	滤清器	清除油液中杂质	
3	滤清器旁通阀	防止滤清器阻塞,造成出油量不足	
4	换挡压力阀	限制系统压力,保持换挡油压为 1.30～1.70MPa	
5	换挡电液操纵阀	实现无冲击、平稳换挡	
6	挡位选择器	控制电磁阀电路通断,具有 10 个以上逻辑组合	
7	离合器油缸	压紧离合器,使离合器接合	

电磁阀通电和离合器接合工作状态表　　表 6-2-2

方向		前进挡						倒挡			空挡
挡位		1	2	3	4	5	6	1	2	3	0
电磁阀	M_1		通电		通电		通电	通电	通电	通电	
	M_2	通电	通电					通电			
	M_3	通电		通电		通电		通电	通电	通电	
	M_4	通电	通电	通电	通电			通电	通电		
离合器接合		K_vK_1	K_4K_1	K_VK_2	K_4K_2	K_vK_3	K_4K_3	K_RK_1	K_RK_2	K_RK_3	K_3

课题三　电气系统故障判断

平地机电气系统电路原理图一般由电源电路、启动电路、换挡控制电路、仪表信号电路及照明控制电路组成。电路具有 24V 双直流电源、用电设备并联、单线制、负级搭铁等特点,各支路电路基本上是由熔断丝、开关、继电器、用电器、导线等组成。

平时工作过程中,对电路原理图结合实物,识别电路元件的名称、表示符号、功用、型号、技术参数、安装位置,并结合设备的操作过程,分析工作原理,这对提高操作人员业务水平具有很大的实际意义。

模块一 判断雨刷器、油量表等辅助电器故障

雨刷器控制电路主要由电源、熔断丝、控制开关、前后雨刷驱动直流电动机组成。控制开关闭合,电路通电,直流电动机转动,雨刷工作。

雨刷器控制电路常见故障为雨刷不动或动作缓慢;燃油油量电路常见故障为油量表不显示数值或显示油量数值不准确,误差太大。判断上述故障多采用万用表电压测量法、试灯检查法、零件置换法进行判断。

1. 雨刷器不动或动作缓慢故障判断

(1)准备工作

①准备好数字万用表、试灯及工具。

②准备好一份电路原理图,并查看有关技术资料,确定相关技术参数。

③根据故障现象,分析可能的故障原因,确定检查程序。

(2)判断步骤

①用万用表电压挡或试灯检测直流电动机电源线终端电压或试灯是否发亮,如果无电压或灯不亮,表示控制电路断路,应逐段检测电路断点。

②用一质量合格的雨刷器电动机,替换被怀疑有故障的雨刷器电动机,判断电动机是否存在故障。

③用万用表电压表检测雨刷器控制电路接地电压降和电路电压降,如果电压降很大,表示电路接触不实,电阻过大,造成雨刷器动作缓慢故障。

④根据上述检测结果确定故障部位。

(3)注意事项

①禁止用“短路”试火的方法检测控制元件是否通电。

②检测元件电阻值时应在不通电状态下进行。

③检查过程中,禁止身体接触任何运转部件。

④禁止随意拆卸更换电气元件和连接导线。

⑤禁止使用指针式万用表进行检测。

⑥通电状态下进行检测时,应防止导线接头搭铁,造成短路。

2. 油量表不显示数值或显示油量数值不准确故障判断

(1)准备工作

①准备好数字万用表、试灯及工具。

②准备好一份电路原理图,并查看有关技术资料,确定相关技术参数。

③根据故障现象,分析可能的故障原因,确定检查程序。

(2)判断步骤

①用万用表电压挡检测电路是否断路,如果无电压,表示控制电路断路,应逐段检测电路断点。

②用万用表电流挡检测电路电流是否随液位传感器变化而变化,以判断传感器是否工作正常。

③用一质量合格的油量表,替换被怀疑有故障的油量表,判断油量表是否存在故障。

④用万用表电压表检测电路接地电压降和电路电压降,如果电压降很大,表示电路接触不实,电阻过大,造成显示油量数值不准确。

⑤根据上述检测结果确定故障部位。

(3)注意事项

①禁止用“短路”试火的方法检测控制元件是否通电。

②检测元件电阻值时应在不通电状态下进行。

③检查过程中,禁止身体接触任何运转部件。

④禁止随意拆卸更换电气元件和连接导线。

⑤禁止使用指针式万用表进行检测。

⑥通电状态下进行检测时,应防止导线接头搭铁,造成短路。

模块二　使用数字万用表检测阀用电磁铁参数

筑路机械上用电磁阀可分为比例式电磁阀和开关式电磁阀,比例式电磁阀要求电磁吸力或电磁铁位移与给定的电流成比例;开关式电磁阀只要求有吸合和断开两个位置。二者作为控制元件,常用来控制液压滑阀的阀芯轴向位移。这里只介绍开关式电磁阀的检测方法,开关式电磁阀的常见故障有不吸合和动作无力迟缓。

1. 准备工作

(1)准备好数字万用表、试灯及工具。

(2)准备好一份电控电路原理图,并查看有关技术资料,确定相关技术参数。

(3)根据故障现象,分析可能的故障原因,确定检查程序。

2. 判断步骤

(1)用万用表电压挡或试灯检测电源电路是否断路,如果无电压或灯不亮,表示控制电路断路,应逐段检测电源电路断点。

(2)断开电磁阀电源线,用万用表电阻挡,检测线圈电阻,判断线圈是否短路或断路。

(3)一般电磁阀电路上并联有消磁二极管,当二极管损坏,会造成消磁功能下降,电磁阀动作无力迟缓,用万用表检测消磁二极管单向导电性。

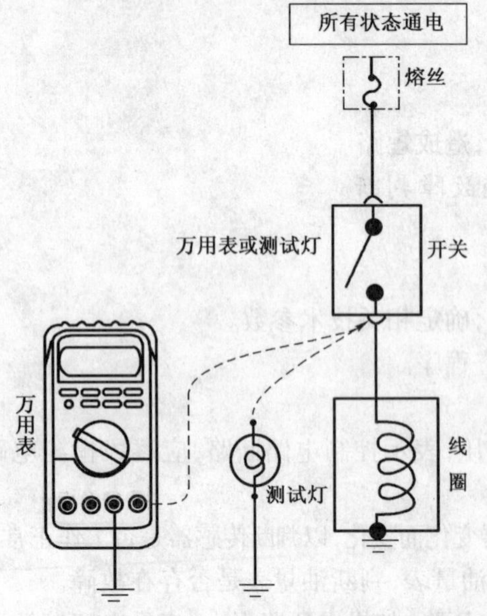

图 6-2-1　检测电磁阀示意图

(4)用万用表电压表检测电磁阀电路接地电压降和电路电压降,如果电压降很大,表示电路接触不实,电阻过大,造成电磁阀动作缓慢故障。

(5)根据上述检测结果确定故障部位。

图 6-2-1 所示为检测电磁阀示意图。

3. 注意事项

(1)禁止用“短路”试火的方法检测控制元件是否通电。

(2)检测控制元件电阻值时应在不通电状态下进行。

(3)检查过程中,禁止身体接触任何运转部件。

(4)禁止随意拆卸更换电气元件和连接导线。

(5)禁止使用指针式万用表进行检测。

(6)通电状态下进行检测时,应防止导线接头搭铁,造成短路。

课题四　液压系统故障判断

平地机工作装置液压传动系统主要实现铲刀升降、铲刀回转、前轮倾斜、铰接转向、铲刀倾斜、铲刀引出、铲土角变换几大功能，主要由液压油箱、液压泵、多联三位六通换向阀、液压油缸、液压马达等组成。例如：PY180 平地机工作装置液压系统为双泵双回路液压系统，它由一个封闭油箱、一个双联齿轮泵、两个五联多路换向阀和作业装置液压油缸、液压马达及管路等组成。基本工作原理是双联泵分别送压力油给两个回路，两个回路的油流量是相同的，当通过操作一个或两个搬动手柄操作换向阀时，压力油进入相对应的液压缸或液压马达。当多路换向阀处于中位时，压力油经回油油路、滤清器回到油箱。由于采用多回路等流量供油，左右两个铲刀升降油缸基本实现同步和同速。

模块一　判断并排除铲刀回转液压马达故障

铲刀回转液压回路由齿轮液压泵、三位六通换向阀、双向定量回转液压马达等组成。当操纵换向阀时，压力油进入液压马达，液压马达驱动铲刀回转装置顺时针或逆时针转动。

PY180 平地机铲刀回转马达为双向定量摆线式，排量为 80mL/r，转速为 10～850r/min，工作油压为 16MPa。液压马达不转或转速过低常表现为铲刀回转无力和缓慢，油量不足与油压过低是造成执行元件动作迟缓和无力的原因。由于铲刀回转液压回路比较简单，一般采用逻辑分析法和直观检测法就能判断出铲刀回转液压马达故障。

1. 准备工作

(1)查看有关技术资料，确定液压系统标准工作压力值。

(2)根据故障现象，对照液压原理图，用逻辑分析的方法，分析故障可能的原因。

(3)根据分析后可能的故障原因，制订检测项目和程序。

(4)准备好容器和拆装工具。

2. 判断步骤

(1)操作与回转马达共用一个油泵的工作装置，如前轮倾斜、铰接转向等，观察其动作是否异常。如无异常说明系统压力正常，否则说明系统油量不足、油压过低，应检查油泵和溢流阀是否工作正常。

(2)直观检查液压马达表面温度和有无异响。如有异常，说明液压马达损坏，应更换。

(3)将量程大于 16MPa 的压力表接到液压马达的压力管上，测量工作压力值。如过小说明液压马达内漏或液压换向阀内漏。

(4)换向阀处于中位状态下，将假定的液压马达上回油管拆下，操纵换向阀让液压马达按假定转动方向回转，观察回油口出油情况，如有大量油液流出说明液压马达内漏，否则说明换向阀内漏。

(5)根据上述检查结果，分析可能的故障部位。

3. 注意事项

(1)运转状态下检查时，禁止身体接触任何运转部件。

(2)选择合适量程的压力表，并在发动机熄火状态下安装或拆卸。

(3)根据液压系统的特点，可采用直观检查法和逻辑分析法进行判断。

(4)检测过程中，应采取有效措施，保持油液清洁，并防止油液污染。

(5)检查时应假定液压马达的回转方向，确定好回油管，车上车下两人相互配合，防止误操作，造成油液大量损失。

模块二　判断液力变矩器工作温度过高故障

变矩器具有自动适应负载变化、调整工作速度、缓和冲击、延长机械使用寿命等优点，但传动效率低，平均传动效率为70%，大约有30%的能量消耗掉了，因此需要散热，油温是决定变矩器正常工作的条件。为保证变矩器正常工作的条件，液力变矩器上都设有压力补偿系统，以保持一定的循环冷却油量和正常的油压，达到散热和消除气穴或气蚀作用。压力补偿系统主要由油泵、进口压力阀、出口压力阀、滤清器、散热器等组成。

PY180平地机液力变矩器为不带闭锁离合器的简单三元件结构（泵轮、导轮、涡轮），压力补偿系统的进口压力为0.85MPa，出口压力0.5MPa，其正常工作时的油温应在80～100℃，在承受重载时瞬时温度允许到120℃。

液力变矩器工作温度过高的主要原因：一是内部零件损坏，造成传动效率过低或存在着磨损热源；二是压力补偿系统的功能降低，散热和消除气穴或气蚀的效果不明显。判断液力变矩器工作温度过高故障的基本方法，可采用仪表检测法和逻辑分析法进行判断，以确定故障范围。

1. 准备工作

(1)了解故障发生过程及现象。

(2)查看有关技术资料，确定液力变矩器结构特点和压力补偿系统工作压力值。

(3)准备好压力表和拆装工具。

(4)根据故障现象，对照液压原理图，用逻辑分析的方法，分析故障可能的原因。

(5)根据分析后可能的故障原因，制订检测项目和程序。

2. 判断步骤

(1)询问本台机械已累计运转小时，故障发生前是否进行过检修、调整、更换传动油和长时间重载作业等信息。盲目调整错误、导轮安装方向错误、液压油代替液力传动油是造成温度过高的直接原因。

(2)检查油箱油位、散热器外观是否清洁，风扇皮带张紧度。

(3)将压力表接到变矩器进口压力测量接头上，测量进口压力，检查方法如下：

①发动机油全开，变矩器输出轴零速工况下，压力值为0.35～0.54MPa。

②发动机油全开，变矩器空载工况下，压力值不大于0.85MPa。

如果压力不正常应检查压力阀和进油压力是否工作正常。

(4)变矩器输出轴零速工况下，发动机门全开，使变矩器出口温度上升到100℃，然后松开变矩器输出轴，使输出轴转速到最大值，立即检查油温下降速度，温度应该在15s之后开始下降。温度下降过慢，表示导轮可能闭锁，单向离合器自由轮卡死。

(5)根据上述检查结果，分析可能的故障部位。

3. 注意事项

(1)运转状态下检查时，禁止身体接触任何运转部件。

(2)选择合适量程的压力表，并在发动机熄火状态下安装或拆卸。

(3)根据故障现象，采取先易后难逐步检查判断，禁止盲目拆卸。

(4)检测过程中，应采取有效措施，保持油液清洁，并防止油液污染。

(5)发动机运转状态下检查时，要特别注意安全。

思考题

1. 柴油机技术状况变化的主要外部特征是什么？
2. 防止液压变矩器工作温度过高的措施有哪些？
3. 对照图 1 简述平地机工作装置液压系统工作原理。

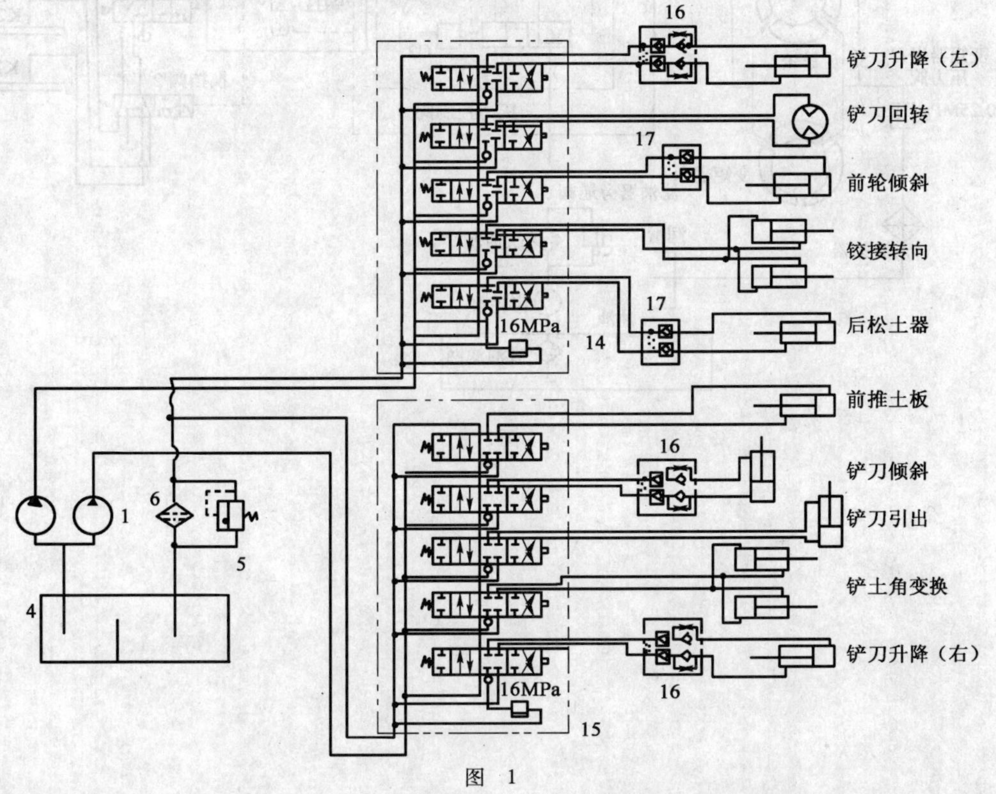

图 1

4. 对照图 2 简述 PY180 平地机制动系统组成与工作过程。

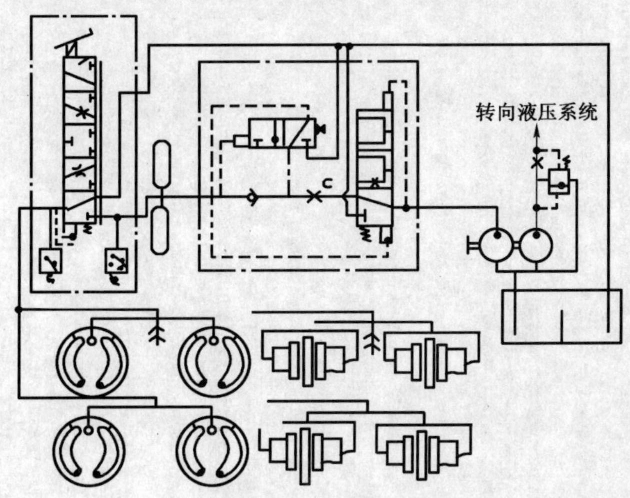

图2 行车制动系统原理图

5. 对照图3简述PY180平地机动力变速器换接过程。

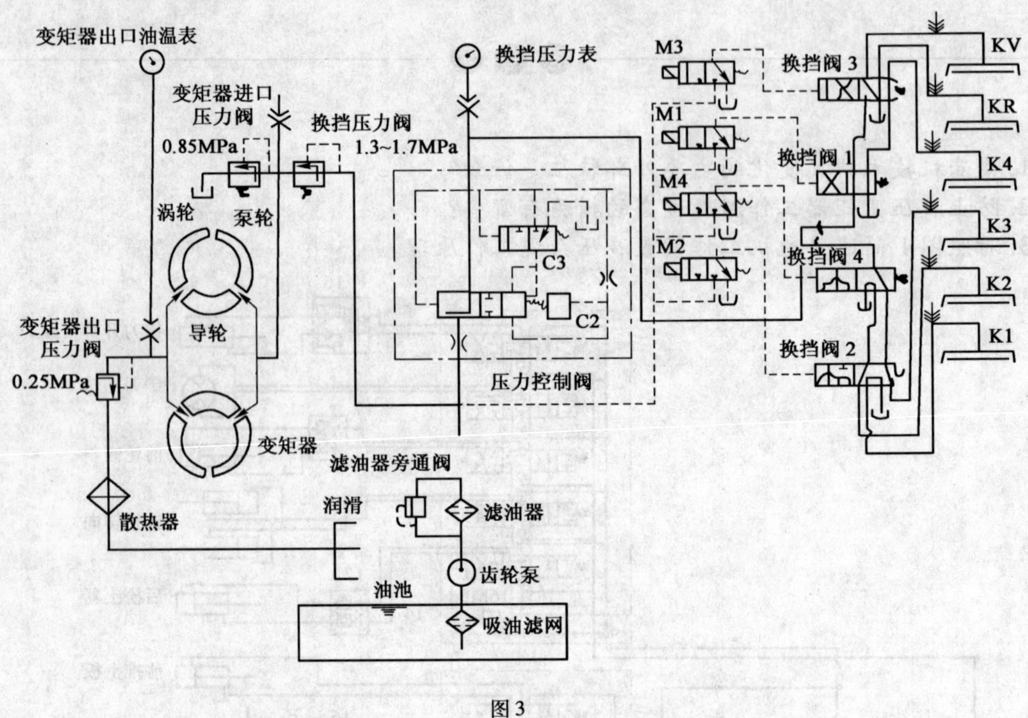

图3

单元三　培训与管理

学习目标

学习技术培训和机务管理的主要基本内容和方法。

知识要求

了解技术培训和机务管理的目的和主要内容，掌握编写培训计划和技术总结的方法和要求，掌握机务管理和机械技术状况评定的基本方法。

技能要求

①编写培训计划；②编写技术总结；③对初、中、高级操作工进行现场指导；④检测评定平地机技术状况；⑤制订机械使用与维修计划；⑥填写机械设备的技术档案。

课题一　培训与指导

模块一　编写培训计划

1.培训计划的基本常识

机械操作人员是机械的直接使用者，他们的技术水平对用好机械具有决定性的作用。培训可使他们更多地掌握专业知识和提高操作技能、保养维修能力，达到“四懂、三会”的水平（懂原理、构造、性能、用途，会操作、会保养、会排除故障）。各企业单位，应经常地、坚持不懈地组织他们接受培训和学习。

(1)培训的目的：更新知识、增强技能，提高职业素质。

(2)培训的种类：冬季施工淡季组织短期集中培训、针对普遍存在的问题有计划地分期分批进行轮训、新工人岗前培训、新机型使用前操作人员培训。

(3)培训计划的基本要素：为什么要进行培训，谁接受培训，培训内容是什么，如何培训，这些都是企业培训计划要回答的问题。一份完整的计划应包括以下内容：

①培训目的：主要回答为什么要进行培训的问题。

②培训目标：主要解决培训要达到的目标的问题。

③培训对象和类型：确定谁接受培训和进行何种类型的培训。

④培训内容：根据对象的培训需求确定培训内容。

⑤培训组织范围：确定五个次层，即个人、部门、组织、行业和公共。

⑥培训规模：确定参加培训的人数。

⑦培训时间。

⑧培训地点。

⑨培训方式与方法。

⑩培训教师:根据培训目的、目标和对象选择教师。

⑪考评方式:培训效果检验,考评方式一般有笔试、面试、操作。

2. 编写培训计划

(1)编写培训计划前的准备工作

①分析企业或部门工作目标:有什么样的组织目标,就会有什么样的培训目标,二者具有内在的一致性。

②分析企业或部门职工素质现状:理想状况与现有状况之间的差距;工作中普遍存在的问题及原因;绩效差距。

③教育培训资源可利用现状:时间、地点、场地、设施、教材、器具、师资等。

(2)培训计划与课程表案例

×××有限公司机械维修人员培训计划

1. 培训目的:为本公司机械维修工补习专业理论知识,进一步提升机械维修的综合职业能力,适应现代工程机械机电液一体化发展的需要。
2. 课程设计原则:因人施教,学以致用的原则。
3. 培训对象:本公司机械维修工。
4. 课程内容:柴油机构造原理、工程机械液力传动和全液传动系统构造、典型液压挖掘机电控系统原理分析(启动供电电路、仪表报警电路、行驶照明信号电路、其他功能电控系统)、液压传动基本知识及典型机械液压原理分析(以现代液压挖掘机及叉车为主)。
5. 培训教材:本公司厂本教材或授课教师授课教案。
6. 培训时间:每周周六、周日培训,培训8天,每天7课时,共计56课时。
7. 培训地点:××××电教室。
8. 培训形式:利用多媒体辅助教学手段集中讲授。
9. 培训费用:电化教室使用费、教师课时费、培训管理费,合计每人交培训费600元。
10. 教师安排:××××××××学校中级技术职称以上专业课教师。
11. 组织部门:×××××××××。
12. 考评方式:课程结束后,分项目组织闭卷笔答考试。

培训课程表案例

日期	培训项目	主要培训内容	培训方式	培训教师

(3)实施培训计划应注意的问题

①明确分工,落实责任:为确保培训任务的落实,在培训计划实施前,召开一个有关人员参加的会议,明确分工,落实责任。

②做好培训的各种准备工作:培训教师、场地、设施和设备等。

③做好培训动员:要使受训人员明确培训的目的、要求、内容和程序,特别要使其深刻感受到培训对企业发展、个人进步的重要性。

模块二　编写技术总结

1. 编写技术总结基本知识

(1)什么是技术总结:

对已完成的技术工作进行分析和研究,从中找出经验或教训,引出规律性的东西,写成书面材料,用于指导他人或今后的工作,这就是技术总结。

(2)编写技术总结的意义:

①是改进和创新工作的一种重要方法。

②是提高个人技术能力的重要途径。

③是普及先进操作技术的重要手段。

(3)编写技术总结的步骤

①注意积累和搜集工作过程中的材料。

②仔细分析并选择材料。

③根据材料拟定技术总结提纲。

④按照提纲起草技术总结。

(4)编写技术总结的内容与格式

①标题。

②基本情况:指明所要总结的问题、时间、地点、背景和事情经过。

③正文:具体介绍成绩、经验或问题、教训,以及成绩和经验所取得的原因、作法和体会,并引出规律性的操作方法或规程。

④结束语:明确存在的问题和今后的工作方向。

(5)编写技术总结应注意的问题

①要坚持从实践来,到实践去,使技术总结有实用意义。

②要坚持实事求是的精神,如实反映客观工作情况。

③要有科学的分析态度,反映出规律性的东西。

④要突出重点,条理清楚,观点与材料相统一。

⑤征求意见、补充和修改定稿。

2. 案例

沥青混凝土摊铺机自动调平系统故障诊断与排除

铺筑某一路路面的施工中,采用双纵坡传感器调平控制系统进行作业。摊铺机操作人员反映熨平板发“飘”,厚度指示器显示铺层忽高忽低不能控制,且铺层的平整度看上去明显变差。发现后立即停止向摊铺机料斗供料,将斗中余下的沥青混凝土摊铺完后,对摊铺机的调平系统进行详细检修。具体步骤如下：

(1)将调平系统控制开关置于手动"位置"，在停车与行走工况下(熨平板处于浮动状态)，分别手动检查左右调平液压缸的上下动作是否灵敏。经检查手动操纵系统正常。

(2)将调平系统控制开关置于"自动"位置，在行走工况下用手扶着与左、右纵坡传感器轴连接的触杆，并上下转动，观察左右调平液压缸的动作。经检验发现左侧传感器轴的转动与左调平液压缸动作相符且灵敏，而右侧调平液压缸在右侧传感器转动时无反应。这样初步诊断出右侧自动调平系统有故障。

(3)将左右侧纵坡传感器互换位置，再重复(2)的检查程序，结果右侧自动调平液压缸恢复正常，左侧调平液压缸无反应，这就进一步确定右侧的液压回路、控制阀及控制线路无故障，故障出在原右侧纵坡传感器及调平控制器。

(4)拆卸有故障的纵坡传感器，用万用表检查滑变电阻与触杆相连接的传感器轴转动时，可变电阻的阻值变化情况，检测发现电阻值变化无规律；而无故障的纵坡传感器的两可变电阻在传感器轴转动时有一定的变化规律。至此，确定故障出现在滑变电阻上。

(5)滑变电阻可能故障是固定部分与旋转部分接触不良。在现场无合适工具拆卸滑变电阻进行清洗的情况下，用医用注射器抽一定量的工业酒精，将针头对准滑变电阻固定部分与旋转部分的缝隙，推射酒精进行多次清洗，等酒精挥发后，再次用万用表测量，结果显示两可变电阻的电阻值随传感器轴转动成一定规律变化，说明滑变电阻已恢复正常工作性能。

(6)将修复后的纵坡传感器装在摊铺机上进行(2)的检查程序，结果显示纵坡传感器工作正常，调平液压缸动作灵敏，摊铺机投入正常工作。

自动调平系统故障对摊铺质量影响，突出地反映在铺层平整度与铺层的均匀性上。使用德国 ABG 公司生产的摊铺机进行沥青路面的摊铺施工，该机的自动调平系统易出现的故障有：纵坡、横坡传感器失效，控制电路有故障，液压油缸内漏严重，液压回路中控制阀有故障，液压锁密封性差。根据故障现象可采用逻辑分析法、手动操作试验法、对比法、测量法等方法进行诊断。

总结分析

(1)故障现象描述及故障发生后所采取的措施。

(2)故障诊断方法及诊断步骤的目的。

(3)分析检测结果，确定故障点。

(4)排除故障。

(5)验证故障检修结果。

(6)小结。

模块三 对初、中、高级操作工进行现场指导

1. 技术培训与技术指导基本知识

(1)技术培训：培训是为提高新职工和在职人员的就业能力、岗位工作能力和岗位转换能力，而实施的有计划、有系统的教授知识、技能的活动。具有实践性强、目标明确、与生产相结合的特点。

(2)技术培训的原则：理论知识与实际工作相结合，技能教学为主，操作训练为重。

(3)技术指导的基本方法

①讲解法:指导者运用语言说明、解释、分析或论证概念、原理和操作工序、技术要领。

②示范操作法:指导者为被指导者做出标准、规范的技术操作动作,使被指导者能直观、具体、形象地学习操作技术。

③指导操作法:被指导者在操作过程中,由指导者指导进行实际操作练习。

④其他方法:结合实际问题,组织参观法、指导阅读法、案例讨论法。

2. 技术指导应注意的问题

(1)充分做好技术指导前的各项准备工作。

(2)技术指导前做好安全工作预案,预防因误操作发生安全事故。

(3)以激发与鼓励为主,避免使用过激语言。

3. 技术指导的基本环节

技术指导的基本环节是指一次指导中组成环节及进行的顺序,一般包括讲授指导、示范指导、巡回指导和结束指导。

4. 指导前准备

(1)编写教案:指导目的、指导内容(讲解内容和操作内容)、指导方法。

(2)工具和设备:根据指导内容准备相应工具、仪表和设备。

(3)安全预案:指导操作过程中有哪些危险存在,应采取哪些措施防范。

指导前准备工作案例

<table>
<tr><td></td><td>柴油发动机启动不着火的故障诊断与排除</td></tr>
<tr><td>教学要求</td><td>准备要求:
(1)6135 柴油机一台,并按本模块故障设置的要求设置故障(油箱内无油或油量不足、低压油路堵塞、低压油路管路接头松动、油门拉杆处于不供油位置、高压油路中有空气、喷油正时不正确、喷油器压力弹簧调整过硬);
(2)喷油器校验器、扳手、正时灯、一字和十字螺丝刀。
教学要求:
正确地分析和判断故障的原因;正确地确定故障部位;故障排除后,发动机顺利启动,各工况运转良好。
课时:1 课时。
技术标准与安全要求:
(1)在不低于 -5℃时,起动机能顺利启动发动机;
(2)正常工作温度下,启动时间不超过 5s。
(3)学生实习时必须严格按上述诊断程序进行,并分析说明每个诊断步骤的诊断目的,最后确定故障部位。
(4)判断故障时,要断开电源开关。
(5)启动发动机和发动机运转时,严禁身体部位触碰旋转部件</td></tr>
</table>

<table>
<tr><td>授
课
计
划</td><td>实习目的:学会排除柴油机启动困难故障的基本诊断方法。
教学过程:
①检查油箱燃油油量;②用输油泵的手油泵泵油,然后拧松喷油泵上的放气螺钉,观察出油情况;③检查喷油泵是否有油喷出和油量,并外接喷油器试验;④检查油门拉杆是否移动灵活;⑤检查供油正时和供油提前角;⑥检查气门间隙;⑦检查喷油器喷油质量;⑧确定故障原因及部位</td></tr>
<tr><td>小
结</td><td>(实际课时、参加人数、教学效果、教改意见)</td></tr>
</table>

课题二 机 务 管 理

模块一 检测评定平地机技术状况

机务管理的目标是追求设备寿命周期内费用最经济和综合效率最好。机械设备是由成千上万个零件所组成,每个零件所承担的功能及工作强度、工作条件各不相同,所以,各零件的使用寿命长短不一,零件损坏后对主机工作能力的影响程度也不相同,如:功能下降、功能停止、磨损加剧等。

研究零件的劣化渐变过程和损坏原因或本机型或总成的劣化规律、自然劣化周期、人为劣化特点、劣化后果及外部表征,从而改进维修内容、维修间隔期,避免人为失误,以延长机械使用寿命,降低运转成本。

1. 机械技术状况变化的原因和规律

(1)机械技术状况变化的原因:磨损、机械损伤、化学热损伤。

(2)机械零件磨损规律分为三个阶段,即磨合阶段、正常工作阶段、故障性磨损阶段,每个阶段的磨损都呈现出不同的磨损规律。

(3)保持机械固有技术状态的根本方法:保持基本状态(负荷、温度、润滑、间隙)、遵守操作规程、根除劣化部件、防止人为失误。传统的维修认为好的维修是处理了多少个故障停机,却很少将避免了多少故障的发生或根除了多少故障作为评价标准,其实,拙劣的维修才是可见的维修,好的维修应是预防、改进、计划,从而降低故障率,提高经济效益。

图 6-3-1 所示为减少故障损失的对策。

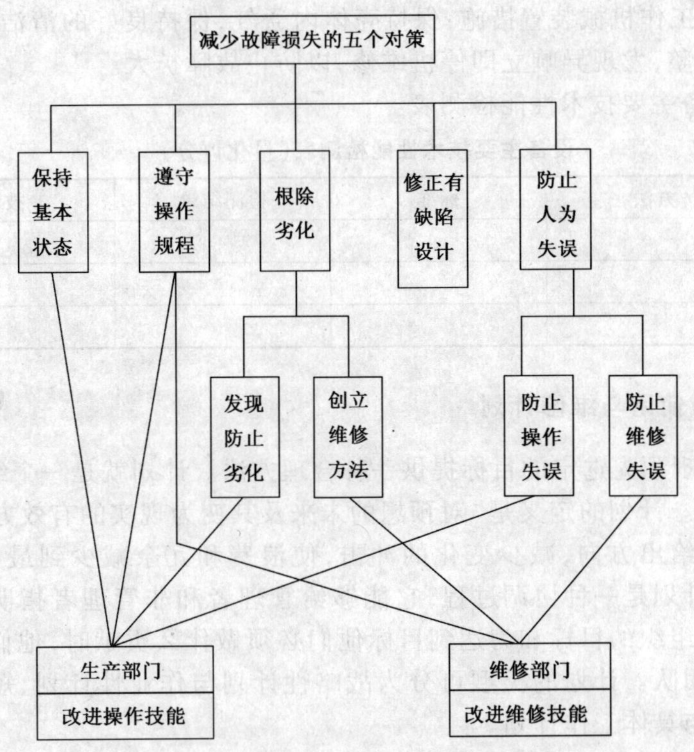

图6-3-1　减少故障损失的对策

2. 检测评定平地机技术状况的基本方法

(1)发动机

①柴油发动机技术状况变坏的外部特征参量:启动性能、机油消耗量、功率和排烟度、机油压力、异响和曲轴箱窜气量。机油的消耗量可表征活塞环及环槽和气缸的磨损程度;机油压力可表征曲轴轴颈、连杆轴颈与轴承的磨损程度;启动性能可表征气缸密封性、启动转速、温度和供油提前角是否正常。

②减少气缸磨损的措施:正确启动和起步;保持发动机正常工作温度;保持良好润滑;加强“三滤”保养;提高保修质量。

(2)液压传动系统

①技术状况变坏的外部特征参量:执行元件动作缓慢、执行元件自然沉降、油液温度升高过快、噪声、漏油。

②检测方法:检查漏油和沉降原因,更换密封件;检查吸油管路密封状况;检查油液散热器和滤清器;检测系统负载压力和流量,确定液压元件技术状态。

③保持液压传动系统正常状态的措施:保持油液清洁,禁止随意拆卸和调整液压元件,保持系统压力和温度处于正常值。

(3)传动与工作机械装置

①技术状况变坏的外部特征:工作强度高和工作条件差,部件磨损;总成异响;壳体温度异常;润滑油渗漏;润滑油内有粒径较大的金属屑。

②检测方法:更换易损部件、分析温度异常的原因、消除漏油点、解体检查更换损坏零件,消除异响、温度异常和润滑油内有金属屑的故障。

③保持传动与工作机械装置措施：保持壳体内通气，保持良好的清洁和润滑状态，按规定进行紧固和调整，发现异响立即停机维修，以防止故障扩大。

表6-3-1为设备主要技术性能检测表。

设备主要技术性能检测表(量化评分) 表6-3-1

检测项目	方法	标准	检测结果	技术状况评价

模块二 制订机械使用与维修计划

计划可以为实现预先选定的目标提供一种合理方法。计划就是一个组织要做什么和怎么做的行动指南。计划的定义是“对预想的未来及其变为现实的有效方法的设计”。

计划的作用是给出方向，减少变化的冲击，使浪费和冗余减少到最小，以及设立标准，以利于控制。计划是一种协调过程，它能够给管理者和非管理者指明方向。当所有有关人员都了解了组织的目标和为达到目标他们必须做什么贡献时，他们就能开始协调他们的活动，结成团队。计划的类型可分为战略性计划与作业性计划、短期计划与长期计划、指导性计划与具体工作计划。

制订计划的工作步骤一般为：明确工作任务、评估状况、确定目标、确定前提条件、制订计划方案等。计划如果不能变为行动，那它是无用的。计划方案类似于行动路线图，是指挥和协调组织活动的工作文件，通过它可以清楚地告诉企业管理人员和员工要什么、何时做、由谁做、何处做和如何做等问题。

1.机械使用计划的制订

(1)确定施工工期和机械需要量

为了提高机械利用率，缩短施工工期，在编制计划前，先要了解施工任务、施工工期和施工工作量，通过核算确定机械种类、机械型号和机械需要量。

(2)评估现有机械和人员状况并确定经营目标

通过查看施工现场情况，根据现有机械种类、数量、型号、技术性能和人员技术水平、后勤保障能力，评估能否达到施工要求，并确定经济指标。

(3)编制机械使用计划(表6-3-2)

机械使用计划表 表6-3-2

序号	机械名称	型号	作业名称	数量	施工工期	台班单价	计划台班	结算方式	运输方式	作业地点

2.机械维修计划的制订

(1)确定所需维修机械和维修作业项目

①查看机械技术档案、机械运转记录、维修记录及报修单。

②对机械进行技术检测和综合技术评定。

③根据按需维修的原则，确定所需维修机械和维修作业项目。

(2)维修作业条件评估

①维修机械对施工造成的影响。

②维修作业项目与维修作业条件。

③维修方式选择的合理性和经济性核算。

(3)编制机械维修计划(表6-3-3)

机械维修计划表 表6-3-3

序号	机械名称	维修类别	维修工时	维修项目	维修方式	维修工期	维修部门	计划维修费用	维修工序

模块三 填写机械设备的技术档案

在企业机械设备管理活动中,经常需要作出各种技术上、经济上的决策,决策的依据就是信息。没有系统可靠的信息,就难以实施有效的管理。机械设备信息包括机械设备一生的全部资料及与之有关的其他资料,如图样、说明书、运转记录、维修记录、设备台账、设备档案及所发生的各种费用等。

1.机械设备登记卡(表6-3-4)

机 械 设 备 卡 片 表6-3-4

设备类别: 建卡日期: 年 月 日

机械编号		购置价格		使用部门	
机械名称		购入日期		安装地点	
规格型号		机械来源		调入日期	
制造厂名		起用日期		技术资料	
主要用途说明			主要性能参数		
机械外形图片					

制表: 填写:

2.机械设备使用情况统计表(表6-3-5)

机械设备使用情况统计表 表6-3-5

制表: 日期: 年 月 日 复核:

机械名称	运转台班	工作小时	收入	实际支出			备注
				维修费	油料消耗	人工费	

注:此表一式两份,由机务员统计填写,并于年终上报存档。

3. 机械维修记录(表6-3-6)

机械维修记录表 表6-3-6

机械名称： 编号： 主修人： 送修日期： 竣工日期：

<table>
<tr><td colspan="5">机械维修前技术状况及维修类别说明</td><td colspan="5">上次维修后累计运转小时及情况说明</td></tr>
<tr><td colspan="5"></td><td colspan="5"></td></tr>
<tr><td rowspan="2">序号</td><td colspan="4" rowspan="2">维修项目</td><td colspan="5">更换配件和消耗材料</td></tr>
<tr><td colspan="2">品名</td><td>数量</td><td>单价</td><td>金额</td></tr>
<tr><td></td><td colspan="4"></td><td colspan="2"></td><td></td><td></td><td></td></tr>
<tr><td></td><td colspan="4"></td><td colspan="2"></td><td></td><td></td><td></td></tr>
<tr><td></td><td colspan="4"></td><td colspan="2"></td><td></td><td></td><td></td></tr>
<tr><td></td><td colspan="4"></td><td colspan="2"></td><td></td><td></td><td></td></tr>
<tr><td></td><td colspan="4"></td><td colspan="2"></td><td></td><td></td><td></td></tr>
<tr><td colspan="10">维修过程和技术数据记录
主修人： 日期：</td></tr>
<tr><td colspan="10">检验结果记录
检验人： 日期：</td></tr>
<tr><td>所用工时</td><td></td><td>材料费</td><td></td><td>工时费</td><td></td><td>其他</td><td></td><td>合计</td><td></td></tr>
</table>

注：此表由维修人员和维修车间管理员共同填写，并统一存档保存。

1. 培训的种类和培训计划的基本要素是什么？
2. 简述编写技术总结的意义和编写方法。
3. 柴油机、液压系统、传动与工作机械装置技术状况变坏的外部特征有哪些？
4. 机械设备使用情况年报表的填写内容及填写目的有哪些？

参考文献

[1] 鼎盛天工工程机械有限公司生产的PY180平地机使用与保养说明书(生产厂商自编).
[2] 维尔弗里德·施陶特.汽车技术专业教程.陈国辉,等,译.北京:北京大学出版社,1996.
[3] 现行道路与桥梁工程实用技术与标准规模大全.长春:长春音像出版社,1999.
[4] 李宏.挖掘机操作工培训教程.北京:化学工业出版社,2008.